Nutrition and Feeding of Organic Cattle, 2nd Edition
有机牛的营养与饲养
（第二版）

[加拿大] 罗伯特·布莱尔（Robert Blair） 著

郝力壮　周小玲　等　编译

中国农业科学技术出版社　CABI

© Robert Blair 2021. All rights reserved. No part of this publication may be reproduced in any form or by any means, electronically, mechanically, by photocopying, recording or otherwise, without the prior permission of the copyright owners.

© Robert Blair 2021. 版权所有，未经版权所有者事先许可，本出版物的任何部分不得以电子或机械等任何方式复制或录音。

Title: Nutrition and feeding of organic cattle / Robert Blair.
书名：有机牛的营养与饲养 / 罗伯特·布莱尔
Identifiers: LCCN 2020052135 (print) | LCCN 2020052136 (ebook) | ISBN 9781789245554 (hardback) | ISBN 9781789245561 (ebook) | ISBN 9781789245578 (epub)

图书在版编目（CIP）数据

有机牛的营养与饲养：第二版 /（加）罗伯特·布莱尔（Robert Blair）著；郝力壮等编译 . -- 北京：中国农业科学技术出版社，2025.6. -- ISBN 978-7-5116-7399-2

Ⅰ．S823

中国国家版本馆 CIP 数据核字第 20253G94S9 号

责任编辑	金　迪
责任校对	王　彦
责任印制	姜义伟　王思文

出 版 者	中国农业科学技术出版社
	北京市中关村南大街 12 号　邮编：100081
电　　话	（010）82106625（编辑室）　（010）82106624（发行部）
	（010）82109709（读者服务部）
网　　址	https://castp.caas.cn
经 销 者	各地新华书店
印 刷 者	北京地大彩印有限公司
开　　本	185 mm×260 mm　1/16
印　　张	15.5
字　　数	358 千字
版　　次	2025 年 6 月第 1 版　2025 年 6 月第 1 次印刷
定　　价	118.00 元

版权所有·侵权必究

译校者名单

主 编 译： 郝力壮　周小玲
编译人员：

青海大学　　　　郝力壮　拜彬强　苟钰姣　金鑫燕
　　　　　　　　刘金平　项　洋　孙　武　杨英魁
　　　　　　　　张群英
塔里木大学　　　周小玲
法国国家农业食品与环境研究院　　黄亚宇
兰州大学　　　　周建伟
贵州大学　　　　王惟惟
安徽农业大学　　薛艳锋
沈阳农业大学　　张　磊
中国热带农业科学院湛江实验站　　刘　虎
青海省饲草料技术推广站　　杜雪燕
西藏自治区农牧科学院草业科学研究所　　鲍宇红

总 审 校： 郝力壮　周小玲　黄亚宇　张群英　苟钰姣
总 策 划： 刘书杰

项目资助

一、科研基金资助

- 青海省杰出青年基金（2024-ZJ-905）
- 国家重点研发子课题（2022YFD1302103）
- 青海省科技特派员专项（2024-NK-P57）
- 青海省重点研发与转化计划（2021-NK-126）
- 国家外专高端外国专家引进计划（G2023044001L）
- 青海大学两级财政科研实力提升项目 – 创新团队培育计划（2025KTST04）
- 青海省高原放牧家畜动物营养与饲料科学重点实验室（评估奖励：1_8）
- 新疆生产建设兵团重点领域科技攻关项目（2023AB078）

二、人才计划支持

- 青海省杰出青年基金
- 中国科学技术学会优秀中外青年交流计划
- 青海省科学技术学会中青年科技人才托举工程
- 青海大学三江源生态一流学科人才高地
- 青海省"昆仑英才·高端创新创业人才"拔尖人才
- 青海省"昆仑英才·高端创新创业人才"领军人才
- 青海大学牦牛营养与饲料科学研究生导师创新团队（2025）
- 新疆维吾尔自治区"天山英才"培养计划"三农"骨干人才培养项目
- 中国科学院"西部之光"人才培养引进计划"西部青年学者"

三、科研平台支持

- 国家四部委科技特派团（郝力壮）
- 青海省乌兰县科技特派员 001 号工作站
- 青海省泽库县科技特派员 001 号工作站
- 青海大学畜牧学一级学科硕士学位点
- 青海大学研究生实践基地青海大通草畜一体化科技小院
- 青海省高原放牧家畜动物营养与饲料科学重点实验室

内容提要

　　该书系统地介绍了有机牛的营养学和饲养技术等方面的相关概念及背景，阐明了有机牛生产的目标和原则，概述了有机奶牛和肉牛生产的国际标准及国际机构的作用。描述了在有机生产中反刍动物饲草料消化过程的基本原理、所需营养素、缺乏症状和影响采食量的因素。本书详细介绍了反刍动物有机生产过程中常见饲料的营养成分及饲养价值，包括粗饲料、青贮饲料、谷物、蛋白质补充剂和微量营养素。此外，还阐述了有关饲草料对牛奶、牛肉品质和安全的影响，以及有机生产在特定环境下适宜饲养的牛品种的相关信息。本书也重点阐述了牛的整个有机生产体系的各个环节，包括牛的福利和健康及肉乳品质安全方面的内容。最后，作者展望了有机牛生产的未来方向，提倡将现有有机牛生产知识、未来研究方向和消费者需求紧密结合到一起。

译者的话

　　Nutrition and Feeding of Organic Cattle 是国际上关于牛有机生产的经典书籍，是由国际知名的反刍动物营养与有机生产专家、加拿大英属哥伦比亚大学 Robert Blair 教授独著的权威著作，自 2012 年由国际知名出版社 CABI 出版以来，该书在国际上产生了广泛的影响。2021 年，在第一版的基础上，作者进行了修订并增补了新内容，由 CABI 出版社出版了第二版。该书在参考大量文献的基础上，系统阐述了奶牛和肉牛有机生产过程，重点描述了有机生产过程中牛的营养和饲养技术。

　　随着我国社会经济发展，人们生活水平日益提高，有机畜产品的需求也在日益增加，市场缺口日益扩大。尽管"有机"理念和技术早已在农作物生产上被广泛采纳和应用，但有机畜产品生产，尤其奶牛和肉牛的有机生产，尚处于起步阶段。从概念到具体应用技术，尤其在营养和饲养方面，国内还缺乏系统的参考资料。另外，青藏高原作为我国重要的洁净无污染畜牧业生产基地，生产有机畜产品成为今后重要的发展方向。近年来，国家从战略层面确定青海省建设绿色有机农畜产品示范省。青海作为牦牛数量最多、产业基础最好的省份，正处于发展牦牛有机畜产品的关键期。本书第二版的引进和翻译出版，对促进我国奶牛和肉牛的有机生产，增加有机牛奶和有机牛肉的市场供给，不断满足人民群众对美好生活的需要，对促进我国首个绿色有机农畜产品示范省建设，提升牦牛产业附加值，增加藏区牧民收入将会产生有益的帮助。鉴于此，我们组织相关专业人员对该书认真进行译校，呈现给国内学术界和产业界的相关人员，以促进我国奶牛、肉牛和牦牛的有机生产，错误和不当之处敬请指正。

译　者
2025 年 2 月

著者介绍

Robert Blair,加拿大英属哥伦比亚大学荣誉退休教授,出生在苏格兰,曾就读于格拉斯哥大学,并于1956年获得农业学士学位(动物学荣誉学位)。毕业后,他前往位于英格兰的一家化学公司,从事控制昆虫的新化学品测试方面的工作。几个月后,他认为这份工作不适合,于是申请了阿伯丁大学Rowett研究所的临时科学官员职位,该职位属于应用营养部的养猪科。当时Rowett研究所正在寻找一名兽医来填补这个职位,因Robert具有动物学和农学专业背景而选择了他。在该职位上,他开发和改进了动物日粮和饲养程序,并于1960年获得了阿伯丁大学的博士学位,也在阿伯丁大学农场启动了猪的研究计划。除了研究工作,他还讲授猪和家禽的营养和生产知识。随着他的研究计划推进,Robert明显地发现,从事家禽工作将更有优势,因为家禽试验规模可以更大、成本更低,而且在更短的时间内学到更多关于营养的知识。因此,在英国营养学会的一次会议上,他与ARC家禽研究中心的负责人进行了讨论,并表示有兴趣加入他们的研究团队。1966年,他前往爱丁堡大学担任营养系研究员,工作期间取得了非常富有成效的研究成果,因此被提拔为首席科学家。随后,他于1979—1980年获得休假,在美国康奈尔大学做了一年的工作,Robert、其妻子Moreen和他们年幼的女儿和儿子在那里度过了愉快的一年。1975年,Robert被任命为加拿大多伦多Swift公司的营养总监,全家移民到加拿大。这个职位让Robert更深入了解了北美的农业综合型企业以及肉类生产和营销。由于萨斯喀彻温大学建立的新草原养猪中心招募了他,Robert和家人于1978年向西搬到了萨斯卡通。他在萨斯喀彻温大学担任动物科学教授和新中心的执行主任,该中心成立于1980年。1983年,因他在动物营养方面的研究成果而获得萨斯喀彻温大学理学博士学位。1986年,因他在创立加拿大西部营养会议方面的领导作用,而获得加拿大饲料工业协会萨斯喀彻温省分会颁发的特别奖。

1984年,Robert被任命为加拿大英属哥伦比亚大学动物科学系教授和系主任。后来,他被任命为新的动物科学系主任,该系于1986年由动物科学和家禽科学合并而成,并一直担任该职位直到1991年。他教授的课程包括本科和研究生阶段的动物和人类营养学,动物生产和学术写作,多名研究生在他的指导下获得硕士或博士学位。他于1998年从英属哥伦比亚大学退休,担任名誉教授,同年获得加拿大农业研究所颁发的奖金,以表彰他对加拿大农业的贡献。Robert曾到许多国家旅行,并在内罗毕大学(肯尼亚)、爱德华王子岛大学(大西洋兽医学院)、南太平洋大学(阿拉法校区)和加利福尼亚大学(河滨校区)担任客座教授。他的活动和兴趣广泛,迄今为止,他已发表了200多篇关于动物和家禽营养的论文和文章。他是多个专业协会的成员,并在动物营养领域的多个加拿大专业协会和两个美国国家研究委员会任职。他是世界动物生产协会的前主席（1983—1988年）和董事会成员（1983—1993年），并于1991—1998年担任爱思唯尔国际科学期刊《动物饲料科学与技术》（Animal Feed Science and Technology）主编。他退休后曾担任农业农村部饲料工业中心的科学顾问、亚洲多所大学博士生入学考官和学术顾问、研究项目顾问，以及兽医学杂志编委会成员（瑞士巴塞尔）、英联邦国际农业局（CABI）动物营养百科全书副主编，并致力于英属哥伦比亚大学农业科学学院的历史研究。他的著作包括《有机猪的营养与饲养》（中英文版）、《有机家禽的营养与饲养》（英文、阿拉伯文和中文版）、《有机牛的营养与饲养》《有机生产和食品质量》《基因改造和食品质量》和《转基因食品和人类健康》等著作。

序 言

我非常荣幸能为 Robert Blair 教授的《有机牛的营养与饲养》（第二版）撰写序言。大约 30 年前，我还是本科生时，首次遇见 Robert Blair 教授，当时他是英属哥伦比亚大学（UBC）动物科学系主任。他是一位致力于将前沿科学融入农场动物营养领域的先驱，并且一直扮演着这一角色。我至今记忆犹新，课堂上他激励我们将动物营养学视为一门不断发展的学科，我们永远不应满足于现状。

我的学术之旅始于动物营养学，在 Robert Blair 教授领导下的 UBC 动物科学系完成本科学业。在获得反刍动物营养学的硕士和博士学位后，我在动物饲料行业工作了 7 年，随后重返 UBC，专注于动物福利研究。正是基于对动物营养和福利的深刻理解，我推荐读者深入阅读 Blair 教授关于有机牛营养与饲养的最新著作。随着公众对我们食物来源的日益关注，越来越多的人选择有机产品。例如，2012—2016 年间，欧盟的有机产品销售额翻了一番，其中包括食用畜产品。这种增长促使了有机认证动物数量的相应增加；例如，欧盟的有机奶牛数量从 2000 年的约 10 万头增加到 2015 年的近 100 万头，目前约占欧洲牛群总数的 4%。北美也呈现出类似的趋势：根据美国农业部的最新普查数据（2017—2019 年），肉牛总数为 31 722 039 头，其中 39 412 头为有机认证。尽管与欧洲相比规模较小，但 2016—2019 年间，美国的有机牛奶和有机牛肉产量均增长约 20%。

随着有机认证牛肉和牛养殖数量的增加，人们对于如何更有效地饲养这些动物的兴趣和需求也随之增长。Blair 教授的著作广泛地汇集了现有的经同行评议的文献，为那些对有机牛饲养感兴趣的人提供了一个宝贵的资源，使他们能够了解这一重要科学领域的最新研究成果，同时也填补了知识上的空白。对消费者来说，了解有机牛产品健康益处的最新证据同样重要，Blair 教授在书中也对此进行了深入探讨。

我相信，任何愿意投入时间阅读这本内容丰富、研究深入的著作的人都会有所收获。实际上，所有在动物饲料行业工作的专业人士，每天都在为有机奶牛和肉牛制定饲料配方。因此，我强烈推荐这些专业人士以及对有机牛饲养感兴趣的学生和研究人员，阅读这本关于有机牛饲养最新科学进展综合评述的专著。

Marina (Nina) von Keyserlingk, PhD
Professor, NSERC Industrial Research Chair in Animal Welfare
Faculty of Land and Food Systems, The University of British Columbia
and Associate, Peter Wall Institute for Advanced Studies
The University of British Columbia, Vancouver, Canada
1 December 2020

致　谢

在此，我要表达诚挚的感谢：感谢缅因大学合作推广机构的 Rick Kersbergen 教授对基于饲料分析的配方系统提供的宝贵建议；感谢密西西比州立大学北密西西比研究和推广中心的 Larry Kuehn 教授在公牛遗传学方面的专业指导；感谢俄勒冈州立大学的 Robert J. Bildfell 教授提供的兽医咨询服务；感谢土壤、牧草和乳品合作公司分析服务部主任 Michael J. Reuter 博士在饲料分析方面的建议；感谢位于 Ithaca, NY 饲料实验室/农学服务中心人员的专业建议；感谢英国牛津国际农业与生物科学研究中心（CABI）的 Alexandra Lainsbury 对我写作给予的鼓励和支持。

最后，我还要感谢出版商的许可，使我能够采用《有机猪的营养与饲养》和《有机禽类的营养与饲养》两本书中的部分数据。

目 录

第 1 章 引言和背景 ··· 1

第 2 章 有机牛生产的目标与原则 ·· 4

第 3 章 牛的营养要素 ··· 20

第 4 章 有机日粮原料 ··· 46

第 5 章 有机生产的牛品种选择 ··· 167

第 6 章 有机生产体系的配套饲养程序 ··· 186

第 7 章 结论及展望 ·· 232

第1章
引言和背景

本丛书包括三部曲，分别探讨了有机生产中的农场动物营养和饲养：《有机猪的营养和饲养》（Blair，2007年和2009年中文版，2018a），《有机禽的营养与饲养》（Blair，2008，2018b），以及《有机牛的营养与饲养》（Blair，2012）。本书关于有机牛营养和饲养的最新报告涵盖了奶牛和肉牛，如同前两部著作，介绍了如何饲养这些动物，使所生产的牛奶和牛肉符合有机标准。

现有的数据显示，如果有机产品能以消费者可接受的价格供应，其市场将持续扩大。因此，许多国家的有机畜产品产量预计会有所增加。这一趋势反映了消费者对新鲜、健康、美味，不含激素、抗生素和有害化学物质的绿色食物的追求，同时也体现了以可持续方式生产食品并满足需求的愿望，理想情况下，这些食品最好是本地生产且不使用转基因作物。

有机农业可以定义为一种旨在创建综合、人道、环境和经济可持续的农业生产系统的方法。因此，它尽可能依靠本地农场及衍生的可再生资源。在许多欧洲国家，有机农业被称为生态农业，这反映了对生态系统管理的重视。在欧盟内部，有机生产和产品的术语有所不同。英语中，使用"有机"，丹麦语、瑞典语和西班牙语中使用"生态"，德语中是"生态"或"生物"，法语、意大利语、荷兰语和葡萄牙语中采用"生物学"；澳大利亚则使用"有机""生物动力"或"生态"。

与动物饲养相关的有机标准在国际上具有共性，并不断完善以应对实际问题，如有机饲料的短缺。因此，一些国家允许这些法规中存在一些例外情况。例如，澳大利亚的标准在允许使用的饲料成分方面与欧洲标准相似，要求农业来源的饲料添加剂必须是经认证的有机来源。如果不能满足此要求，经认证机构批准后，可以允许使用不符合标准的产品，但前提是该产品不含违禁物质或污染物，并且每年使用量不超过动物日粮的5%。澳大利亚允许非农业来源的饲料补充剂仅包括天然来源的矿物质、维生素或维生素原。动物微量矿物质和维生素缺乏症的治疗与天然来源营养素缺乏的治疗原则相同。动物营养学家对"微量元素的使用必须建立在已证实是缺乏的基础上"这一要求持怀疑态度，因为这可能会导致动物处于微量元素缺乏中。美国的法规体现了使用微量矿物质和维生素的不同方法。该国的标准包含一份国家清单，其中包括饲料成分。它允许所有非合成（天然）材料，除非特别禁止，并禁止所有合成材料，或除非明确允许。美国和欧盟有关饲料的法规之间的差异在于，美国国家有机计划不允许任何例外。食品和药品监督管理局批准用于饲料补充的微量矿物质和维生素可用于有机饲料的浓缩或强化。这些例子说明，从事有机生产的农民需要非常熟悉适用于其地区的标准细节。

从许多方面来看，有机农业看似回归传统，但它应充分利用现代知识进行实践。传统牛生产长期以来采用配给平衡方案以确保饲料的高效利用，本书倡导在有机生产中同样应用这些方案，并通过计算机制定适合特定牛类型和环境的日粮与饲养方案。

采用适当的技术和知识将使有机产业蓬勃发展，并以具有竞争力的价格生产出公众所需要的产品。此外，这一知识的应用将减少外界关于有机养牛比传统养牛对温室气体排放更多的指责。

本书提供了从国际科学文献中获得的关于有机牛营养的同行评审参考资料。该行业需要拥有一份无偏见的、有记录的参考文献汇编，这类文献在其他地方难以获得。

现有科学文献中一个有趣的方面——正如 Manuelian 等（2020）所指出的——是发起有机农业运动的国家仍占据已发表论文的大部分。这些作者在审查了来自全球 44 个国家的选定文献后得出这一结论。德国是发表有机畜牧业科学论文最多的国家（56 篇文献），其次是法国（31 篇）和丹麦（30 篇）。这表明，在有机农业方面有着悠久传统的国家（德语国家、英语国家和法国）仍然是有机牲畜研究的主要国家。在 320 份选定文件中，被引用最多的国家是：德国（751 篇引文）、英国（728 篇引文）和丹麦（596 篇引文）。Manuelian 等（2020）还得出了以下事实，即出版物的引用次数似乎与文件所使用的语言有关（文件的语言影响其被引用概率）。选择出版期刊是另一个因素，因为大多数同行评审期刊都以英文出版。

Sundrum（2010）对更好地应用技术信息提供了支持。他回顾有机肉类行业后得出结论，尽管有具体和基本的指南，但有机牲畜生产的农业条件基本上是因地制宜的，这使得营养资源的可用性、饲养制度的实施和基因型的使用等方面存在巨大差异。这些因素都会影响肉类生产。相应地，进入市场的有机肉类的质量也有很大差异。有机牛肉的质量参差不齐，往往达不到预期。此外，其质量通常与传统生产的肉类相似。他总结说，在某些情况下，有机指南对肉类质量的影响很小。

本书阐述了与有机牛认证标准相关的营养和饲养实践指南，书中所涉及各种主题已经在会议、贸易和科学出版物中介绍过，但尚未出版过任何一本综合性出版物。本书详细介绍了允许的饲料成分，重点介绍了本地种植或供应的饲料成分以及适当的日粮配方。这本书将引起有机牛奶和牛肉行业的咨询人员、研究人员、大学和学院教师、学生、兽医、监管机构、饲料制造商和饲料供应公司的兴趣。此外，具备一定动物营养技术知识的有机生产者也将受益于所提供的信息。本书分几章内容论述了这一主题，如下所示。

- 第 1 章：引言和背景，阐述了本主题的概况和背景。
- 第 2 章：有机牛生产的目标与原则，总结了与牛奶和牛肉有机生产相关的国际标准以及国际有机机构的作用。
- 第 3 章：牛的营养要素，描述了反刍动物消化过程的基本原理、营养需要、营养缺乏症和影响采食量的因素。
- 第 4 章：有机日粮原料，是一大章节，提供了反刍动物饲料的全面营养概况和饲用价值，包括饲用植物、青贮饲料、谷物、蛋白质和微量营养素补充剂。此外，还提供了有关饲料对牛奶和牛肉生产、质量和安全影响的信息。
- 第5章：有机生产的牛品种选择，探讨了选择适合特定环境的适宜品种以及品种类型对生产力的影响，特别推荐双用途品种用于有机生产系统。
- 第6章：有机生产体系的配套饲养程序，论述了饲养方案对有机牛的生产力、健康和福利，以及对有机牛奶和牛肉品质和安全的影响。
- 第7章：结论及展望，总结了本书所涵盖的各个方面，并提出了补充现有知识、满足消费者需求和研究需求的建议。

参考文献

Blair, R. (2007) Nutrition and Feeding of Organic Pigs. CAB International, Wallingford, Oxford, UK, 322 pp.

Blair, R. (2008) Nutrition and Feeding of Organic Poultry. CAB International, Wallingford, Oxford, UK, 314 pp.

Blair, R. (2009) Nutrition and Feeding of Organic Pigs [In Chinese]. CAB International–China Agricultural Publishing House, Beijing, 260 pp.

Blair, R. (2012) Nutrition and Feeding of Organic Cattle. CAB International, Wallingford, Oxford, UK, 304 pp.

Blair, R. (2018a) Nutrition and Feeding of Organic Pigs, 2nd edn. CAB International, Wallingford, Oxford, UK, 258 pp.

Blair, R. (2018b) Nutrition and Feeding of Organic Poultry, 2nd edn. CAB International, Wallingford, Oxford, UK, 268 pp.

Manuelian, C.L., Penasa, M., da Costa., L., Burbi, S., Righi, F. and De Marchi, M. (2020) Organic Livestock Production: A Bibliometric Review. Animals 10, 618–633.

Sundrum, A. (2010) Assessing impacts of organic production on pork and beef quality. CAB Reviews: Perspectives in Agriculture, Veterinary Science, Nutrition and Natural Resources 5, 1–13.

第2章
有机牛生产的目标与原则

根据国际食品法典委员会（Codex Alimentarius Commission，1999）以及联合国粮食及农业组织和世界卫生组织的食品标准联合规划（Joint FAO/WHO Food Standards Programme），有机农业被定义为："一个全面促进和加强农业生态系统健康性的生产管理系统，包括生物多样性、生物周期和土壤的生物活力……，特别强调具体管理方法，优先使用牧场直接提供的物质，避免合成原料"。其主要目标是保障土壤生物、植物、动物和人类等相互依赖群体的健康，同时提升生产力。这个系统基于明确和严谨的生产标准，旨在实现社会、生态和经济可持续发展的最佳农业生态系统。

因此，有机牛产品的生产方式与传统生产方式明显不同，并且在许多方面与亚洲农业生产方式相似。它的目标是充分整合动物和作物的生产，形成农场系统内资源的可回收和可再生的共生关系，使畜牧业生产成为更全面的有机生产系统的一部分。

有机牛产品生产者必须考虑除牲畜生产以外的几个因素，包括使用有机饲料并严格限制饲料添加剂，基于牧场的生产系统，以及尽可能降低环境影响。有机牛产品的生产还要求对生产系统进行认证和核查。这要求有机生产者建立档案，记录所有有机管理动物的身份、全部投入物质的使用情况以及所产可食用和非食用有机牲畜产品的资料。其结果是，有机食品在消费者眼中具有非常稳固的品牌形象，因此在市场上通常能够获得比传统方式更高的价格。

整个有机生产的过程包括四个阶段：
1. 采用有机生产原则（标准和法规）。
2. 遵守当地的有机生产法规。
3. 获得当地有机监管机构的认证。
4. 由当地的认证机构进行核查。

有机食品中限制采用的成分包括：
- 不含转基因（GM）谷物或谷物副产品。
- 不含抗生素、激素或药物。禁止使用酶作为饲料成分以提高饲料转化效率，但若动物健康和福利需要，可减量使用。
- 不使用动物副产品，只允许使用奶制品。
- 除非来自经认证的有机作物，否则不得使用谷物副产品。
- 不使用化学试剂处理过的种子（如溶剂提取的豆粕）。

- 不使用合成或发酵的纯氨基酸产品。

有机标准

有机农业标准是基于加强和利用土壤、作物和牲畜的自然生物物质循环的原则。根据这些规定，有机牲畜生产必须保持或改善牧场系统的自然资源，包括土壤和水质。生产者必须以保护动物本能的自然生活条件的方式饲养牲畜和处理动物的排泄物，同时不会导致土壤或水体过度富营养化、重金属污染或致病菌污染，并能够优化养分循环。牲畜的生活条件必须适应动物的健康和自然行为需求，提供适合动物不同生产阶段的阴凉处、庇护所、运动区、新鲜空气和光照等环境条件，并符合其他有机生产法规。有机标准要求任何出售的有机牲畜或可食用牲畜产品必须从出生到售卖都保持持续的有机管理方式。包括牧草和饲料必须是有机生产的，保健治疗也必须符合公认的有机做法。通过认真关注畜牧业生产的基本原则，优化动物的健康和生产性能，例如选择适当的品种和品系，采取适当的管理措施和营养供给，并应避免库存过剩。

应尽量减少动物的应激。日粮品质不仅是为了让动物的生产性能最大化，还应尽量减少动物代谢和生理的紊乱，因此在日粮组成中需要给予高比例的粗饲料。所设定的放牧管理方式应尽量减少牧场中寄生虫的污染。圈舍条件也要将疾病风险降至最低。

在有机生产中，几乎所有用于控制寄生虫、预防疾病、促进生长或作为饲料添加剂的合成动物药物，如果使用量超过适当生长和健康所需，都是被禁止的。有机生产也禁止使用含有动物副产品的饲料添加剂，如肉粉，而且不能使用任何激素。当疾病预防措施或获准使用的兽医生物制品不足以防治疾病时，生产商必须采用常规药物。然而，使用过违禁物质治疗的牛必须明确标识出来，并且这种动物产品（其牛奶或肉）也不能再被作为有机食品出售。

国际标准

有机标准的目的是确保以有机食品生产和销售的动物符合所规定的原则进行饲养和销售。因此，基于有机标准和国家法规的联合评审和认证作为对消费者的保证是非常重要的。

目前，在全球范围内尚未建立统一通用的有机食品生产标准。因此，许多国家现在已经制定了针对有机动物生产和饲养的国家标准。这些标准主要参考欧洲国际有机农业运动联盟（International Federation of Organic Agriculture Movements，IFOAM）标准委员会指南和美国食品法典中的有机食品指导方针。这一方案是由联合国粮食及农业组织（FAO）和世界卫生组织（WHO）于1963年制定的，旨在根据FAO/WHO联合食品标准方案下制定食品标准、指南和操作规程。在食品法典中，有机食品指南包括有机牲畜生产。

IFOAM基本标准于1998年发布，最新版本于2014年更新。IFOAM与世界各地的认证机构密切合作，以确保它们按照相同的标准运作。该标准的主要目的是保护消费者的健康，确保食品交易中的公平，并确保所有食品标准在国际政府组织和非政府组织协同监督下发挥作用。该标准是一个国际性指导方针，便于国家和机构制定自己的标准和法规，但它并不直接用于认证产品。

食品法典委员会（CAC）是由 FAO 和 WHO 共同管理的国际食品和食品标准制定机构。因此，它是一个基于世界贸易组织（WTO）《关于应用卫生和植物卫生措施》协议的国际标准化机构。本协议要求 WTO 成员政府的标准须基于国际标准，包括食品法典委员会的标准（可在：www.codexalimentarius.net/web/index_en.jsp，2020 年 12 月 1 日查阅）。

在食品法典和 IFOAM 中制定的标准是相当宽泛的，列出了必须遵守的原则和标准，不如那些专门为特定地区制定的法规那么详细，比如欧洲。

食品法典中与本书有关的章节包括以下内容。

营养

13. 牲畜系统应提供最佳营养水平的饲料，这些饲料应全部符合本指南的要求（包括正在更换中的饲料）。

14. 在主管机关规定的实施期内，牲畜产品须保持有机状态，按所提供饲料的干物质计算，反刍动物至少 85%、非反刍动物至少 80% 的饲料均来自符合本指南生产的有机饲料。

15. 尽管有上述规定，如果经营者能够向官方或官方认可的检验 / 认证机构证明，由于诸如不可预见的严重自然或人为事件或极端气候天气条件等原因，无法获得符合上文第 13 条规定的饲料，检验 / 认证机构可允许在有限时间内饲喂一定比例的未按本指南生产的饲料，但必须不含基因工程 / 改良生物或其制品。主管当局应当规定允许使用的非有机饲料的最高百分比和适用于此类特殊状况的条件。

16. 具体的牲畜饲料应考虑到：
- 年幼哺乳动物需要天然的饲料，最好是母乳。
- 食草动物的日粮中，有相当大比例的干物质需要由粗饲料、新鲜干草或青贮饲料组成。
- 反刍动物不应该只饲喂青贮饲料。

18. 如果在饲料制备过程中使用营养元素、饲料添加剂或加工辅助物等物质作为原料，主管当局应建立符合下列标准的可饲喂物质清单。

通用标准

a）符合国家法律规定，允许用于饲喂动物的物质。
b）维持动物健康、动物福利和生命所必需的物质。
c）下列物质必须符合以下条件：
- 满足有关物种生理和行为需要的适当食物。
- 不含基因工程 / 转基因生物及其产品。
- 主要来源于植物、矿物质或动物。

饲料和营养元素的具体标准

a)非有机来源的植物性饲料，只有在没有使用化学溶剂或化学处理的情况下，才能在第 14 条和第 15 条规定的条件下使用。

b)含有天然来源的矿物质、微量元素、维生素或维生素原，才能使用。如果这些物质短缺，或在特殊情况下，才可以使用化学上明确定义的类似物质。

c)除非国家立法有明确规定，除了牛奶和奶制品、鱼以及其他海洋动物及其衍生产品外，一般不应使用动物源性饲料原料。在任何情况下，都不允许向反刍动物饲喂动物源性物质，牛奶和奶制品除外。

d)不得使用合成氮或非蛋白质含氮化合物。

e)允许使用益生菌、酶和微生物制剂。

f)不得在动物饲养中使用抗生素、抗球虫药物、生长促进剂或任何其他旨在促进生长或产量的物质。

19. 青贮添加剂和加工辅助剂不能来自基因工程/转基因生物或其产品，可包括：

海盐、粗岩盐、酵母、酶、乳清、糖或糖产品，如糖蜜、蜂蜜；如果天气条件不能充分发酵时，可使用产乳酸、醋酸、甲酸和丙酸细菌，或它们的天然酸产物，但需经主管部门批准。

添加剂和加工辅助剂的具体标准规定如下：

a)黏合剂、抗黏结剂、乳化剂、稳定剂、增稠剂、表面活性剂和混凝剂：只允许使用天然来源的物质。

b)抗氧化剂：只允许使用天然来源的物质。

c)防腐剂：只允许使用天然酸。

d)着色剂（包括色素）、香料和食欲刺激剂：只允许使用天然来源的物质。

e)允许使用益生菌、酶和微生物。

有机立法

尽管当前尚无国际认可的统一有机标准，世贸组织和全球贸易界越来越依赖于食品法典、IFOAM 和国际标准化组织（International Organization of Standardization，ISO）来制定国际有机生产标准，并对生产体系进行认证和评审。ISO 成立于 1947 年，是一个涵盖近 130 个国家/地区的国际标准联盟。有机认证的关键指南是 ISO 指南 65:1996，为认证机构制定了产品认证体系的通用要求和基本操作原则。IFOAM 的基本标准和准则已在 ISO 中注册为国际标准，引入有机立法的出口国很可能会针对欧盟、美国和日本这三大市场的要求，其通过协调将促进有机农产品的世界贸易。然而，包括 FAO、IFOAM 和 UNCTAD（联合国贸易和发展会议）在内的一些论坛报告表明，认证要求和条例过多被视为有机部门持续和快速发展的主要障碍，对发展中国家的生产者来说尤其如此。为寻求解决这一问题，IFOAM、FAO 和 UNCTAD 于 2001 年决定联合起来，并于 2002 年共同在德国纽伦堡市举办了一次关于有机农业领域的国际协调与等效性的会议。会议提出设立一个利益攸关多方特别小组，包括各国政府、粮农组织、贸发会议和 IFOAM 的代表，以制定可行的建议和解决方案。为此，于 2003 年成立了有机农业协调和等效性国际特别工作组（ITF），旨在成为私营和公共机构之间开展对话的开放平台，以支持有机农业部门的贸易和监管活动。在其活动结束后，工作组于 2008 年的最后一次会议上提交了一份关于评估有机生产和有机加工标准等效性指南，以及有机认证的一系列要求。

工作组记录了 2003 年的全球情况（UNCTAD，2004），列出了 37 个全面实施有机农业和有机加工条例的国家。最新的统计数据显示，目前有 181 个国家/地区开展有机生产，其中 93 个国家/地区设立了有机监管法规（Willer 和 Lernoud，2019）。

以下简要描述了有机乳制品和牛肉的主要产区立法，并列出了重要的有机牛肉或牛奶进口国/地区。

区域性立法

欧洲

该地区是第一个引入有机食品生产规章和条例的地区，目前在有机畜牧业规模和增长方面占据重要的地位。根据这些条例，欧盟的每个成员国必须设立国家主管部门，以确保条例的执行。欧洲各国政府在管理有机牲畜生产上采取了截然不同的方法，导致现在仍然存在一些差异。此外，在每个欧洲国家，不同的认证机构采取了不同的方法。最终的结果是欧洲各地关于有机牲畜的标准各异。然而，欧洲的每个认证机构都必须遵守至少符合欧盟有机立法（一项法律要求）的标准。

1991 年，欧盟制定了管理有机食品生产和销售的法律（欧盟委员会，1991：欧盟法规 2092/91）。该法规定义了有机农业最低的生产标准，并详细说明了认证程序。后来，第 2092/91 号法规还进行了多次修订。其中，1999 年又额外增加了一项关于牲畜生产的条例（欧洲委员会，1999：No.1804/1999）。新法规的一个重要特点是列出了一份经批准的饲料清单（详见第 4 章）。除了涵盖欧盟内部的有机生产和加工，该法规还包括了对从欧盟以外地区进口的产品认证要求。

EC1804/1999 号条例扩大了牲畜生产产品的范围，并协调了生产、标签和检验的规定。该条例重申了牲畜必须符合以有机农业规则生产的牧草、青贮饲料和饲料原料为食的原则，详细列出了经批准的饲料清单。然而，该条例制定者也提到，目前有机生产者可能难以获得足够数量的有机饲料用于牲畜饲养。因此，对该条例进行了修改，允许在必要时临时授权使用有限数量的传统（非有机生产）饲料。对于有机牛生产来说，直到 2007 年该修改条例才被允许实施。

此外，该条例的一项重要规定是，允许使用微量矿物质和维生素作为饲料添加剂，以避免出现牲畜营养不足的情况。批准的产品必须来源于天然或与天然产品同等形式的合成产品。附录 Ⅱ D 中第 1.3 节（酶）、1.4 节（微生物）和 1.6 节（黏结剂、抗凝剂和混凝剂）中列出的其他产品也被允许用于饲料。饲料中需包含粗饲料、新鲜或干燥的饲草或青贮饲料，但具体比例未在 EC1804/1999 中详细说明。

欧盟 2092/91 条例于 2007 年进行了修订，并于 2009 年 1 月 1 日实施了新的有机条例（EC No.834/2007）（欧盟委员会，2007），新规并没有改变有机农业中授权应用物质的清单。修订的目的是更明确地界定适用于有机生产的目标、原则和规则，促进透明度和消费者信心，促进对有机生产理念的统一理解。修订有机畜牧业生产条例对于开展有机农业生产的机构来说至关重要，因为它为耕地提供了必要的有机物质和养分，从而有助于土壤改良和可持续农业的发展。该修订条例的一项规定是，至少50%的饲料应来自农场本身，或主要来自同一地区的其他有机农场。

除第4条列出的总体原则外，该修订条例还规定了适用于有机饲料加工的具体原则，明确规定有机饲料的生产必须使用有机饲料原料，除非市场上没有有机形式的饲料原料。它们还在最低使用限度上限制了饲料添加剂和加工助剂的使用，并且仅在必要的技术或动物技术需要或出于特殊营养目的的情况下使用。此外，该修订条例还规定有机牲畜必须在有机农场内出生和长大。

关于饲料的规定，牲畜的饲料应主要来源于饲养动物的场所或同一地区的其他有机农场，并且这些牲畜应使用有机饲料饲养，并满足动物各个阶段的营养需求。除蜜蜂外，所有牲畜应有稳定的牧场或粗饲料来源。植物源的非有机饲料原料、动物和矿物来源的饲料原料、饲料添加剂、特定的动物营养品和加工助剂，只有在符合第16条且经批准用于有机生产的情况下方可使用。生长促进剂和合成氨基酸被禁止使用，哺乳期动物应优先使用天然饲料，最好是母乳。认识到某些饲料添加剂和加工助剂对维持动物健康、动物福利和生命是至关重要的，以及为了满足有关物种的生理和行为需要，或是为了生产或保存这类饲料，因此适当使用是有必要的。矿物质、微量元素、维生素或维生素原等饲料原则上应为天然来源。但如果无法获得这些物质，可以使用化学上明确定义的类似物质，前提是已获得授权用于有机生产。作为饲料、饲料原料、配合饲料、饲料添加剂或其他用于动物饲养的物质，只有条例附件1或附件2所列物质组成的产品才被批准使用。除兽药产品外，禁止使用转基因生物和/或由此类生物体衍生的任何产品。

修订后的条例明确规定，确保饲料品质的目的在于确保产品质量，而非仅追求最大化生产量，同时需满足牲畜在各个发育阶段的营养需求。在饲养过程的任一阶段，只要增重的做法是可逆的，均可接受，但强制饲喂是禁止的。

幼龄哺乳动物的饲喂应以天然乳为基础，最好是母乳。所有哺乳动物都必须至少用母乳饲喂一段时间，具体时间根据品种而定，例如牛的饲养时间为3个月。

草食动物的饲养系统应根据牧场一年中的可利用情况进行调整，以最大限度地利用不同时期的牧草资源。修订后的条例规定，日粮中至少60%的干物质由粗饲料、新鲜或干饲料或青贮饲料组成。然而，检查机构或当局可允许奶牛在泌乳前3个月内将上述饲料比例降低至50%。

据第8.3.1段的规定，肉牛（以及猪和羊）的最后育肥阶段可在室内进行，但室内育肥期不得超过其生命周期的1/5，并且在任何情况下最长不得超过3个月。

2018年，欧盟理事会通过了关于有机生产和有机产品标签的新规则，这些规则鼓励欧盟有机生产的可持续发展［2018年5月30日欧洲议会和理事会关于有机生产和有机产品标签的法规（EU），废除理事会（EC）第834/2007号法规］。新规定旨在保障农民和经营者的公平竞争，防止欺诈和不公平做法，提高消费者对有机产品的信心。自2021

年1月1日起生效，部分相关变更如下：
- 将通过逐步取消一些例外和减损情况，以简化和进一步统一生产规则。
- 强化整个供应链风险的预防措施和基于风险的强有力检查，使控制系统得到加强。
- 第三国的生产商必须遵守与欧盟生产商相同的规则。

欧盟委员会于2020年发布了一份联合文件（EU02008R0889EN 07.01.2020 017.001）。它列出了所有相关文件，描述了执行欧盟委员会（EC）No.834/2007的执行规则，以及关于有机产品生产、标签和控制的规定（欧盟委员会，2020）。

北美

美国 国家有机计划（NOP）于2002年在美国引入（NOP，2002）。这是一项联邦法律，要求所有有机食品都达到统一的标准，并在同一认证程序下获得认证。该法律规定：有机饲养的牲畜可以在户外活动，并能从事适合其自身需要的体力活动。此外，出于肉类生产目的而饲养的牛，必须最晚在妊娠后期开始进行完全有机管理。用作种畜的动物可以来自非有机农场，但它们必须按有机管理规定进行管理。尽管它们可以用来繁殖有机后代，但种畜动物本身不能作为有机牲畜屠宰出售。乳用动物在其奶或奶制品销售、保存或使用之前，必须预先在有机管理条件下至少饲养1年。

美国和欧洲有机标准的主要区别是，美国的有机标准已在NOP框架下统一协调。各州、非营利组织、营利性认证组织和其他机构都被禁止制定替代的有机标准。所有有机食品必须符合国家有机标准（NOS）认证。有机产品生产商必须通过NOP认证机构获得认证。所有的有机生产者和操作人员必须实施有机生产和处理系统计划，该计划描述了符合有机操作标准的操作方法和程序。国家机构和私人组织均可以获得NOP认证。NOS建立了全国性的清单，其中包括饲料成分。它允许所有非合成（天然）材料，除非特别说明禁用，并禁止所有合成材料，除非特别允许。影响美国和欧盟饲料法规的一个区别在于，NOP不允许任何例外。根据NOP规定，牲畜应在一年中牧场可以提供可食牧草的月份里放牧。有机系统计划的目标是，在生长季节草场每天应提供超过30%干物质采食量的饲料，且不少于120 d。

第205.237条涉及牲畜饲料，其中规定：

a. 有机牲畜经营的生产者必须向牲畜提供由有机农产品组成的饲料配方，包括牧草和粗饲料，并且最好是经过有机处理加工的。此外，根据205.603规定，非合成物质和经FDA批准的合成物质可用作饲料添加剂和补充剂。

b. 有机经营活动的生产者不得：

1. 使用动物药物促进生长，包括激素。
2. 提供超出其特定生命阶段所需营养和健康的饲料补充剂或添加剂。
3. 使用颗粒饲料或颗粒化的粗饲料。
4. 使用含尿素或粪肥的饲料配方。
5. 将哺乳动物或家禽屠宰副产品喂给哺乳动物或家禽。
6. 使用违反联邦食品、药品添加剂和化妆品法案的饲料、饲料添加剂和饲料补充剂。作为饲料补充剂来说，不含抗生素的牛奶补充剂，只能在紧急情况下使用，不得使用非奶制品或经过 BST 处理的动物产品。

第 205.603 节涵盖了允许用于有机牲畜生产的合成物质。根据该节规定的限制条件，下列合成物质可以用于有机牲畜生产：

2. 微量矿物质，经 FDA 批准用于满足牲畜生产需求。

3. 维生素，经 FDA 批准用于满足牲畜生产需求。

根据 2018 年的修正案，某些注射用维生素、矿物质和电解质可以由执业兽医师开具或使用。

加拿大　《加拿大有机产品条例》于 2009 年 6 月 30 日生效，旨在响应有机组织建立有机产品监管体系的需求，并解决保护消费者及国内外市场准入的问题。此前，有几个省份各自制定了有关规定。这些国家法规由加拿大政府在向 WTO 提交、经过 75 d 的行业评议期后提出的。因此，这种情况与美国类似，但与欧洲不同。这些规定涵盖了供人类消费的食物和饮料，用于牲畜的饲料（包括用于牲畜饲料的农作物），以及植物的种植。

加拿大和美国于 2009 年生效的等效协议承认了有机农业生产的共同方法。相关的官方机构包括美国农业部（USDA）和加拿大食品检验局（CFIA）。

有机动物的饲料必须符合加拿大有机标准并经过认证。与 NOP 类似，目前还未列出允许使用的饲料成分的完整清单。用于有机饲料的作物和用于有机动物放牧的牧场必须符合有机生产认证标准。有机饲料的成分必须是符合有机生产和处理的要求，后一条规则可能难以实施。加拿大通用标准委员会（2006）发布了一份有机生产系统中允许使用的物质清单，包括用于有机牲畜生产的饲料、饲料添加剂和饲料补充剂的简要清单。清单中规定，"维生素不得从基因工程生物中提取"。这一要求的难点在于，大多数国家用作饲料补充剂的维生素大部分或全部来自转基因生物。

墨西哥　墨西哥的有机产品法和有机生产法规于 2017 年 4 月实施。这些法规要求所有在墨西哥销售的有机产品，必须按照墨西哥有机标准或与之等效的标准进行认证。目前，美国农业部（USDA）、加拿大食品检验局（CFIA）和墨西哥国家动植物健康、食品安全和质量服务局（SENASICA）正在制定一项有机产品等效协议。

南美

国际有机农业运动联盟（IFOAM）为拉丁美洲和加勒比地区（El Grupo de America Latina y el Caribe, GALCI）建立了一个区域倡议，由设在阿根廷的一个办事处进行协调。目前，GALCI 代表来自拉丁美洲和加勒比地区的 59 个组织，包括生产者协会、加工商、贸易商和认证机构。GALCI 的宗旨和目的是促进整个拉丁美洲和加勒比地区的有机农业发展。

阿根廷　1992 年，阿根廷成为美洲第一个建立有机产品认证标准的国家，该标准与欧盟的有机产品认证标准相当，并得到国际有机农业运动联盟（IFOAM）的认可。阿根廷的有机产品也获得了欧盟和美国的认可。阿根廷的有机牲畜和家禽生产由国家农业食品卫生和质量服务局（Servicio Nacional de Sanidady Calidad Agroalimentaria, SENASA）管理，这是由第 No.1286/93 号决议和欧盟第 No.45011 号决议设定的农业部门下属的一个政府机构。1999 年，经过参议院批准，《国家有机生产法》（第 25127 号）开始生效。

该法律禁止销售未经 SENASA 认证机构认证的有机产品。每个有机认证机构必须在 SENASA 注册。

巴西　1999 年，农业、牲畜和食品供应部（MAPA）根据食品法典发布了规范指令 #7（NI7）。NI7 制定了有机产品生产和处理的国家标准，包括在有机生产中允许和禁止使用的物质清单。NI7 定义了动物和植物来源产品的生产、制造、分类、分销、包装、标签、进口、质量控制和认证的有机标准。该政策还为希望成为认证机构的公司制定了规则，这些公司执行 NI7 指令，并在国家有机生产委员会（国家有机生产委员会）的指导下进行生产和运营。

智利　智利国家标准于 1999 年在智利农业和畜牧业服务局（SAG）的监督下生效，该机构相当于美国农业部的植物保护和检疫（PPQ）部门。这些标准基于 IFOAM 的指导。

大洋洲

澳大利亚　自 1992 年以来，澳大利亚一直通过法律保护有机生产。目前，澳大利亚是最大的有机食品生产国。有机立法涵盖了作物生产、畜牧业、食品加工、包装、储存、运输和标签等方面。澳大利亚有机和生物动力学国家标准（一种向有机系统引入特定附加要求的农业系统）自 1992 年首次实施，作为澳大利亚有机或生物动力学产品的出口标准。此标准在 2005 年（3.1 版，AQIS，2005）和 2007 年（3.3 版；AQIS，2007）进行了修订；并在 2016 年（3.7 版；OISCC，2016）进行了最近一次修订。该标准由澳大利亚检疫检验局有机工业出口咨询委员会（AQIS）颁布，为有机产业提供了全国认可的框架，包括生产、加工、运输、标签和进口等各个环节。经澳大利亚主管当局认证的认证机构，将该标准作为最低要求，用于检验经该系统认证的经营者生产的所有产品。因此，该标准构成了经批准的认证机构与进口国要求之间等效协议的基础。个别认证机构可以根据该标准中的详细规定提出附加要求。

该标准在允许使用的饲料成分方面与欧洲标准相似，即农业来源的饲料补充剂必须来自经过认证的有机或生物动力原料。然而，存在例外的情况，如果无法满足这一要求，经批准的认证机构可以允许使用不符合本标准的产品，但前提是该产品不含违禁物质或污染物，并且每年不超过动物日粮的 5%。允许的非农业来源饲料补充剂仅限于天然矿物质、维生素或维生素原饲料。对于需要治疗微量矿物质和维生素缺乏的动物，也必须使用天然来源的饲料。动物营养学家应以怀疑的态度对待"微量元素的使用必须基于已证明有缺乏症为基础"的要求，因为这可能会导致动物处于微量元素缺乏状况。有机饲料中不允许使用氨基酸纯化物（纯氨基酸）。

这些国家标准用于确认进口和国内生产的有机产品的等效性，并作为认证的标准。希望获得这些标准认证的认证机构必须遵守澳大利亚检疫和检验局的管理，即同意主管当局的认证评估。截至 2000 年底，澳大利亚共有 7 个认证机构获得了政府认可。其中，有 5 个机构符合欧盟法规 2092/91 第 11 条的要求，可以向欧盟出口；而所有 7 个机构都可以向非欧洲国家，如加拿大、日本和美国出口。全国可持续农业协会是唯一获得 IFOAM 认证的国家认证机构。目前，澳大利亚境内没有外国认证机构，也没有地方认证机构与国际认证机构合作。

该立法并没有强制要求每个出售有机农产品或打有机产品标签的农场必须进行认证；它只适用于贴有机产品标签的农产品出口。因此，澳大利亚的有机法规更多地适用于出口产品的标准，而非国内产品的标准。澳大利亚消费者协会呼吁联邦政府发布新的指南，以预防不正确的标签使用和可能存在的消费者欺诈行为（Lawrence，2006）。对此，澳大利亚 AS6000 有机和生物动力产品标准规定了在市场上销售有机产品必须符合的最低要求，确保产品标签能够清楚表明或暗示它们是在有机或生物动力系统下生产的。关于有机和生物动力学产品认证程序的 MP100 系列出版物提供了关于有机和生物动力学产品认证程序的详细信息。计划将 AS6000 和 MP100 与各种已发布的文件一起使用，作为参与有机和生物动力学产品认证程序的人员的参考文件。因此，MP 是证明有机和生物动力产品可靠的基础，以满足国内和进口国的要求。MP 还使生产有机和/或生物动力学产品的运营商能够解读认证过程。

新西兰 2011 年，新西兰食品安全局发布了关于有机农业的修订法规（NZFSA，2011；MAF 标准 OP3，附录 2：NZFSA 有机生产技术规则，技术规则 7.1 版）。该法规最初基于欧盟相关法规，并在修订后纳入了美国国家有机标准的要求。该法规规定了有机生产的最低要求，并允许经营者采用更高的标准。这些规定与欧洲和北美的标准相似，这从它们的起源可以看出来，制定这些标准的目的似乎是允许有机产品出口到欧洲、日本和美国市场。修订后的法规中有一个有趣的部分是澄清了转基因（GM）一词。

3.1.8 转基因生物体（GMO）一词，除非法规另有明确规定，否则指任何生物体内的任何基因或其他遗传物质：

a）经过体外技术改良的生物。

b）经过多次不同程度的克隆或其他方式从经过体外技术修改的任何基因或其他遗传物质继承或衍生而来的生物。

1. 不被视为转基因的生物包括：

a. 仅通过选择或自然再生、人工授粉或其他管理、控制授粉产生的生物。

b. 从器官、组织或细胞培养中再生的生物，包括通过选择和繁殖体细胞无性系变异体而产生的生物体，胚胎挽救，以及细胞融合（包括原生质体融合或化学或辐射处理，导致染色体数量的变化或导致染色体重排的生物体）。

c. 仅由通过人工授精、超排卵、胚胎移植或胚胎分裂而产生的生物。

d. 仅通过以下修饰方法产生的生物体：(i) 核酸的生理移动，包括结合、转导和转化；(ii) 质粒丢失或自发缺失。

e. 某一基因组内（包括其额外的染色体元件）自发缺失、重排和扩增而产生的生物。

2. 尽管第（1）(d) 款中有所规定，但如果使用体外操作产生的核酸分子使用第（1）(d) 款的第（i）或（ii）项中提到的任何基因修改技术，则产生的生物是转基因生物（《有害物质和新生物法》，1996）。

条例中规定了载畜量，以及生活空间的要求，主要与在土地上如何施肥有关。

关于饲料的规定包括以下内容。

6.4 饲料

6.4.1 本主题的详细内容旨在使饲料经营者了解欧盟对运营商的具体要求。新西兰普遍采用放牧方式，这就规避了大部分条款。只能使用新西兰法律授权可使用的饲料。

6.4.2 饲养的目标是在满足动物各个生长发育阶段营养需求的同时，确保优质生产，而非追求产量最大化。只要在饲养过程的任何阶段都允许体重有增有降，允许采用育肥措施，但不允许强制饲喂。

6.4.3 动物必须用有机饲料饲养。

6.4.4 此外，动物必须按照本规则饲养，使用本牧场的饲料；如果情况不允许，可使用来自符合本规则的其他牧场或企业的饲料。对于草食动物来说，至少 50% 的饲料应来自本牧场，除非动物处于转场状态（高原放牧）。

6.4.5 在转场期间，动物从一个放牧区步行到另一个放牧区时，可以在非有机土地上吃草。这种放牧采食量不应超过每年总饲料量的 10%，以饲料干物质的百分比计算。

6.4.6 平均高达 30% 的配方饲料可以包括过渡饲料。当过渡饲料来自有机机构时，这一比例可以增加到 60%。

6.4.7 幼龄哺乳动物的饲养必须以天然乳为基础，最好是母乳。所有哺乳动物必须用母乳饲养一段时间，具体时间取决于物种：

- 3 月龄的牛（包括水牛属和北美野牛类）。

TPAs（第三方机构）可以考虑缩短哺乳时间，使用鲜草和干草以及牛奶形式的补充饲料即可，确保生产出良好饲养和抗逆性强的牲畜。

6.4.8 在适当情况下，经 NZFSA 与 TPA 协商后，可以指定一个区域，在此区域中动物可迁移到高原放牧区放牧，而不违反第 6 节关于动物饲养的规定。

6.4.9 草食动物的饲养系统应根据一年中不同时期牧场的可用性，最大限度地进行放牧。在草食动物的日粮中，至少 60% 的干物质由粗饲料、新鲜牧草或干草，或青贮饲料组成。然而，TPA 可以允许在哺乳早期的最长 3 个月内将产奶量减少到 50%。

6.4.10 经 NZFSA 批准，TPA 可以在市场上没有有机饲料的情况下，授权使用有限比例的农业源传统饲料，以确保获得必要的饲料。但这种例外情况应尽量减少，并在时间上加以限制。常规饲料在草食动物和非草食动物的日粮中占干物质的最大比例为 25%。

6.4.11 当饲料生产不足时，NZFSA 可以在有限的时间内和在特定地区授权使用常规饲料。这种例外可能是由于不利气候条件或其他特殊条件而导致的。

6.4.13 仅限表 3.4.5 和表 3.6.1 中列出的产品，可作为青贮饲料的添加剂和加工助剂。

6.4.14 农业来源的常规饲料原料，只有在表 3.1 中列出的，才能用于动物饲养，但饲喂数量受第 6 节规定的限制，而且必须在不使用化学溶剂的情况下生产或制备。

6.4.15 动物源饲料（无论传统生产还是有机生产）只能使用表 3.2 中列出的种类，并受第 6 节规定的数量限制。

6.4.16 为满足动物的营养需求，只能用表 3.3、表 3.4.1 和表 3.4.2 所列的产品用于动物饲养。

6.4.17 仅限表 3.4.3、表 3.4.4、表 3.4.5、表 3.4.6、表 3.4.7、表 3.5、表 3.6 中列出的

产品可用于上述类别动物的饲养。抗生素、抗球虫剂、药物、生长促进剂或任何旨在刺激生长或生产的物质不得用于饲养有机动物。

6.4.18 饲料原料、复合饲料、饲料添加剂、饲料加工助剂和用于动物营养的某些产品不得使用转基因生物或从转基因生物中衍生的产品。

该条例非常有用的一个特点是包含了允许使用的饲料成分的详细清单（见第4章）。更多国家应该效仿新西兰的做法，用于动物饲养的矿物质和微量元素必须是天然的，或者使用与天然产物相同方式合成的饲料，允许使用与天然维生素相同的合成维生素。

6.8.8 根据6.5.4的规定，所有哺乳动物必须有放牧场地或露天运动场或可能部分覆盖的露天运动场，并且只要动物的生理状况、天气条件和地面状态允许，可随时使用，除非因动物健康问题而不可使用外，草食动物必须在条件允许时随时进行放牧。

6.8.9 如果草食动物在牧场可以放牧，并且冬季圈舍条件允许动物自由活动，则冬季可以不提供露天运动场或露天步道。

6.8.10 尽管有条款6.8.8最后一句的表述，但1岁以上的公牛必须有机会进入放牧场地或露天运动场或露天步道。

6.8.11 用于肉制品生产的成年牛的最后育肥阶段可以在室内进行，前提是这个室内育肥阶段不超过其生命周期的1/5，最长期限不超过3个月。

亚洲

中国 中国有机食品发展中心（The Organic Food Development Center，OFDC）成立于1994年，是中国国家环境保护局的一个部门，负责实施中国最大规模的有机认证项目。起初，其标准基于IFOAM的规则（访问http://www.ofdc.org.cn, 2020年4月10日）。然而，这一标准被2005年生效的《中华人民共和国国家标准：有机产品》（GB/T 19630.1-19630.4—2005）所取代。新标准在一定程度上与IFOAM标准相似，但包含了一些独特的条款。

8.2 动物和家禽的介绍

8.2.4 所有引入的动物不得受到基因工程的影响，也包括不受育种产品、药物、代谢调节剂、生物制剂、饲料或添加剂的影响。

8.3 饲料

8.3.1 动物必须用有机饲料或经国家有机食品发展中心（OFDC）或其认证机构批准的有机饲料饲养。有机饲料和饲草中，至少50%必须来自某一农场或邻近农场。

8.3.4 在有机饲料短缺时，认证委员会允许农场购买常规饲料和饲草。常规饲料每日最大采食量不得超过每日饲料干物质摄入总量的25%，恶劣天气和自然灾害除外。且必须保存详细的进料记录，常规饲料必须获得OFDC的批准。

8.3.6 饲养动物的数量不得超过养殖场的容纳能力。

8.4 饲料添加剂

8.4.1 可使用附录D中列出的产品作添加剂。

8.4.2 可使用天然矿物质或微量元素矿物，如氧化镁和绿砂。若无法提供天然来源的矿物质或微量元素矿物质，须经OFDC批准方可使用合成矿物产品。

8.4.3 维生素补充剂应来源于发芽的谷物、鱼肝油或酿酒酵母。若无法提供天然来源的维生素，可使用经OFDC批准的合成维生素产品。

8.4.4 可使用附录D中经OFDC批准的化学品用作添加剂。

8.4.5 禁止使用人工合成的微量元素和纯氨基酸成分。

8.5 全价饲料

8.5.1.1 全价饲料中含有的主要成分必须经国家有机食品发展中心（OFDC）或其认证的机构批准。主要原料加上添加的矿物质和维生素的总和，不能少于总饲料的95%。

8.5.1.2 添加的矿物质和维生素可以来源于天然或合成产品，但整个饲料不能含有被禁止使用的添加剂或防腐剂。

8.5.2 全价饲料必须满足动物（或家禽）对营养和饲养目标的需求。

8.6 饲养条件

8.6.3 在一年当中的某段时间，需保证所有动物必须至少有一部分时间在户外饲养。

8.6.4 禁止使动物无法接触土壤，或其自然行为或活动受到限制或抑制的方式饲养动物。

8.6.5 除成年雄性或患病动物外，不能单独饲养动物。

日本 日本用于有机农业生产的农业标准（The Japanese Agricultural Standards，JAS）（MAFF，2001）是基于食品法典的有机农业指南准则制定的。最初，这些标准仅涵盖植物产品，但在2006年增加了牲畜标准（MAFF，2006）。2006年的标准明确了与有机牲畜产品生产方法相关的标准，包括批准的饲料类别。获批准的有机饲料和为有机牲畜"内部"生产的饲料清单：包括天然物质或源于天然物质的成分；有趣的是，其中还包括蚕蛹粉（除那些辐照或通过重组DNA技术产生的）。

修订后的标准于2008年发布。

自2001年4月起，日本要求在国内销售的有机产品必须符合JAS有机标签标准。NOP标准符合JAS的准则，允许进口美国的有机产品。根据新的规定，有机认证机构必须在农林水产省（MAFF）注册（认证），现在被称为注册认证机构（Registered Certification Organizations，RCOs）。

在特定的农业和林业产品以及有机农产品和有机农业加工食品方面，有机规则和标准被批准与有机JAS系统相等效的国家有：爱尔兰、美国、阿根廷、意大利、英国、澳大利亚、奥地利、荷兰、希腊、瑞士、瑞典、西班牙、丹麦、德国、新西兰、芬兰、法国、比利时、葡萄牙和卢森堡。然而，等效协议目前还不适用于有机畜产品、有机牲畜加工食品、有机农业、牲畜加工食品和有机牲畜饲料的认证。

韩国 在韩国，有机农业通常被定义为不使用合成化学品的农业生产（GAIN报告，2005）。环境友好型农产品的强制性认证于2001年推出（UNESCAP，2002），且符合食品法典标准。农林部（the Ministry of Agriculture and Forestry，MAF）于2005年实施了针对新鲜有机农产品和谷物的法规，而影响牲畜的法规则由韩国食品药品管理局（the Korean Food and Drug Administration，KFDA）实施（GAIN报告，2005）。韩国的国家认证计划由两个不同的机构管理。新鲜农产品和谷物的认证、标签和标准由农林部（国家农业部产品质量管理服务（National Agricultural Products Quality Management Service，NAQS）管理，而加工有机产品的同等程序由韩国食品药品管理局（KFDA）管理。

其他国家

对于大多数发展中国家，经过认证的有机产品都没有市场。然而，有一些国家，正在积极开发城市有机产品市场。随着发达国家对有机产品需求的增长，特别是对热带和反季节农产品的需求，预计将带来新的市场机遇和价格激励，有助于发展中国家的出口。但同时，发展中国家的出口商需要满足发达国家的有机生产和认证要求，并培育消费者对进口农产品的偏好。

影响

这些国际准则、法规和标准对国家标准产生了很大的影响。显然，随着有机产品市场的扩大和各国寻求向其他国家出口，这些法规将会越来越趋同或一致。然而，在所有的标准中，没有一项要求对有机产品进行定期测试以确保其真实性。尽管关于测试方法是否可行以确保有机饲料和食品真实性的研究，可能会得到一些有机产业部门的支持，但迄今为止还没有出现这样的测试方法。

通过比较上述标准会发现，这些标准的许多目标和要求是相似的。如果养牛生产者希望遵守这些法规的文字和精神，这些要求可能会对其产生以下影响。

必须使用有机饲料；限制措施不包括转基因谷物或谷物副产品；不能使用非经认证的有机作物生产的谷物副产品；禁止使用抗生素、激素或药物；禁止使用动物屠宰副产品；禁止使用化学提取的饲料（例如溶剂提取的豆粕）；禁止使用纯氨基酸。饲料应该在农场生产，或至少在该地区生产。这一要求特别适用于北欧等地区，因为北欧的气候条件不允许自给自足的蛋白质饲料需求。在某些地区，季节性的生产模式可能导致这种需求成为必然。

- 牲畜应该是本地的或能够适应当地农场或地区环境。因此，传统的、未改良品种和品系通常比基因改良的杂交品种更受青睐，这对于这些品种的适当营养需求提出了疑问。
- 畜群的规模通常受到可用粪肥施用土地面积的限制。
- 牲畜应当在室外良好条件下健康生长，因此必须具备耐寒和健康的特性。此外，寒冷条件可能会增加其营养需求。
- 由于限制了对暴发性疾病的治疗，牲畜的健康可能会受到损害，或者动物可能不得不从有机状态中移除。严格遵守不使用合成饲料补充剂的政策可能会导致维生素和微量矿物质的缺乏。此外，依靠粗饲料和阳光提供所有所需的维生素和矿物质并没有得到科学证据的支持。

需要注意的一个重要问题是，有机食品法规并不优先于现有的食品法规。例如，在北美，有机牛奶和传统牛奶一样，必须遵守所有的法律要求，包括巴氏杀菌和维生素D强化。同样，白面粉也必须符合类似的强化要求。

参考文献

AQIS (2005) National Standard for Organic and Bio-Dynamic Produce. Organic Industry Export Consultative Committee. Australian Quarantine and Inspection Service, Canberra.

AQIS (2007) National Standard for Organic and Bio-Dynamic Produce. Organic Industry Export Consultative Committee. Australian Quarantine and Inspection Service, Canberra.

Canadian General Standards Board (2006) National Standard of Canada, Organic Production Systems Permitted Substances List. Document CAN/CGSB-32.311-2006. Government of Canada, Ottawa.

Codex Alimentarius Commission (1999) Proposed draft Guidelines for the production, processing, labelling and marketing of organic livestock and livestock products. Alinorm 99/22 A, Appendix IV. Codex Alimentarius Commission, Rome.

European Commission (1991) Council Regulation (EEC) No. 2092/91 of 24 June 1991 on organic production of agricultural products and indications referring thereto on agricultural products and foodstuffs. Official Journal of the European Communities, L 198, 1-15.

European Commission (1999) Council Regulation (EC) No. 1804/1999 of 19 July 1999 supplementing Regulation (EEC) No. 2092/91 on organic production of agricultural products and indications referring thereto on agricultural products and foodstuffs to include livestock production. Official Journal of the European Communities, L 222, 1-28.

European Commission (2007) Council Regulation (EC) No. 834/2007 on organic production and labelling of organic and repealing regulation (EEC) No. 2092/91. Official Journal of the European Communities, L189205, 1-23.

European Commission (2020) Consolidated text: Commission Regulation (EC) No 889/2008 of 5 September 2008 laying down detailed rules for the implementation of Council Regulation (EC) No 834/2007 on organic production and labelling of organic products with regard to organic production, labelling and control. Available at: http://data.europa.eu/eli/reg/2008/889/2020-01-07 (accessed 22 March 2020).

GAIN Report (2005) Korea, Republic of, organic products organic market update, 2005. USDA Foreign Agricultural report Number: K25011. Available at: www.fas.usda.gov/gainfiles/200701/146280032.pdf (accessed 1 December 2020).

IFOAM (2005) IFOAM Basic Standards. International Federation of Organic Agriculture Movements, Tholey-Theley, Germany.

Lawrence, E. (2006) Organic food 'rort'. Sunday Mail, Queensland, 24 September 2006.

MAFF (2001) The Organic Standard, Japanese organic rules and implementation, May 2001. Ministry of Agriculture, Forestry and Fisheries, Tokyo.

MAFF (2006) Japanese Agricultural Standard for Organic Livestock Products, Notification No. 1608, 27 October. Ministry of Agriculture, Forestry and Fisheries, Tokyo.

NOP (2002) National Standards on Organic Production and Handling, 2000. United States Department of Agriculture/Agricultural Marketing Service, Washington, DC. Available at: http://www.ams.usda.gov/nop/NOP/standards.html (accessed 1 December 2020).

NZFSA (2011) NZFSA Technical Rules for Organic Production, Version 7.1. New Zealand Food Safety Authority, Ministry of Agriculture and Food, Wellington. Available at: http://www.nzfsa.govt.nz/organic/ocuments/index.htm (accessed 5 December 2020).

OISCC (2016) National Standard for Organic and Bio-Dynamic Produce. Edition 3.7. Organic Industry Standards and Certification Committee, Department of Agriculture and Water Resources, Canberra, Australia.

UNCTAD (2004) Harmonization and Equivalence in Organic Agriculture. United Nations Conference on Trade and Development, Geneva, Switzerland, 238 pp.

UNESCAP (2002) National Study: Republic of Korea. Organic Agriculture and Rural Poverty Alleviation, Potential and Best Practices in Asia. Economic and Social Commission for Asia and the Pacific of the United Nations, Bangkok, Thailand.

Willer, H. and Lernoud, J. (2019) The World of Organic Agriculture. Statistics and Emerging Trends 2019. Research Institute of Organic Agriculture (FiBL), Frick and IFOAM – Organics International, Bonn, Germany.

第3章
牛的营养要素

与其他动物一样，牛的日粮由五种基本营养成分组成：能量、蛋白质、矿物质、维生素和水。任何一种营养物质的缺乏或营养物质间搭配不平衡均可能会对动物的生长和生产产生不利影响。

营养物质的消化与吸收

本章简要介绍了牛的消化与营养吸收过程，为理解饲料的消化和营养成分的吸收机制提供基础。更为详尽的解释，感兴趣的读者可参考有关牛营养与消化生理学的书籍。

与猪等单胃动物不同，牛是反刍动物，能够将易吞咽的饲料反刍到口中，反复咀嚼以促进消化。这能够降低摄入日粮的颗粒度大小，使唾液充分与日粮混合，并方便吞咽。与猪相比，牛没有上颌齿，但具有粗糙的舌头，有助于对饲料的物理分解。此外，牛的瘤胃，是一个特殊的发酵器官，其中富含微生物，可分解难以消化的饲料成分，如纤维素。

消化是指动物通过物理和化学方式将饲料分解，以利于营养物质的吸收。其中，物理消化主要包括咀嚼和胃肠道蠕动，而化学消化则依赖消化液中的酶和肠道微生物的作用。

与其他农场动物一样，牛的消化系统由口腔、舌头、牙齿、食管、胃、小肠、大肠、直肠及相关辅助器官组成（图3.1）。然而，牛的胃更为复杂，包括瘤胃、网胃、瓣胃和皱胃（真胃）。这种消化系统的改变使牛能够适应高纤维饲料（如干草）。这种变化允许饲料进入体内和被化学消化之前，进行微生物消化和反刍。咀嚼和反刍能够降低摄入日粮的颗粒度大小，进而由瘤胃微生物进一步分解。通过这一过程，牛摄入的日粮中有60%～75%在进入真胃之前就得到了分解和较好的消化。

口腔

动物通过口腔摄入日粮并咀嚼，随后进入食管，向两个方向蠕动。成年牛口腔中唾液腺分泌唾液的速度约为每天45 L，pH值约为8.2。分泌的唾液有助于将摄入的物质从口腔通过食管转移到消化系统的下一部分，即网胃，同时，唾液还可缓冲瘤胃的酸度。

第 3 章　牛的营养要素

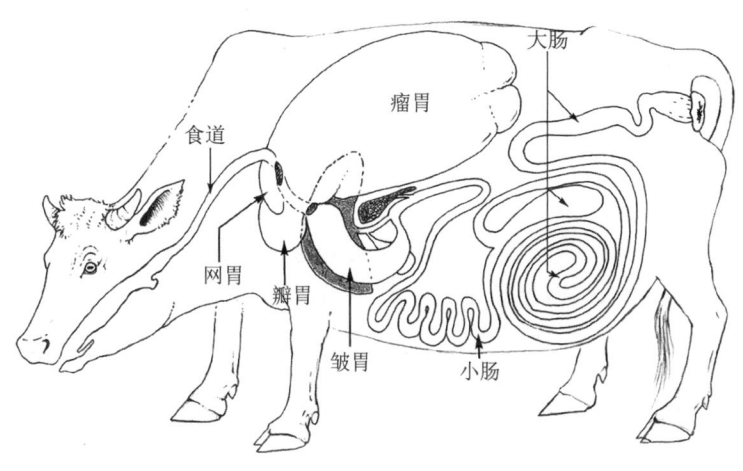

图 3.1　牛的消化系统示意图

瘤网胃

瘤胃和网胃通常被认为是一体的，因为这两个区室被一个较低的隔板隔开。成年牛瘤胃占整个复胃区域容量的 80%。

网胃（牛肚）形似一个烧瓶状的隔间，其内表面呈"蜂窝"状。网胃与瘤胃的内容物自由混合，促进将食物转移到瘤胃和瓣胃。网胃还有助于反刍并作为异物的收集室。瘤胃是一个大型发酵室（成年牛约 125 L），内部含有大量的微生物（主要是细菌和原虫），可分泌纤维素降解所必需的酶来降解难以消化的饲料颗粒。此外，这些微生物可以合成必需营养物质，如 B 族维生素和必需氨基酸，当微生物菌体被消化时，动物可以获得这些营养物质。

瘤胃和瓣胃一起吸收微生物发酵的产物：挥发性脂肪酸（VFAs），主要是乙酸、丙酸和丁酸，这些物质满足了反刍动物机体大部分的能量需求。通过瘤胃和瓣胃中的静脉血，被吸收的营养物质进入门静脉，然后被输送到肝脏。VFAs 的比例受日粮的影响而发生变化，但乙酸占比较高。这种高比例的脂肪酸对乳脂的合成至关重要。特别是在高纤维的日粮中，乙酸∶丙酸∶丁酸的摩尔比能达 70∶20∶10。

犊牛在出生时瘤胃没有功能，只有当开始摄入纤维性饲料后才发挥作用。在犊牛大约 3 个月大时，瘤胃开始发挥正常功能。

瓣胃

在网胃和瘤胃发酵后，摄取的营养物质进入瓣胃，它过滤并分离液体和细饲料颗粒中较大的颗粒送入皱胃。瓣胃，或被称为"反刍动物的第三个胃"，包含许多薄片层，有助于磨碎饲料。这些褶皱有助于摄入物质中的液体。瓣胃被认为是吸收水、矿物质和氮的场所。

皱胃

这个区室相当于猪等非反刍动物的胃，也称为真胃，内有腺体。在新生的犊牛中，它约占总胃体积的80%，而在成年牛中，它的占比只有约10%。

皱胃分泌胃液，帮助消化。由于盐酸的分泌，皱胃内容物的pH值通常在2.0～2.5。这种较低的pH值有助于蛋白质的初始分解。胃液中含有几种酶，主要是胃蛋白酶，其作用是将蛋白质分解成更小的单位（多肽）。胃蛋白酶只能在酸性的培养基（pH值<3.5）中起作用，酸度由盐酸调控。酸性条件使得能够从饲料中摄入钙盐等矿物质，以溶解和灭活致病生物，并杀死瘤胃中产生的微生物。胃黏液的释放可保护胃壁免受酸的损伤。胃液中少量的脂肪酶有助于皱胃中脂肪的消化。在哺乳犊牛中，胃液中还包括凝乳酶，它可分解牛奶中的蛋白质。

新生犊牛的胃

刚出生的犊牛并不能进行反刍。此时，瘤胃很小，且没有发育，犊牛的消化系统更类似于猪。

新生犊牛在出生后的短时间内（高达36 h）能够通过食管沟将乳汁直接送入皱胃中吸收营养物质大分子。这一点使得新生犊牛能够摄取来自初乳的免疫球蛋白（于初乳中提取的），产生主动免疫力，使得犊牛应对环境中疾病的免疫力增强。

在哺乳过程中，来自大脑的神经脉冲向食管沟发送信息，导致食管沟的两侧向上弯曲，形似一根管子。乳汁能够通过这根"管子"直接流入皱胃，皱胃壁分泌凝乳酶，致使乳汁凝固或凝结。这减缓了乳汁通过皱胃的速度，使得乳汁有足够的时间被消化。随着犊牛年龄的增长，开始摄入固体饲料，发酵生成的VFA，促使瘤胃也开始发育。到第4周结束时，犊牛可摄入一些谷物和优质的干草。

小肠

小肠是营养物质最终消化与吸收的地方。

肠段的第一部分称为十二指肠。在这里，腺体产生一种碱性分泌物作为润滑剂保护十二指肠壁，防止胃酸从皱胃进入。胰腺（附着在小肠上）分泌碳酸氢盐和几种酶（淀粉酶、胰蛋白酶、糜蛋白酶和脂肪酶），这些酶能够作用于碳水化合物、蛋白质和脂肪。十二指肠肠壁也能分泌酶，继续分解食糜。反刍动物和非反刍动物（如猪和鸡）之间的一个主要区别是，反刍动物的日粮中大部分碳水化合物被分解转化为VFAs而不是葡萄糖。

由肝脏合成的胆汁经胆管进入十二指肠。胆汁中含有胆盐，为小肠中提供碱性环境，有助于乳化日粮脂肪，以增强其消化和吸收。

由于这些消化活动，摄入的碳水化合物、蛋白质和脂肪被分解成小分子。同时，肠壁上的绒毛会有规律地收缩和放松，混合肠道内容物并将其移送至大肠。

空肠和回肠

吸收过程继续发生在小肠的第二部分（空肠）和第三部分（也称为回肠）。当摄取的营养物质到达回肠末端时，完成消化和吸收。日粮在肠道中的消化和吸收过程可通过比较回肠中的营养物质浓度来反映，研究人员也往往对营养物质的生物利用率（日粮中营养物质的相对吸收）这一领域问题很感兴趣。

矿物质和维生素不会因酶的作用而发生改变。它们溶解在各种消化液和水中，而后被吸收。一旦营养物质进入血液或淋巴管，就会被运送到身体的各个部位，从而发挥重要的生理功能。营养物质被用来维持机体的基本功能，如呼吸、血液循环和肌肉运动、凋零细胞的替代（维持）、生长、繁殖和分泌（生产）。

剩余的摄入物质（未消化的饲料成分、肠道液体和来自被磨损的肠壁脱落细胞物质），随后进入小肠的下一部分，即大肠。

大肠

大肠由两部分组成：一部分为具有囊状结构的盲肠，另一部分为结肠，结肠与直肠相连。盲肠较小，容量为 1.5～2 L。在这里，肠道内容物移动缓慢，不产生酶，纤维和未被消化的物质可能会被一些微生物分解，而在这部分营养物质的重吸收是有限的。

溶解在水中的剩余营养物质，在结肠下部被重吸收（约 9 L 的容量）。在大肠中合成的某些水溶性维生素和蛋白质的营养作用机制尚不明晰，原因在于肠道的这一部分的吸收能力有限。大肠吸收了大部分从肠道内容物流入体内的水，未消化的物质形成粪便，然后通过肛门排出。

整个消化过程需要 24～36 h。

● 可消化碳水化合物

植物组织中含有约 75% 的碳水化合物，如纤维素，是瘤胃微生物和宿主动物主要的能量来源。有 30%～50% 的纤维素和半纤维素在瘤胃中被微生物群消化，至少有 60% 的淀粉被降解，这取决于摄入的日粮重量和日粮在瘤胃中的流动速度。大多数糖类在瘤胃内被 100% 消化。

在反刍动物微生物消化过程中，会产生一定数量的气体（主要是二氧化碳和甲烷），占饲料总能量的 6%～7%。在正常情况下，瘤胃发酵产生的气体通过牛嗳气排出体外。如果气体没有被排出，就会发生臌气。

如上所述，消化的碳水化合物主要终产物 VFAs 通过瘤胃壁吸收进入血液，提供宿主能量需求的 66%～75%。当饲喂大量粗饲料时，瘤胃以乙酸型发酵为主（占总量的 60%～70%），丙酸（15%～20%）和丁酸（5%～15%）含量较低。当增加或添加精饲料时，乙酸比例下降到 40%，丙酸比例增加到 40%。

氢气是碳水化合物发酵的终产物之一，它转化为甲烷气体从瘤胃中排出。研究表明，随着瘤胃发酵从乙酸转变为丙酸时，氢气和甲烷产量均减少。甲烷产生量和各种 VFAs 之间的比例关系已有报道（Hungate，1966），纤维性日粮会产生更高比例的乙酸盐，从而生成更多的氢气和甲烷。这解释了为什么饲喂高纤维日粮比低纤维日粮会导致更多的甲烷产生。威斯康星州的一个奶牛场和新西兰的一个奶牛场之间的对比也说明了这种情况（Johnson 等，2002）。新西兰农场的甲烷产量较高，而威斯康星州农场的二氧化碳产量较高。甲烷的全球变暖温室效应是二氧化碳的 21 倍。这在农业生产温室气体方面越来越重要。而一般有机牛奶的生产会增加甲烷的排放，除非保障饲喂质量较好的日粮（DeBoer，2003）。

未被瘤胃充分消化的碳水化合物在小肠中被消化，产生的终产物通过小肠壁被吸收。

虽然纤维是日粮中最难以消化的成分，但它对反刍动物肠道的正常功能是必要的。日粮中纤维的数量和类型可显著影响瘤胃功能，影响反刍量、唾液分泌量、瘤胃pH值和乳脂含量。日粮中应该包含的最佳纤维数量取决于几个因素，其中包括机体状况、生产水平、日粮纤维的类型和纤维的物理特性等。此主题将在第6章中进行介绍。一般来说，产奶量高的奶牛饲喂较低比例的纤维，而产奶量较低的奶牛、生长或干奶期的奶牛饲喂较高比例的纤维。

蛋白质的消化

日粮蛋白质，就像日粮碳水化合物一样，均由瘤胃微生物发酵消化。主要发酵产物有氨、有机（含碳）酸、氨基酸等。日粮中40%~75%的蛋白质在瘤胃中被分解。分解的程度取决于许多因素，如蛋白质的溶解度、抗分解能力和饲料通过瘤胃的速率。许多瘤胃微生物生长需要氨来合成微生物蛋白。瘤胃微生物将氨和有机酸转化为氨基酸，进而合成微生物蛋白。

当日粮中富含可溶性碳水化合物，特别是淀粉时，氨可以有效地结合到细菌蛋白中。微生物不能利用的氨可以通过瘤胃壁被吸收到血液中，然后被携带到肝脏并转化为尿素，主要通过尿液排出，一些尿素通过唾液返回到瘤胃中。

反刍动物瘤胃中不能分解的饲料蛋白（有时称为过瘤胃蛋白）和微生物蛋白从瘤胃进入皱胃，在那里它们通过小肠壁被消化并被吸收进入血液。

事实上，皱胃中的蛋白包括微生物蛋白以及一些来自过瘤胃蛋白（瘤胃中未降解的蛋白），这使得测定反刍动物的蛋白消化率变得更加困难。

脂肪消化

脂肪的消化和吸收主要发生在小肠。由于瘤胃微生物可将不饱和脂肪酸加氢转化为饱和脂肪酸。因此，奶牛比猪等非反刍动物吸收的饱和脂肪更多。大量摄入不饱和脂肪酸会抑制纤维消化，降低瘤胃pH值，并抑制瘤胃微生物的生长。

由于各种饲料成分被不同种类的微生物消化，当饲料发生变化时，须考虑到在瘤胃中建立新的微生物菌群。因此，应该逐步改变日粮，否则可能会导致消化系统紊乱，瘤胃微生物可能需要长达6周的时间才能适应日粮的变化。

消化程度

进入消化系统的各种营养物质只有少部分能被吸收。营养物质的消化程度，可用消化率来衡量。它可以通过动物消化代谢试验来确定。研究人员测量了饲料中营养物质含量和粪便中营养物质含量，或者更准确地说，是回肠中的营养物质含量。两者之间的差异通常用百分比或1（1表示完全消化）来表示，这一系数反映了被动物消化的营养物质的量。而每种饲料都有着独特的消化率。一种饲料或全价饲料的消化率也可以被测量。用这种方法测量的消化率被称为表观消化率，其中，也包含了粪便和回肠食糜中来自肠道和相关器官分泌的液体和黏蛋白的物质，以及当食糜经过时从肠壁清除的细胞物质。而对这些内源性损失的校正可检测真消化率。一般来说，饲料表中列出的消化率是指表观消化率。

一些饲料成分中还会含有干扰消化的成分，这方面内容将在第4章中进行讨论。

维生素合成

在出生后的最初几周，犊牛尚不能进行反刍，其日粮要求与猪和家禽相似。因此，它们必须从牛奶或牛奶替代品中获得所有所需的营养。它们需要优质的、易于消化的饲料来供应所需的能量、必需的氨基酸、矿物质和维生素。5～6周龄后，随着对饲料和谷物消耗的增加，瘤胃微生物在合成必需氨基酸和维生素B以及消化纤维方面越来越活跃。当瘤胃功能发育完全时，瘤胃微生物会合成机体所需的所有B族维生素和维生素K，用于生长和维持。因此，能够完全正常反刍的牛不需要添加维生素B或维生素K。在传统生产模式中，添加烟酸（维生素B_3）和硫胺素（维生素B_1）可以对抗一些应激条件，但在有机生产模式中不再需要。

营养需要量

能量

当饲料在消化道中被消化时，能够转化为能量。这些能量要么以热量的形式释放出来，要么以化学物质的形式转化并被机体吸收，用于代谢，如维持、生长或生产牛奶和肉类。能量来自日粮中的蛋白质、脂肪或碳水化合物。一般来说，饲料产品和谷物提供了日粮中的大部分能量。过剩的能量被转化为脂肪并储存在体内。能量供应占饲料成本的比例最大。

在实验室中，原料的总能（GE）可通过在控制条件下燃烧和测量以热的形式产生的能量来测定。在实际情况下，GE是不能完全被消化的；因此，对GE的测量并不能提供关于动物可用能量的准确信息。一种更精确的能量测量是可消化能（DE），它考虑了不完全消化过程中损失的能量。

饲料中所含有效能量的更准确测量指标是代谢能（ME）（考虑到尿液中的能量损失）和净能（NE）（还考虑到消化过程中造成的能量损失）。因此，在20世纪80年代，ME开始用于反刍动物营养测量，至今仍在犊牛的饲养中沿用。后来，更有意义的净能指标测定开始投入使用。净能指ME减去热增耗，热增耗即在饲料消化、营养物质代谢和粪尿排泄过程中产生的热量。减去这些损失后剩下的能量是实际用于维持和生产（生长、妊娠、哺乳）的能量。因此，净能系统是唯一精准描述反刍动物实际使用能量的系统。因此，NE 也被视作测量饲料中能量含量最准确的方法。对于反刍动物饲养，已细化为维持净能（Net Energy Maintenance，NE_m）、泌乳净能（Net Energy Lactation，NE_L）和增重净能（Net Energy Growth，NE_g），这些分别被定义为每单位维持、泌乳和增重所需的净能量。

NRC（2001）考虑了维持需求是否随牛奶产量而变化的问题。虽然很少有学者进行直接的比较，但研究发现，尽管荷斯坦奶牛的产奶量高于娟姗牛，但牛奶中的能量输出与代谢重量的关系是相似的。此外，也没有证据表明不同品种对维持或生产的能量需求不同。《奶牛营养需要量》（NRC，2001）和《肉牛营养需要量》（NRC，2000）中规定的要求是基于 NE 的，是以每千克饲料的兆卡热量（Mcal）表示的。这种能源系统在北美和其他许多国家被广泛使用。就产奶动物而言，在维持和产奶方面的能量需求用泌乳净能（NE_L）单位表示，因为已经发现 ME 在维持和产奶方面具有类似的效率。饲料的能量值也用 NE_L 单位表示。因此，在手动和计算机配方模型中，饲料 NE_L 值用于表示成年奶牛对维持、妊娠、产奶量和身体储备（而不是生长）变化的要求。

尽管 NE 值的推导方式常存在差异，但许多国家已经采用了基于 NE 的能量计算系统。计算饲料净能值的一个常见方法是化学分析（参见饲料分析，本章）。尽管总可消化养分（TDN）系统仍在一些国家使用（主要是肉牛饲养），采用 NE 替代使用可消化的总营养素（TDN）作为能量评价的首选方法。

TDN 通过实验室分析计算如下：

TDN = 可消化 NFE+ 可消化 CF+ 可消化 CP+（可消化 EE×2.25）

粗脂肪（EE）×2.25，因为脂肪的能量值大约是碳水化合物的 2.25 倍。

另一种不太准确的计算 TDN 的方法是基于饲料干物质中酸性洗涤纤维（ADF）的百分比：

TDN = 96.35−（ADF%×1.15）

TDN 值可以转换为 ME 值。

另一个正在被净能系统取代的能量单位是 Scandinavian 饲料单位（SFU）系统，1 个 SFU 相当于 1 kg 大麦（85% 干物质）的能量含量。该系统的优点是饲料能值的可加性，在特定的生产水平下，估计饲料混合物的组成的简单性，以及根据规定的量定量生产预期产量。

在一些国家，使用的能量单位是焦耳（J），或千焦耳（kJ）或兆焦耳（MJ），卡路里可以换算为焦耳，即 1 Mcal=4.184 MJ，1 MJ=0.239 Mcal 和 1 MJ=239 kcal。因此，本书中发布的饲料组成表显示的净能值表示为每千克的 Mcal 和 MJ（也包括使用这些能量测量的情况下的 ME 和 DE）。

蛋白质

蛋白质通常指粗蛋白（CP）（以氮含量 ×6.25 表示）。如上所述，反刍动物的皱胃接收来自两个来源的蛋白质：(i) 通过瘤胃的未消化蛋白（过瘤胃蛋白）；(ii) 瘤胃中微生物产生的蛋白。这两种蛋白都提供氨基酸（AA），这些氨基酸是形成肌肉组织、牛奶等主要物质。任何残留在小肠中未被消化的蛋白都被输送到大肠并通过粪便排出。

日粮中缺乏蛋白会对瘤胃中微生物蛋白的生成产生不利影响，从而降低蛋白饲料的利用。因此，如果蛋白水平不足，粗饲料的许多潜在营养价值（特别是能量）可能会降低。

以 CP 含量来衡量饲料的营养价值，并不能提供日粮蛋白的消化程度和最佳 AA 供应的准确信息，饲料的蛋白消化率差异大。例如，普通谷物和大多数蛋白添加剂中蛋白的消化率为 75%～85%，而苜蓿草中蛋白消化率为 70%，在其他蛋白消化率中为 35%～50%。因此，即使总的蛋白摄入量可能是足够的，动物仍有可能缺乏这种营养元素。因此，引入更精确的测量方法以测定反刍动物饲料的蛋白含量。现美国国家研究委员会（NRC）关于反刍动物的出版刊物中使用的可代谢蛋白（MP）是其中之一，其他国家也采用了类似的方法，例如英国的 MP 体系、法国的蛋白质二硫异构酶（PDI）体系（小肠可消化蛋白质体系）和荷兰的 MP 体系（小肠真可消化及降解蛋白质体系）。MP 被定义为在小肠中以氨基酸形式被吸收的真蛋白质。这是基于对瘤胃中各种蛋白饲料（也称为过瘤胃蛋白）的不可降解程度的研究结果以及瘤胃中微生物产生的蛋白量计算的。可降解性指的是瘤胃抵抗分解的程度，其结果是蛋白可以完整地通过小肠。

一些反刍动物，如生长中的小母牛，干奶母牛和泌乳中后期的母牛可能仅通过瘤胃中产生的微生物蛋白来满足它们的可代谢蛋白（MP）需求。然而，高产奶牛的氨基酸（AA）需求不能仅从微生物蛋白来供给，还需要在日粮中额外添加蛋白。在这种情况下，日粮中应该包括瘤胃中可降解性较低的蛋白，以防止它们被分解，直接到达小肠。这种逃逸或过瘤胃蛋白现在被称为瘤胃未降解蛋白质（RUP）。

研究人员也关注日粮蛋白质的氨基酸（AA）组成，例如，习以为常的赖氨酸和蛋氨酸是奶牛可代谢蛋白需求中受限制最多的氨基酸。微生物蛋白的氨基酸（AA）组成相对稳定，赖氨酸含量相对较高。然而，对 AA 需求量的估计还没有达到可以量化反刍动物日粮中最佳氨基酸（AA）水平的阶段。一般来说，赖氨酸∶蛋氨酸的比例为 3∶1 是奶牛和生长期肉牛日粮中 AA 的最佳平衡。

矿物质

几种无机元素（矿物质）是牛正常生长、泌乳和繁殖所必需的。日粮中所需量很大的矿物质被称为常量矿物质，包括钙（Ca）、磷（P）、钠（Na）、氯（Cl）、钾（K）、镁（Mg）和硫（S）。常量矿物质是骨骼和其他组织的重要组成成分，也是体液的重要组成成分。日粮中需要量很低的矿物质被称为"微量矿物质"。它们分别是铁（Fe）、碘（I）、锰（Mn）、铜（Cu）、钴（Co）、锌（Zn）和硒（Se）。矿物质缺乏的特征见表3.1。

表 3.1　牛缺乏矿物质的症状（Merck Veterinary 手册，2010）

矿物质	缺乏症
钙	佝偻病，生长缓慢，骨骼脆弱，容易骨折，产奶量降低，产褥热
磷	骨骼脆弱，生长不良，食欲减退，生殖能力受损

续表

矿物质	缺乏症
钠	渴望吃盐，食欲减退，生长受损，不协调，虚弱，发抖
钾	采食量减少，毛发脱落，生长受损，消瘦，无法协调肌肉运动
镁	烦躁、紧张，兴奋性增加，肌肉抽搐
硫	生长缓慢，牛奶产量减少，饲料效率降低
铜	严重腹泻，食欲不正常，生长不良，粗白毛
钴	食欲不振，贫血，产奶量减少，被毛皮粗糙，消瘦
碘	甲状腺肿，犊牛的"大脖子病"，日粮中的甲状腺激素物质可能导致缺乏
铁	营养性贫血，黏膜苍白，生长不良，无精打采，心脏增大，脂肪肝增大
锰	发情延迟或减少，受孕不良，骨骼生长异常
硒	白肌病，胎盘滞留，生殖受损，生长发育不良，免疫力下降
锌	日增重降低，饲料效率降低，乳腺炎，皮肤/伤口问题

奶牛需要日粮中富含多种矿物质元素，如钙、磷、镁、硫、钾、钠、氯、铁、碘、锰、铜、钴、锌和硒。肉牛需要与奶牛相同的矿物质元素。然而，由于奶牛的产奶量不同，这些矿物质的相对需求量也较高。肉牛日粮中最有可能缺乏的矿物质是钠、钙、磷和镁。

钙和磷

钙和磷占动物体内总矿物质含量的70%以上，两种元素相互结合。大约80%的磷和98%的钙存在于骨骼中。这些数字表明了保证日粮中钙和磷充足供应的重要性，以及它们在维持骨骼结构刚性和强度方面的作用。在日粮中，这两种元素中任何一种供应不足都会限制另一种的吸收利用。这两种矿物元素之间因为有着密切的联系，通常被放到一起研究。

钙是体内含量最丰富的矿质元素。除了作为骨骼和牙齿的组成成分外，它还参与了诸如凝血、膜通透性、肌肉收缩、神经冲动的传递、心脏调节、某些激素的分泌以及某些酶的激活和稳定等重要功能（NRC，2000，2001）。钙的缺乏比磷的缺乏更易发生。钙尤其重要，它在牛奶中含量高，而且日粮中的短缺可能导致奶牛常见的代谢性疾病——牛产褥热（乳牛麻痹），因体温没有升高，该疾病并不是真正的发烧。牛产褥热以低血钙和瘫痪为特征，通常在奶牛第一次哺乳后产犊后48 h内出现。有证据表明，干奶期大量摄入钙会增加这种疾病的发病率，产犊前限制钙摄入量而在产犊时增加钙摄入量可以降低发病率。该病的症状包括食欲不振、精神沉郁、无精打采和步态不稳。通常动物会瘫痪，不能站立。治疗方法可采用静脉注射钙溶液。通常，肉牛不像泌乳奶牛那样生产大量的牛奶，它们的钙需求要低得多，而且发生牛产褥热的可能性也更小。

牛的饲料中可能缺磷，因为该种矿物质在粗饲料中通常含量很低。成熟和风干牧草是这种矿物缺乏的一个原因，因为它的含量随饲料植物的成熟而下降。因此，磷缺乏被认为是世界上放牧牛最普遍的矿物质缺乏症（Merck Veterinary Manual，2010）。而大多蛋白质添加剂和谷物中磷的含量相对较高。

缺磷会导致生长速度下降、食欲降低、生殖能力受损、产奶量减少和骨骼脆弱。大多数反刍动物日粮中都需添加钙和磷。谷类干草、青贮和谷物残存物中钙含量相对较低。虽然钙在豆科植物的含量高于禾本科草类植物，但饲料仍不能为大多数的牛提供足够的钙。放牧可为肉牛提供足够维持生长的钙。一般谷物中钙含量较低，但磷含量较高，奶牛用的浓缩饲料也会相对缺钙。麦麸、玉米蒸糟和豆粕是磷含量较高，而钙含量低的常见饲料。

钠、钾和氯化物

钠、钾和氯离子是影响电解质和酸碱平衡的主要离子。氯化物存在于胃液中，Cl是HCl分子的一部分，它有助于皱胃中饲料的分解。钠对于神经膜刺激和跨细胞膜的离子转运是至关重要的。

饲料中的盐（NaCl）含量通常不能满足牛的基本需求，需要额外进行添加。牛喜欢盐，如果不能摄入充足的盐，它们就会主动去寻找。饲喂盐的首选方法是将其混入精料混合物或全价饲料中，盐约占泌乳奶牛总日粮干物质的0.5%，而干奶期牛和其他非哺乳期牛为0.25%。提供盐舔砖是一种实用的方式，以免牛出现不接受精饲料中含盐的情况。

缺盐会导致食欲减退，采食量、生长量和产奶量下降。相比，如果牛有充足的无盐饮用水，牛可以耐受高浓度水平的氯化钠（占日粮干物质的4%~9%）。如果无盐饮用水有限或水中氯化钠水平较高，就会产生毒性。高钠离子浓度将导致水平衡紊乱引起不良的生理反应，其中毒症状包括神经紧张、流涎、呕吐、口渴加剧、身体虚弱、步履蹒跚、失明、癫痫发作、瘫痪和死亡。受影响的牛会有明显的攻击行为。

钾是体内含量仅次于钙和磷的第三大矿物质，也是肌肉组织中最丰富的矿物质之一。它是细胞内液中的主要阳离子，在酸碱平衡中很重要；它参与调节渗透压、水平衡、肌肉收缩、神经冲动传递和酶反应。牛日粮中钾的含量通常是足够的，但也需要定期检查。钾缺乏会引发厌食症、采食量和体重减少、消瘦、不活动和共济失调（无法协调肌肉的运动）等症状。

镁

镁作为神经末梢的辅助因子，参与维持神经末梢的电势，是骨骼的重要组成部分。牛日粮中的镁通常是足够的，但也可能会缺乏。通常，在春季放牧条件下的牛易缺镁。最初的症状是紧张、采食量减少以及面部和耳朵的肌肉抽搐。动物身体不协调，走路时步态僵硬。缺乏的晚期阶段，奶牛会跌倒，出现抽搐，甚至随后不久会死亡。可通过采集奶牛的血液样本来鉴定确认是否缺镁。治疗方法则是在日粮中添加镁盐。犊牛如果缺镁，会导致其兴奋、并出现厌食症、充血、惊厥、口腔白沫和流涎等症状。

硫

硫也是一种必需元素，日粮中含有足够量的硫，因此没有必要进行添加。

微量矿物质元素

反刍动物日粮中需要七种微量矿物质作为添加剂：铜、铁、钴、锌、锰、碘和硒。由于在日常饲料中需要量非常少或微量，因此被称为"微量矿物质元素"。亚临床微量矿物质缺乏的发生频率可能比生产者所认识到的更加频繁。有些土壤本身就缺乏微量矿物质。例如，在北美降水量大的地区，会导致土壤浸出和缺硒现象。给亚洲的动物喂食美国生产的玉米和豆粕时发现缺硒，但饲喂当地种植的饲料的动物中并没有发生此现象。饲料供应商通常会意识到饲料中微量矿物质的不足（或足够的），并提供适当配制的微量矿物质混合物。

钴 钴（Co）是维生素 B_{12} 的一种成分，是正常瘤胃代谢所必需的。当 Co 摄入不足时，瘤胃中的细菌数量发生改变，维生素 B_{12} 的合成大大减少。在美国、澳大利亚和南美洲的一些地区，牧草的矿物质含量很低，这是因为土壤中缺乏 Co。由于缺乏维生素 B_{12}，可能会导致一种消耗性疾病。缺乏 Co 的动物在细胞水平上缺乏能量，并变得消瘦，食欲下降。当发现缺乏时，需要补充含 Co 的饲料，或者也可以使用碘化盐。

铜 铜是与铁代谢、组织弹性蛋白和胶原蛋白的形成、黑色素的产生和中枢神经系统的完整性相关的酶的活性所必需的元素。铁参与正常的红细胞的形成。铜也是骨骼形成、脑细胞和脊髓结构、免疫反应和头发色素沉着所必需的。在妊娠的最后 3 个月，胎儿对铜的需求很高。铜的拮抗剂如 S、Mo、Zn 和 Fe 增加了对铜的需求。据报道，有机铜（如铜蛋白酸盐）可以减轻乳腺炎的严重程度和持续时间。

缺铜通常是区域性的，并与土壤低铜水平有关。缺乏症状主要表现为严重腹泻、食欲异常、生长不良和毛发粗糙、褪色。在日粮中应提供推荐的铜含量，或通过在日粮中添加预混料，将矿物质混合剂或添加剂作为日粮中的一部分。

碘 100 多年来，人们就知道碘是甲状腺保持正常功能所必需的，而碘缺乏症会导致甲状腺肿大（"大脖子病"）。在甲状腺中，甲状腺素的合成需要碘。这种激素影响基础代谢率及生长、繁殖和哺乳。在新生犊牛中，当母牛碘摄入不足时，可能发生甲状腺肿大。饲料中的甲状腺激素物质增加了碘的需求，如甘蓝、萝卜和油菜。牧场植物从土壤中吸收碘的能力差别很大。碘缺乏症发生在五大湖周围缺乏碘的土壤上并向西延伸到北美的太平洋海岸。碘缺乏可以通过在日粮中补添稳定的碘盐或者使用碘盐来预防。大多数饲料中含有低含量的碘。海藻是一个例外，其每千克含有 4 000～6 000 mg 的碘。受海风影响的沿海地区的土壤中有充足的碘供应。然而，内陆土壤通常没有足够的碘来满足牲畜的需求。通过喂食稳定的加碘化盐可以满足牛对碘的需求。但过量的碘会导致甲状腺功能亢进并且在牛奶中的含量很高。

铁 体内的大部分铁是以红细胞中的血红蛋白和肌肉中的肌红蛋白形式存在，其余的则分布在肝脏、脾脏和其他组织中。血红蛋白对机体的各个器官和组织的正常功能都至关重要。铁也在参与氧运输的酶中及氧化过程中发挥重要作用。缺乏铁会导致贫血。缺铁的症状包括生长不良、无精打采、毛粗糙、缺氧、皮肤起皱褶、黏膜苍白、小细胞贫血、心脏和脾脏肿大、脂肪肝肿大和腹水。一个典型的症状是轻微活动后就呼吸困难，"猪肺病"一词就由此产生。一般情况下，土壤中的铁含量足够提供牧场上的牲畜对铁的需求。

锰 锰是合成硫酸软骨素的必需元素，是骨骼有机基质所必需的。锰还可以激活参与多糖和糖蛋白合成的酶，同时它是丙酮酸羧化酶的关键组成部分，也是碳水化合物代谢中的重要酶。脂质代谢也依赖于锰。锰存在于许多不同的饲料原料中，因此缺乏锰的可能性比其他微量矿物质低。锰缺乏的症状主要表现为：骨骼生长异常，脂肪与瘦肉组织的比例发生改变；缺少或不规则的卵巢周期；乳腺发育不良和哺乳期状态不良；胎儿吸收不良。缺锰也会导致生长速率和饲料利用效率的降低。

硒 硒是谷胱甘肽过氧化物酶的一部分，它催化过氧化氢和脂质过氧化氢的还原，从而防止对身体组织的氧化损伤。维生素E也是一种有效的抗氧化剂。因此，硒和维生素E都能防止过氧化物对身体细胞的损伤。这有助于身体抵抗压力。大多数饲料中都含有能形成过氧化物的化合物，不饱和脂肪酸就是一个很好的例子。饲料中的酸度会致使过氧化物的形成，破坏营养物质，例如，维生素E很容易被酸破坏。硒通过其抗氧化作用可以替代维生素E，但补添一种并不能弥补另一种的缺乏。犊牛的白肌病，以骨骼肌和心肌肌肉的变性和坏死为特征，是硒缺乏所导致的。维生素E在预防这种情况方面发挥着重要作用。硒缺乏的其他症状还体现在瘦弱、体重减轻、免疫反应减弱和生殖能力下降。硒缺乏会减缓产犊后子宫的正常恢复进度，胎盘滞留，子宫炎，生育能力降低和体温减退。在美国各州的平原发现硒中毒的表现包括跛行、脚痛和尾巴上的毛发脱落。

微量矿物质预混料中一般含有硒。常见的添加方式是亚硒酸钠和硒酸钠。硒酵母也可以用于传统的日粮。必须避免过量的日粮硒，各种饲料法规添加量都是为了防止这种情况的发生。

锌 锌广泛分布于全身，它存在于许多参与代谢的酶系统中。它是蛋白质合成和代谢所必需的元素，也是胰岛素的组成部分，在碳水化合物代谢中也发挥着重要作用。因此，它是正常生长和健康所必需的矿物质，影响着能量和蛋白质代谢、皮肤的完整性和细胞修复，以及免疫功能。奶牛体内锌含量较低，导致牛奶质量下降，体细胞计数较高，乳腺炎发病率增加。已证实日粮添加锌可通过增加受孕率来提高繁殖性能。实地研究也表明，添加锌可以改善蹄子的硬度，并降低蹄子"白线"病的发病率。

维生素

维生素是动物正常生长和维持生命所必需的某些有机（含碳）化合物。反刍动物可以自身合成一些足够数量的维生素来满足其需要，而另一些维生素则必须进行额外补充。

维生素分类

维生素可分为两类，即脂溶性和水溶性维生素。维生素A是第一个被发现的维生素，它是脂溶性的。后来发现维生素D、维生素E和维生素K也是脂溶性的，通过类似的代谢过程与膳食脂肪一起被人体吸收。它们的吸收与影响脂肪吸收的因素相同。脂溶性维生素可以大量地储存在脂肪组织中。当它们从体内排出体外时，就会出现在粪便中。在食用高质量饲料的牛中缺乏维生素A、维生素D或维生素E是相对罕见的。由于缺乏维生素E或硒而引起的白肌病在低硒地区的奶牛犊牛中并不少见。传统的奶牛场有时会在干奶期和产犊前注射维生素A、维生素D和维生素E，但研究人员报告称，饲喂正常日粮奶牛的价值有限，牛奶替代品中应该添加这些维生素。

第一个被发现的水溶性维生素是维生素B，以区别于维生素A。后来，人们发现了其他B族维生素，并被命名为维生素B_1、维生素B_2等。随着时间的推移，这些特定的化学物质名称开始被使用。与脂溶性维生素不同的是，水溶性维生素不能被脂肪吸收，也不能大量储存在体内（维生素 B_{12} 和硫胺素可能除外）。过量的维生素会通过尿液迅速排出体外。

牛生长过程中需要 14 种维生素，但大多数都不需要在日粮中额外提供。虽然牛对所有已知的维生素都有需求，但维生素 C 和维生素 K 以及 B 族维生素复合物是不需要补充的。维生素 K 和 B 族维生素由瘤胃微生物群合成，维生素 C 在所有牛的组织中均可合成。然而，如果瘤胃功能因饲料、采食量不足或营养缺乏而受损，则这些维生素的合成可能不足。

维生素 A 日粮中必须提供维生素 A 或前体。这种维生素以各种形式而存在，即视黄醇（乙醇）、视网膜（醛）、视黄酸和维生素 A 棕榈酸。相对活性以国际单位（1 IU=0.3 μg 视黄醇）或视黄醇当量（1 RE=1 μg 视黄醇）测量。维生素 A 在视力、骨骼和肌肉的生长、繁殖和维持健康的上皮组织方面具有重要作用。其主要作用是维持上皮组织（皮肤和呼吸道、消化道和生殖道的内皮）的健康。维生素 A 也在视紫质中发挥作用，这是动物适应从光明到黑暗视觉过程中所需的一种化合物。维生素 A 对正常的肾功能及骨骼、牙齿和神经组织的正常发育至关重要。

维生素 A 的天然前体存在于绿色蔬菜和牧草中，如紫花苜蓿（苜蓿）。其常见的前体是 β- 胡萝卜素，它可以在肠壁中转化为维生素 A。胡萝卜素大量存在于牧草、苜蓿干草或玉米粉和黄玉米中。胡萝卜素和维生素 A 暴露在空气和光照下会被迅速破坏，特别是在高温下。由于很难测定饲料中维生素 A 的含量，所以当对饲料中这种维生素的充足性有怀疑时，日粮中就应添加这种维生素。

将 β- 胡萝卜素转化为维生素 A 的能力因动物品种而存在差异。荷斯坦牛可能是胡萝卜素最有效的转化者，而有些肉牛品种的效率要低得多。有人认为反刍动物对 β- 胡萝卜素有特定的需求，与它作为维生素 A 来源的需求相异。相关研究表明，日粮中 β- 胡萝卜素的含量与奶牛和小母牛的生殖问题之间存在联系。然而，研究数据是有限的和相互矛盾的，目前还不建议特别需要添加胡萝卜素。

维生素 A 是牛储存在肝脏中的少数维生素之一，可供应多达 6 个月。这就解释了为什么饲喂缺乏维生素 A 饲料的牛在头几周内不会出现缺乏症。新生犊牛的维生素 A 含量较低，它们依靠初乳和牛奶来满足它们的需求。如果在妊娠期（如冬季）饲喂低胡萝卜素或低维生素 A 含量的日粮，严重的缺乏迹象可能会发生在出生 2～4 周的犊牛身上，而母畜可能显示正常。

牛缺乏维生素 A 的首要特征之一就是夜盲症。其他早期表现症状为食欲不振、毛皮粗糙、眼睛迟钝、采食和饲料效率降低。犊牛会出现腹泻和肺炎等症状，其他症状包括眼睛过度流泪，步态蹒跚，膝关节和肘关节跛行或僵硬，腿和胸肉肿胀（有时在腹部）。夜盲症是维生素 A 缺乏最为独特的症状，可通过血液或肝脏中维生素 A 浓度下降、脊液压力升高或眼睛的变化（通过结膜涂片检测）来确认。缺乏维生素 A 的牛在高温下过度喘息，兴奋时会抽搐。在补充繁殖群中，缺乏维生素 A 的表现包括生育能力和产犊率下降，奶牛流产、死亡或生产的小牛较为虚弱，并表现出受孕困难。当长期饲喂品质差的饲料时，奶牛可能会因缺乏维生素 A 而出现繁殖障碍。在这种情况下，补充维生素 A 是必要的。

在青草期牧场上的牛可能会在肝脏、脂肪和其他器官中积累大量的维生素 A，以满足后面几个月的维生素需求。相反，如果牛采食干草饲料或品质差的饲料，它的储备将会很低。缺乏锌的动物可能无法获得储存在肝脏中的维生素 A。无法转化为维生素 A 的胡萝卜素主要储存在肝脏和体内脂肪中。黄色的脂肪和黄色的牛奶就是由于胡萝卜素的存在形成的。

刚出生时维生素 A 的含量较低，青年动物的储备量也低于食用高维生素 A 活性的老年动物。这就解释了为什么饲喂缺乏维生素 A 的青年动物通常比年老的动物更早出现缺乏维生素 A 的症状。

维生素 D 维生素 D 是钙和磷吸收、骨正常矿化、钙代谢和免疫功能所必需的。维生素 D 的两种主要形式是胆钙化醇（维生素 D_3，动物形式）和麦角钙化醇（维生素 D_2，植物形式）。维生素 D 的国际单位（IU 或 ICU）被定义为相当于 0.025 μg 结晶 D_3 的活性。

维生素 D_2 和维生素 D_3 对牛都有生物活性。像其他脂溶性维生素一样，饲料中的维生素 D 与其他脂质一起被肠道吸收。新生犊牛的维生素 D 的天然来源是牛奶。

除了晒干的饲料外，大多数饲料的维生素含量都很低，因此有必要补充，尤其在冬天。在正常情况下，牛通过阳光直射或食用经阳光晒制的饲料获得足够的维生素 D。维生素 D 可以通过阳光作用于前体物（7-脱氢胆固醇）在体内合成皮肤中的维生素 D，在夏天户外饲养动物可以得到所需的维生素 D。玻璃可以阻挡阳光下的紫外线，因此，被饲养在室内的动物不会合成维生素 D。麦角甾醇是绿色植物中的一种甾醇，当植物在阳光下被收获和固化时，就会转化为维生素 D_2。许多商业维生素 D 产品都是以高度浓缩方式来销售的。辐照酵母是维生素 D_2 的潜在来源。

纬度和季节均影响着到达地球表面的太阳辐射的数量和质量，特别是在光谱的紫外波段（UVB）的区域。Webb 等，1988 研究表明，从 11 月至翌年 2 月，波士顿万里无云的日子（42.2°N），在阳光下的人类皮肤中的 7-脱氢胆固醇不会产生维生素 D_3。在埃德蒙顿（52°N），这个现象从 10 月延长到翌年 3 月。再往南（34°N 和 18°N），在冬时阳光有效地将 7-脱氢胆固醇光转化为维生素 D_3。大概在南半球也存在类似的情况。这些结果表明了太阳 UVB 辐射的变化对皮肤中维生素 D_3 的合成有显著影响，并表明纬度对冬季"维生素 D 合成"的影响，在此期间，给户外动物的日粮中补充维生素是必需的。有机养牛人需要了解这些现象。如果不补充维生素，野外动物体内的维生素储备会出现季节性波动，尤其需要在冬季添加维生素。

缺乏光合作用产生的维生素 D 或日粮添加维生素 D 含量不足时，会导致骨骼不能正常钙化。缺乏的症状表现包括食欲减退、易怒、强直、关节肿胀和僵硬、佝偻病和抽搐。佝偻病的特点是骨骼柔软、多孔、发育不良。犊牛缺乏维生素 D 的早期症状为食欲不佳、生长迟缓、步态僵硬、虚弱和呼吸困难。后期的症状包括关节肿胀，背部轻微弓起，双腿弯曲和膝盖弯曲。骨头易碎是所有年龄段动物缺乏维生素 D 的普遍表现。怀孕动物缺乏维生素 D 可能导致犊牛死亡、虚弱或畸形。

维生素 E 维生素 E 是正常繁殖和生长所需要的。最主要的天然来源是 α-生育酚，发现于植物油和种子中。酯形式（例如维生素 E 乙酸酯）的维生素 E 可以合成并用于饲料添加剂。1国际单位（IU）相当于1 mg dl-α-乙酸生育酚的活性。

维生素E的营养作用与硒的营养作用密切相关，主要参与保护细胞壁等脂质膜免受氧化损伤。维生素E的主要功能是作为一种抗氧化剂。体内正常的新陈代谢会产生有毒的活性氧副产物，它们必须失活。因为它是脂溶性的，所以维生素E在保护细胞膜免受损伤方面尤为重要。维生素E维持着所有肌肉（骨骼、心脏、平滑肌）的结构和功能，对免疫系统至关重要。谷胱甘肽和谷胱甘肽过氧化物酶是肌肉中重要的抗氧化剂，但并不能消除对维生素E的需求。

犊牛的白肌病是由缺乏硒或维生素E引起的，可以通过注射维生素E和硒并调整日粮配方中维生素E含量来治疗。在泌乳动物日粮中添加维生素E，可以减少乳腺炎的风险和严重程度，改善免疫功能，提高生殖能力。

热量、氧气、水分、脂肪、微量矿物质和硝酸盐会降低饲料中维生素E的稳定性。因此，饲料中维生素E的浓度在贮藏过程中会下降，特别是在高水分饲料中。因此，人工合成的维生素E被用来满足动物对维生素E的需求。

维生素K 这种维生素以各种形式存在：植物中的叶醌（K_1）和由微生物在肠道中合成的甲萘醌（K_2）。维生素K是正常凝血所必需的，缺乏会导致大出血或因大出血而出现死亡现象。维生素K缺乏在牛中很少见，但可能会由于食用发霉的甜三叶草而引起。

水溶性维生素 八种B族维生素在犊牛的营养中很重要。代乳品应该含有添加的所有脂肪和水溶性维生素。4～5周大的犊牛也应该在饲料中获得所有已知的维生素。而成长至能够反刍的牛通常不需要这些维生素。

一般来说，水溶性维生素作为酶的辅因子参与生化反应，主要影响能量的转移。硫胺素、核黄素、烟酸、泛酸、叶酸、吡哆醇、维生素B_{12}、生物素和胆碱是包括牛在内的所有动物所必需的B族维生素。日粮中B族维生素浓度对牛体内B族维生素的含量的影响很小。瘤胃中细菌合成的大多数B族维生素都超过了可能的需要量。大多数B族维生素的微生物合成随着能量摄入的增加而增加，因此谷物中B族维生素浓度通常高于饲草。如果在日粮中添加了B族维生素，瘤胃细菌要么减少B族维生素的合成，要么将所添加的B族维生素降解，导致供应量无净增加。尽管B族维生素间有差异，但几乎没有一种含量丰富的B族维生素可以逃脱瘤胃的降解。虽然牛可以贮积维生素A、维生素D和维生素E，但除维生素B_{12}外，B族维生素的储存量是有限的。

由于压力或疾病而摄食量减少的牛可能会出现短期缺乏B族维生素的现象，这是由于合成减少、需求增加和体内B族维生素储备有限导致的。一些证据表明，激活免疫系统来对抗感染或增强免疫力，会迅速耗尽对免疫反应很重要的B族维生素。

生物素在脂质的合成和葡萄糖代谢中发挥重要作用。这种维生素的来源包括花生粕、红花粉、酵母粉、苜蓿粉、棉籽粉和豆粕。动物机体生物素缺乏的临床症状为皮炎、脚掌和蹄子裂开、后腿痉挛性瘫痪、收获率下降和生殖能力差（NRC，2000，2001）。

在严格意义上，胆碱不是维生素，但它具有水溶性（NRC，2000，2001）。它是细胞结构的组成部分，参与神经冲动。动物可以合成它，但这个过程在幼小的动物中往往是低效的，因此添加是必要的，而它一般也被包含在一些饲料原料中。

钴胺素（维生素 B_{12}）与叶酸的代谢密切相关。所有的植物、水果、蔬菜和谷物都缺乏这种维生素，在自然界中所有钴胺素都是由微生物产生的，在植物中出现的任何钴胺素也都是因为污染了微生物而产生的。因此，不含动物产品的犊牛饲料需要添加。钴胺素缺乏的症状表现为特征性贫血（大细胞和嗜色）、生长降低、生殖不良和死亡率增加（NRC，2000，2001）。维生素 B_{12} 是由瘤胃细菌合成的。它含有一种微量矿物质钴，必须由日粮提供。饲料中的钴浓度尚不清楚，因此反刍动物日粮中通常添加钴，以确保维生素 B_{12} 的充分合成。维生素 B_{12} 是肝脏中唯一大量储存的 B 族维生素。这种维生素的缺乏是不可能的，除非日粮中长期缺乏钴。缺乏症状表现为食欲不振、生长发育迟缓和身体状况不佳。

叶酸参与了嘌呤和嘧啶的生物合成和代谢。叶酸非常稳定，但不会自然存在于饲料中。相反，它以还原性的多聚谷氨酸的形式出现，多聚谷氨酸在体内转化为叶酸。日粮中通常含有足够的叶酸，但小牛日粮中可能不足。缺乏的症状包括特征性贫血（大细胞性和嗜染性）、抗体反应减少和生殖不良（NRC，2000，2001）。

烟酸（尼克酸）是两种辅酶（NAD 和 NADP）的组成部分。豆类是这种维生素的优质来源。缺乏烟酸表现为皮肤粗糙和腹泻（NRC，2000，2001）。在口腔中可能会发现溃疡。随着在瘤胃中细菌菌群的发育，B 族维生素被大量合成，不再需要日粮供应。然而，在某些条件下，泌乳早期的高产奶牛在饲喂烟酸时可能不太容易发生酮症。

泛酸是辅酶 A 的一个组成部分。日粮中经常缺乏这种维生素，这是因为谷物和植物蛋白质中缺乏这种维生素。缺乏会导致步态不协调，以及腹泻和生长速度缓慢（NRC，2000，2001）。

吡哆辛是参与氮代谢的几种酶系统的组成部分。一般来说，日粮能提供足够的量，并以自由形式或与磷酸盐结合的形式存在，缺乏的症状表现为惊厥和抗体反应降低（NRC，2000，2001）。一些饲料，如亚麻籽和某些品种的豆类可能含有吡哆醇拮抗剂。吡哆醇是一种在饲料加工过程中会被破坏的维生素；小麦中 70%～90% 的吡哆辛在磨削过程中会被丢失。

核黄素是两种辅酶（FAD 和 FMN）的组成部分，由于谷物和植物蛋白质中的核黄素缺乏，导致日粮中经常缺乏这种维生素，奶制品是核黄素的良好来源。缺乏的症状表现为食欲不振，头发粗糙、呕吐、不能正常站立和生长速度缓慢（NRC，2000，2001）。

硫胺素是辅酶焦磷酸硫胺素（辅羧化酶）的重要组成部分。紫花苜蓿、谷物和酵母菌是其良好的来源。缺乏症（NRC，2000，2001）比其他维生素的缺乏症更少遇到。脊髓灰质炎脑软化症是一种硫胺素反应性疾病，与高精料和繁茂的牧草有关。它偶尔发生在牛身上，而且最常见的是饲喂高谷物饲料的牛。它是由于硫胺素降解酶破坏了瘤胃中的硫胺素，或产生了结构类似于硫胺素（类似物）的化合物，从而阻断了硫胺素的作用。缺乏的症状表现为食欲减退、冷漠、行动不协调、间歇性失明、抽搐和死亡。如果在大脑严重受损之前进行治疗，这种疾病是可治的。治疗方法是静脉注射或肌内注射硫胺素（盐酸硫胺素或其他形式）。在所有的 B 族维生素中，硫胺素通常是最有限的，特别是对于含有高谷物的日粮。

水

水也是一种必需的营养物质，是饲料重量的 2~3 倍。最重要的考虑因素是确保任何时候都有充足的、新鲜、未受污染的水。水应从水碗或乳头式饮水器（碗更容易检查；乳头更干净）中随时供应给家畜。

水质很重要。一般的准则是基于总溶解固体，pH 值在 6~8。一些特定的盐类是很重要的，一般准则规定硝酸盐可达 100 mg/L，总溶解固体（盐度）可达 3 000 mg/L，硫酸盐高达 500 mg/L。根据 NRC（2001）的规定，不应向牛提供含有 7 000 mg/L 或更多总可溶性盐的饮用水，怀孕动物不得给予总可溶性盐含量为 5 000~6 999 mg/L 的水。总可溶性盐含量为 3 000~4 999 mg/L 的水最初可能会被排斥，并可能导致暂时性腹泻。在夏季，水质对于可以进入池塘和小湖泊的放牧牛来说尤为重要。在较高的温度下，需水量会增加，同时，由于消耗和蒸发，水质会恶化。这可能会导致水的盐度增加。另一个需要考虑的是，较高温度也能促进水源中细菌的生长，这就要求对水进行安全测试。

Lardner 等（2005）研究表明，在 90 d 的放牧期间，通过通气和抽水以改善水质可以使牛的体重增加 9%~10%。

● 营养不良表现症状

与饲料相关的问题包括以下内容（Merck Veterinary Manual，2010）。

共济失调主要发生于犊牛且最常归因于慢性锰缺乏症。动物的症状包括腿无力、关节肿大、僵硬、腿扭曲、全身无力和骨强度下降。这也可能是由钾元素缺乏引起的。

机体"不自主摇晃"是急性硒中毒的标志。受影响的牛表现为迟钝、共济失调、脉搏急促、呼吸困难、腹泻和嗜睡；头部低下，耳朵下垂，呼吸衰竭甚至会造成死亡。

在反刍动物中，当发酵过程中产生的气体不能及时排出，瘤胃就会膨胀或臌气。这种情况可能需要兽医治疗。气体积聚导致瘤胃膨胀和肿胀。膨胀会在放牧于盛草期牧场的牛、大量采食豆类植物精料的青年牛中观察到。在严重的肿胀中，瘤胃的扩张会推动横膈膜向前，使牛呼吸困难。症状包括瘤胃上方左侧肿胀，背部弓起，腹部下垂，步态蹒跚，呼吸困难和窒息。造成放牧牛臌胀病的主要因素是豆料牧草。豆科植物被瘤胃中的细菌迅速发酵，导致气体和泡沫产生量很多并阻止嗳气，因此，建议逐渐将动物引入含有豆类的牧场。有些动物可能有腹胀遗传倾向，应该从繁殖群中挑选出来。

心律失常通常与日粮中长期严重缺乏钠元素有关。

角膜病变通常与晚期维生素 A 缺乏症有关。

发情延迟很大程度上是由于日粮中的能量不足导致的。

当牛食用非饲料成分，如土壤、沙子或细石，或持续舔食、咀嚼或咀嚼木材和许多其他成分时，就会出现食欲下降。许多人认为，这些习惯可以用营养缺乏来解释，但这尚未得到研究证实。散发性病例可能表明患者患有大脑疾病或者因摄入毒杂草如豚草而中毒。更广泛的暴发病例可能是由于寄生虫或矿物质缺乏，应通过血液和饲料进行检验。

由于缺乏锌,犊牛和老牛也可出现皮炎。一般来说,最严重的是在腿部、颈部和头部以及鼻孔周围。伤口愈合缓慢。锌缺乏的其他症状包括睾丸生长缓慢、无精打采、足部肿胀并伴有开放性鳞状病变和掉毛(脱毛)。

动物舌头营养不良,其中舌表面退化是最常见的硒缺乏综合征。它也可能是由缺乏维生素 E 引起的。

甲状腺肿大(甲状腺肿)是碘缺乏的标志。受影响的奶牛可能会生下无毛的犊牛。这种情况可能发生在食用足量碘的牛身上,即当饲喂十字花科的作物时,如萝卜或卷心菜时,这些作物可能含有甲状腺原,干扰甲状腺摄取碘,氰化甲状腺激素包括在白三叶草中发现的硫氰酸酯和在一些芸薹属植物中发现的硫代葡萄糖苷,如甘蓝、萝卜和油菜。它们损害了甲状腺对碘的摄取,这种影响可以通过增加日粮中碘的含量来克服。

毛皮的粗糙度可能与能量、磷、盐、维生素 A、钴或铜元素的缺乏有关。

心力衰竭通常与硒元素缺乏有关。

血红蛋白血症也通常是铜元素缺乏的一种表现形式。

出血(全身性)通常是由于缺乏维生素 K。

低镁血症(缺镁症)是由于镁的缺乏,因为日粮中的镁是以一种不能被生物利用的方式结合。在犊牛和成年牛中,试验中镁缺乏的症状表现为厌食症、充血症,慢性缺乏条件下软组织的兴奋性增加和钙化。受影响的动物表现为抽搐,侧身跌倒,双腿交替伸展和放松,在惊厥期间甚至可能会发生死亡,会出现口腔吐沫和大量流涎,成年牛的症状进展似乎要快得多。有临床症状的动物需要立即服用钙和镁的联合溶液进行治疗。这个问题可在日粮中添加镁粉来预防。

酮中毒是一种代谢紊乱,发生在能量需求超过能量摄入的高产奶牛。负能量平衡时,奶牛利用大量的身体脂肪作为能量来源。最常发生在食欲差的奶牛或新产奶的奶牛中。有这种情况的奶牛血液中葡萄糖浓度通常很低。由于体脂肪的快速动员,脂肪分解产生的酮超过了肝脏代谢(乙酰乙酸、丙酮和 -羟基丁酸)的能力,酮症随之而来。应高度重视酮病,因为它减少了受影响奶牛的采食量,并大大增加了其他疾病和问题出现的风险,如皱胃移位。已知酮前体存在于一些含有高水平丁酸的豆科植物和禾草青贮中,并可通过增加日粮中酮前体的供应而增加酮症的风险。

当牛在短时间内消耗大量的精饲料时,就会发生乳酸中毒、跌倒和蹄叶炎。急性消化不良经常发生时,会导致瘤胃乳酸水平大大增加,使瘤胃 pH 值降低到危险水平。足部椎板严重受损(椎板炎),这通常是永久性的,快速发病还可能导致死亡。

乳腺炎是指乳腺发炎引起的疾病。添加 β-胡萝卜素可以缓解乳腺炎。这种疾病和由此产生的感染会显著减少奶产量。乳腺炎最常见于奶牛群中,但也可发生在肉牛群中,导致断奶体重的减少。治疗阶段的奶牛生产的奶不能供人类食用,否则以后不能再作为有机牛用于生产。

产褥热不是真正的发烧,在疾病期间的体温通常低于正常水平。这种情况在哺乳期的前几天最为常见,此时牛奶生产中对钙的需求超过了身体调动钙储备的能力,其特点是低血钙和瘫痪。低血钙水平会干扰全身的肌肉功能,导致全身虚弱和食欲不振,最终导致心力衰竭。干奶期钙摄入量过高会进一步增加发病率;产犊前限制钙的摄入量,但在产犊时增加钙的摄入量，可降低发病率。治疗一般包括静脉、肌内或皮下注射钙。低钙血症（低血钙）在老年动物中更为常见，这是由于骨骼动员钙的能力降低。据报道，它更频繁地发生在某些奶牛品种中，如娟姗牛。

软骨病的特征是骨骼脆，用力时可能骨折，这种情况在老年动物骨骼脱矿化后会发生。长期给哺乳期奶牛饲喂低钙的饲料可能会增加钙和磷的消耗，导致骨骼脆弱、容易骨折，虽然不影响牛奶中钙的水平，但会导致产奶量下降。

脊髓灰质炎脑软化症的特点是无精打采、肌肉不协调、暂时性失明、抽搐和死亡。它与日粮成分有关，这些日粮会产生高水平的硫胺酶，而硫胺酶会破坏硫胺素（B族维生素之一）。受影响的牛对硫胺素的治疗非常敏感，最好是采用肌内注射。硫胺素参与了中枢神经系统和其他系统的正常功能。

胎盘滞留。胎盘滞留的因素相当复杂，包括硒、维生素A、铜和碘元素的缺乏。分娩牛低血钙症的发病率增加，似乎与肥胖综合征有关。产前注射硒可降低胎盘滞留的发生率。该现象也存在遗传因素，有这种现象的奶牛应该被及时淘汰。

佝偻病是生长过程中骨骼的有机基质钙化不当引起的，导致骨骼无力、软、缺乏密度。症状包括：关节肿胀、柔软、骨端增大、背部弯曲、腿部僵硬。佝偻病是一种幼小动物常见的疾病，可能是缺乏钙、磷或维生素D引起。

白肌病可见于幼牛，并与硒或维生素E的缺乏有关，或两者兼有。受影响的动物有白垩白条纹、心脏和骨骼肌变性和坏死。此外，还可以观察到后肢瘫痪和舌头营养不良的情况，并可能在血液中检测到天冬氨酸转氨酶（AST，一种用于监测肌肉和肝功能的酶）水平的升高。

眼干燥症是一种与维生素A缺乏有关的眼睛退行性疾病。

● 饲料分析

可以通过化学分析饲料或日粮，以提供有关上述营养成分含量的信息。然而，并不能提供营养物质在动物机体可利用率的信息。

概略养分分析（Proximate analysis）最初是由德国温德实验站的Henneberg和Stohmann在1865年提出的一种分析方案，用于分析饲料中的主要营养成分。通常被称为Weende系统，随着时间的推移得到了改进。该系统包括水分、灰分、粗脂肪（乙醚提取物）、粗蛋白（CP）和粗纤维（CF）的测定。它试图将碳水化合物分为两大类，CF（不可消化的碳水化合物）和无氮浸出物（NFE；可消化的碳水化合物）。NFE是通过计算而不是直接测定的。

所获得的信息如下。

1. 水分（水）：是一种稀释营养物质含量的成分，它的测量可提供更准确的营养物质含量。
2. 干物质（DM）：扣除水分（水）含量后的干物质量。
3. 灰分：样品被焚烧后的矿物质含量。对灰分的进一步分析可提供样品中的矿物质成分。

4. 有机质：从干物质中扣除灰分后的物质量。
5. 粗蛋白质：测定为氮含量（N）×6.25。它是基于平均 N 含量为 16 g N/100 g 蛋白质的假设，对蛋白质含量的一种测量方法。大多数饲料中一些氮以非蛋白氮（NPN）的形式存在；因此，将 N 含量 ×6.25 计算的值称为粗蛋白质而不是真蛋白质。真正的蛋白质是由氨基酸组成的，它可以用专门的方法来测量。
6. 无氮物质。

  粗纤维，即 CF。这部分成分是可消化的；因此，Van Soest（1991）等后来开发了更精确的纤维分析方法。一种方法是将其分成两个部分：（i）植物细胞含量，一种由糖、淀粉、可溶性蛋白质、果胶和脂质（脂肪）组成的高含量可消化部分；（ii）植物细胞壁成分，由不溶性蛋白、半纤维素、纤维素、木质素和结合氮组成。该方法包括在中性洗涤溶液中煮沸样品的步骤。可溶性部分称为中性洗涤可溶物（NDS；细胞内容物），纤维残留物称为中性洗涤纤维（NDF；细胞壁成分）。

  NDF 是测量半纤维素、纤维素和木质素的方法，代表饲料的纤维含量。这三种成分被分为细胞壁或结构性碳水化合物。半纤维素和纤维素可以被瘤胃中的微生物分解，为动物提供能量。NDF 含量与采食量呈负相关。与 CF 和 NFE 不同，NDS 和 NDF 能准确预测多种饲料中可消化和较少消化组分的比例。蛋白质或淀粉含量高的一个问题是 NDF 可能会被高估，在提取过程中（指定的 aNDF）采用亚硫酸钠和淀粉酶，以提供更准确的真实纤维测量值。进一步的修订中（指定为 aNDFom）增加了一个灰化步骤，以去除矿物质、土壤和沙子等无机成分（M.Reuter，2020 年 6 月 12 日）。第二种方法是酸性洗涤纤维（ADF）分析，它进一步将 NDF 分解为主要含有半纤维素和一些不溶性蛋白的可溶性部分，以及含有纤维素、木质素和结合氮的不溶性部分。木质素已被证明是影响牧草消化率的一个主要因素。饲料成分表越来越多地采用 NDF 和 ADF 值，而不是 CF 值，因为这些数据正在被营养学家使用。然而，需要注意的是，CF 仍然是饲料监管机构要求在饲料标签上声明的纤维成分，至少在北美，还有 ADF 和 / 或 NDF 的饲草能得到额外保证。

  无氮浸出物：可消化的碳水化合物，即淀粉和糖。

7. 脂肪：以粗脂肪（有时称为油或醚提取物，因为提取过程中使用醚）来衡量。更详细的分析可以用来测量各种单个脂肪酸组成。

维生素不能直接在 Weende 系统中直接测定，但可以通过适当的方法在脂溶性和水溶性提取物中测定。

最终，基于近红外反射光谱（NIRS）等快速检测技术预计有望取代常规饲料分析的化学方法，但营养成分有效利用率仍需要在动物研究中进行估测。

有关营养需要量的出版物

一些国家的主管部门根据与常规生产有关的研究结果,发布了《反刍动物营养需要量》。例如,美国、澳大利亚、几个欧洲国家和英国已经公布了对奶牛和肉牛营养需要量的估计数值。遗憾的是,迄今为止还没有任何关于有机饲养牲畜的类似出版物发表。然而,有机牲畜所需的营养物质与传统牲畜相同。因此,可以利用这些预估需求量来指导有机牛的饲养。

在解决猪和家禽饲养的类似问题时,Blair(2018a,2018b)考虑到这些数值来自现代、快速增长的杂交种群的研究,因而建议修订对这些物种的既定要求。理由是有机生产倾向于使用传统品种,纯种品种比杂交品种生长更缓慢,生产效率更低。修订后建议使用含有较低浓度的饲料添加剂,这更符合有机预期的生产水平。

对牛而言,这种修正是否应该从传统饲养反刍动物的既定要求中推断出来,这是值得怀疑的。一个原因是,有机和传统牛生产中使用的品种类型比猪或家禽生产要少得多。有机和传统的牛生产都倾向于使用纯品种,杂种和杂交品种的使用率较低。因此,对传统牛的既定要求很可能来自有机生产中使用的品种,而不是有机猪和家禽。尽管如此,有机牛的生产力通常低于传统饲养的牛。最有可能的原因是,在有机牛的日粮中,强制要求的饲料含量很高(50%~60%),因此,生产力上的差异可以归因于动物的日粮,而不是动物的基因组成。另一个相关因素是,许多奶牛场和肉牛养殖场的目标是最大限度地利用农场上可用的饲料资源,而不是使用额外购买的饲料来最大限度地提高产量。

另一个原因与环境条件有关。如前文在碳水化合物的消化部分中所述,与易消化的日粮相比,消化纤维日粮会导致更高的甲烷气体生成。正如 DeBoer(2003)报道,为什么有机牛奶生产会增加甲烷排放,除非动物采食高消化性的日粮。同样地,有机肉牛生产比传统肉牛生产释放出更多的甲烷。

这些因素,即所使用的反刍动物品种和环境问题(特别是温室气体排放潜力)表明,应以最近的需求估计数和最新的建议作为饲养有机牛的基础数据。这使我们能够利用与减少甲烷排放有关的所有相关知识。有机牛日粮中规定的高水平饲料在实际应用中会比传统牛更难以达到,并且要求所使用的饲料是高品质的。有机牛生产的好处是,不建议使用低质量的饲料,以减少随之而来的温室气体排放。

在北美使用的营养需要量表是基于美国国家研究委员会(NRC)和美国国家科学院(NAS)(华盛顿特区)的建议制定的。这些建议包括生产食物用、试验用及伴侣用的动物,并以系列著作的形式出版。对每个物种的建议都会定期更新,最新更新的是肉牛营养需要量(NRC,2016)和奶牛营养需要量(NRC,2001)。特别指定的专家委员会开会审查已发表的研究结果,并得出对需求的估计数。然后将这些作为建议发布。这种信息被北美和许多其他地区的饲料行业广泛使用。其他对营养需要量的估计包括由 CSIRO(2007)发布的家养反刍动物的营养需要量。澳大利亚科学家编辑的出版物引用了关于肉牛和奶牛、绵羊和山羊的能量、蛋白质、矿物质、维生素和水分需求的最新研究结果。该出版物在一系列数学模型中定义了动物的体重变化、产奶量和羊毛生长对其饲料供应的定量和定性变化的反应。该出版物的一个特点是，它特别适用于放牧动物。然而，放牧动物、牧场和任何饲料之间的相互作用是复杂的，包括牧草的可利用性、日粮的选择和替代。为了将这些建议应用于特定的放牧情况，读者可以直接使用决策支持工具和电子表格程序。正如Corbett（1980）所指出的那样，该出版物用于有机生产的一个缺点是，澳大利亚许多放牧动物的饲料质量通常比其他报告中描述的要低得多，水资源供应和质量均存在问题，澳大利亚家畜的矿物营养供应还普遍不足。

最近，法国反刍动物营养的专著是INRA（1989）：《反刍动物营养推荐量和饲料表》。虽然数据最近没有更新，但该报告提供了关于各种饲料组成有价值的数据来源。

英国最近的一份出版物是由英国农业和食品研究理事会（AFRC，原名ARC）于1993年发布的，是由AFRC营养技术委员会编写的咨询手册（AFRC，1993）。

因此，建议将《肉牛营养需要量》（NRC，2000）和《奶牛营养需要量》（NRC，2001）中提出的营养需要量，作为建立适用于普通有机牛群营养标准的基础数据，这些动物也是来自传统品种。许多生产商使用这种营养数据希望充分利用更先进的数据以及2016年报告中提出的预测方程来获得日粮有效营养。

表中要求的实例见表3.2至表3.4。

表3.2 饲喂牛奶、发酵剂或牛奶替代品、发酵剂的犊牛每日能量和蛋白质需求量（NRC，2001）

活重（kg）	增重（g）	干物质采食量DMI（kg）	能量			蛋白质	
			维持净能NE_m（Mcal）	增重净能NE_g（Mcal）	代谢能ME（Mcal）	可消化蛋白质DP（g）	维生素A Vitamin A（IU）
30	0	0.32	1.10	0	1.34	23	3 300
	200	0.42	1.10	0.28	1.77	72	3 300
	400	0.56	1.10	0.65	2.33	122	3 300
35	0	0.36	1.24	0	1.50	25	3 850
	200	0.47	1.24	0.30	1.96	75	3 850
	400	0.61	1.24	0.68	2.55	125	3 850
40	0	0.40	1.37	0	1.66	25	4 400
	200	0.51	1.37	0.31	2.14	78	4 400
	400	0.66	1.37	0.72	2.76	128	4 400
45	600	0.83	1.37	1.16	3.44	178	4 400
	0	0.44	1.49	0	1.81	31	4 950
	200	0.56	1.49	0.32	2.31	80	4 950
	400	0.71	1.49	0.75	2.96	130	4 950
	600	0.88	1.49	1.21	3.67	180	4 950

续表

活重 (kg)	增重 (g)	能量				蛋白质	
		干物质采食 量 DMI(kg)	维持净能 NE_m (Mcal)	增重净能 NE_g (Mcal)	代谢能 ME (Mcal)	可消化蛋白质 DP(g)	维生素 A Vitamin A (IU)
50	0	0.47	1.62	0	1.96	33	5 500
	200	0.60	1.62	0.34	2.48	83	5 500
	400	0.76	1.62	0.77	3.15	133	5 500
	600	0.94	1.62	1.26	3.89	183	5 500
	800	1.13	1.62	1.78	4.69	233	5 500
55	0	0.51	1.74	0	2.11	36	6 050
	200	0.63	1.74	0.35	2.64	85	6 050
	400	0.80	1.74	0.80	3.33	135	6 050
	600	0.99	1.74	1.30	4.10	185	6 050
	800	1.18	1.74	1.84	4.93	236	6 050
60	0	0.54	1.85	0	2.25	38	6 600
	200	0.67	1.85	0.36	2.80	88	6 600
	400	0.84	1.85	0.83	3.51	138	6 600
	600	1.04	1.85	1.34	4.31	188	6 600
	800	1.24	1.85	1.90	5.16	238	6 600

表 3.3　泌乳和怀孕奶牛的每日营养需要量（NRC，1989）

活重 (kg)	能量				总蛋白质 (g)	矿物质	
	泌乳净能 NE_L(Mcal)	代谢能 ME (Mcal)	消化能 DE (Mcal)	总可消化养 分 TDN(kg)		Ca (g)	P (g)
成年泌乳奶牛的维持需要量							
400	7.16	12.01	13.80	3.13	318	16	11
450	7.82	13.12	15.08	3.42	341	18	13
500	8.46	14.20	16.32	3.70	364	20	14
550	9.09	15.25	17.53	3.97	386	22	0
600	9.70	16.28	18.71	4.24	406	24	17
650	10.3	17.29	19.86	4.51	428	26	19
700	10.89	18.28	21.00	4.76	449	28	20
750	11.47	19.25	22.12	5.02	468	30	21
800	12.03	20.20	23.21	5.26	486	32	23
成年泌乳奶牛妊娠期最后 2 个月的维持需要量							
400	9.3	15.26	18.23	4.15	875	26	16
450	10.16	16.66	19.91	4.53	928	30	0
500	11.0	18.04	21.55	4.9	978	33	20
550	11.81	19.37	23.14	5.27	1 027	36	22

续表

活重 （kg）	能量				总蛋白质 （g）	矿物质	
	泌乳净能 NE_L（Mcal）	代谢能 ME （Mcal）	消化能 DE （Mcal）	总可消化养 分 TDN（kg）		Ca （g）	P （g）
600	12.61	20.68	24.71	5.62	1074	39	24
650	13.39	21.96	26.23	5.97	1120	43	26
700	14.15	23.21	27.73	6.31	1165	46	28
750	14.9	24.44	29.21	6.65	1209	49	30
800	15.64	25.66	30.65	6.98	1254	53	32
产奶量，产每千克不同乳脂率乳的营养需要量							
Fat %							
3.0	0.64	1.07	1.23	0.28	78	2.73	1.68
3.5	0.69	1.15	1.33	0.301	84	2.97	1.83
4.0	0.74	1.24	1.42	0.322	90	3.21	1.98
4.5	0.78	1.32	1.51	0.343	96	3.45	2.13
5.0	0.83	1.4	1.61	0.364	101	3.69	2.28
5.5	0.88	1.48	1.7	0.385	107	3.93	2.43
泌乳期体重每变化 1 kg 的营养需要量							
体重损失	-4.92	-8.25	-9.55	-2.17	-320	—	—
体重增加	5.12	8.55	9.96	2.26	320	—	—

注：MP，可代谢蛋白质；NE_g，增重净能；NE_L 泌乳净能；NE_m，维持净能。

那些已经建立了营养需要量的国家，都是基于当地条件下的饲料成分数据库，使用者均希望使用这些数据作为有机乳制品和牛饲养系统的基础数据。

NRC（2001）发布的奶牛营养需要量比以前版本更加复杂和全面。一个非常有用的特性是，对日粮中营养水平已经进行了数学建模，相关营养需要量（如 2016 年 NRC 肉牛营养需要量）可以使用书中发行的光盘或从 NRC 网站下载的饲料配方程序进行计算。除了动物和生产数据外，这些内容还考虑了诸如温度、风速和步行距离等环境因素，以便更准确地根据特定情况调整饲料需求。这些环境因素，特别是与放牧有关的因素，现在已经纳入了 NRC 的计划中，这对有机生产具有重要意义。一个关键问题是，NRC 用于生成数学模型的数据范围是否包括了在有机牛群中可能遇到的数值。这本书的作者与 NRC 委员会之间的通信表明情况就是如此。

一些有机生产者可能更喜欢使用较早版本（NRC, 1989）的奶牛营养需要量。表 3.3 显示的数据是该报告中的营养需要量。

表3.4 生长和肥育牛的营养需要量（NRC，2000）

（例如，安格斯牛，体重 200～450 kg，每天增加 0.5～2.5 kg。）

体重（kg）	200	250	300	350	400	450
维持						
维持净能（Mcal/d）	4.1	4.84	5.55	6.23	6.89	7.52
MP（g/d）	202	239	274	307	340	371
Ca（g/d）	6	8	9	11	12	14
P（g/d）	5	6	7	8	10	11
生长（kg/d）						
增重净能 NE_g（Mcal/d）						
0.5	1.27	1.50	1.72	1.93	2.14	2.33
1.0	2.72	3.21	3.68	4.13	4.57	4.99
1.5	4.24	5.01	5.74	6.45	7.13	7.79
2.0	5.81	6.87	7.88	8.84	9.77	10.68
2.5	7.42	8.78	10.06	11.29	12.48	13.64
增重所需可代谢蛋白质量（g/d）						
0.5	154	155	158	157	145	133
1.0	299	300	303	298	272	246
1.5	441	440	442	432	391	352
2.0	580	577	577	561	505	451
2.5	718	712	710	687	616	547
钙（g/d）						
0.5	14	13	12	11	10	9
1.0	27	25	23	21	19	17
1.5	39	36	33	30	27	25
2.0	52	47	43	39	35	32
2.5	64	59	53	48	43	38
磷（g/d）						
0.5	6	5	5	4	4	4
1.0	11	10	9	8	8	7
1.5	16	15	13	12	11	10
2.0	21	19	18	16	14	13
2.5	26	24	22	19	17	15

注：MP，可代谢蛋白质；NE_g，增重净能；NE_L 泌乳净能；NE_m，维持净能。

参考文献

AFRC (1993) Energy and Protein Requirements of Ruminants. An Advisory Manual Prepared by the AFRC Technical Committee on Responses to Nutrients. CAB International, Wallingford, UK, 192 pp.

ARC (1988) The Nutrient Requirements of Ruminant Livestock. CAB International, Wallingford, UK.Blair, R. (2018a) Nutrition and Feeding of Organic Pigs, 2nd edn. CAB International, Wallingford, UK, 258 pp.

Blair, R. (2018b) Nutrition and Feeding of Organic Poultry, 2nd edn. CAB International, Wallingford, UK, 268 pp.

Corbett, J.L. (1980) Grazing ruminants: evaluation of their feeds and needs. Proceedings of the New Zealand Society of Animal Production 40, 136–144.

CSIRO (2007) Nutrient Requirements of Domesticated Ruminants. CSIRO Publishing, Collingwood, Victoria, 296 pp.

De Boer, I.J.M. (2003) Environmental impact of conventional and organic milk production. Livestock Production Science 80, 69–77.

Hungate, R.E. (1966) The Rumen and its Microbes. Academic Press, New York, 533 pp.

INRA (1989) Ruminant Nutrition: Recommended Allowances and Feed Tables (Jarrige, R., ed.). INRA, Paris.

Johnson, D.E., Phetteplace, H.W. and Seidl, A.F. (2002) Methane, nitrous oxide and carbon dioxide emissions from ruminant livestock production systems. In: Takahashi, J. and Young, B.A. (eds) Greenhouse.

Gases and Animal Agriculture. Proceedings of the 1st International Conference on Greenhouse Gases and Animal Agriculture, Obihiro, Japan, November 2001, pp. 77–85.

Lardner, H.A., Kirychuk, B.D, Braul, L., Willms, W.D. and Yarotski, J. (2005) The effect of water quality on cattle performance on pasture. Australian Journal of Agricultural Research 56, 97–104.

Merck Veterinary Manual (2010) Nutritional Diseases of Cattle. Available at: http://www.merckvetmanual.com/mvm/index.jsp?cfile=htm/bc/182315.html (accessed 5 May 2010).

NRC (1989) Nutrient Requirements of Dairy Cattle, 6th rev. edn. National Research Council, National Academy of Sciences, Washington, DC.

NRC (2000) Nutrient Requirements of Beef Cattle, 7th rev. edn. National Research Council, National Academy of Sciences, Washington, DC.

NRC (2001) Nutrient Requirements of Dairy Cattle, 7th rev. edn. National Research Council, National Academy of Sciences, Washington, DC.

NRC (2016) Nutrient Requirements of Beef Cattle, 8th rev. edn. National Research Council, National Academy of Sciences, Washington, DC.

Van Soest, P.J., Robertson, J.B. and Lewis, B.A. (1991) Methods for dietary fiber, neutral detergent fiber, and non-starch polysaccharides in relation to animal nutrition. Journal of Dairy Science 74, 3583–3597.

Webb, A.R., Kline, L. and Holick, M.F. (1988) Influence of season and latitude on the cutaneous synthesis of vitamin D3: exposure to winter sunlight in Boston and Edmonton will not promote vitamin D3 synthesis in human skin. Journal of Clinical Endocrinology and Metabolism 67, 373–378.

第4章
有机日粮原料

牧草

牧草是奶牛和肉牛的主要饲料,是构成有机动物日粮的主要成分。新鲜青绿饲料和存贮饲草都可以作为唯一饲料来源提供给反刍家畜,并且满足其所有营养需要。

草的类型

C3 型牧草,如具有 C3 光合作用途径的黑麦草和高羊茅等牧草,主要生长在北纬和海拔较高的地区,通常认为 C3 型牧草比 C4 型牧草(例如百慕大草和巴伊亚草)更有营养。C4 型牧草主要在温暖的气候环境中生长(Barbehenn 等,2004)。一般而言,C3 型牧草的蛋白质、非结构性碳水化合物和水的含量较高,纤维含量和韧性较低,总碳水化合物和蛋白质的比例低于 C4 型牧草。目前农学家的一个担忧是全球变暖可能导致 C3 型牧草被营养较少的 C4 型牧草所取代。对此,Barbehenn 等(2004)研究并得出结论,在大气 CO_2 浓度升高的情况下,C3 型牧草通常比 C4 型牧草更有营养。

饲料利用率

Haas 等(2007)调研了德国 26 个有机奶牛场的饲养模式,并分析了饲料构成,计算得出,以能量为基础(MJ NEL),年平均产奶量 6 737 kg 的牛,74% 的能量来自粗饲料,23% 的能量来自精饲料,3% 的能量来自商业加工副产品(例如酒糟)。大约 65% 的精饲料和商业加工副产品通过对外购买获得。牛奶产量几乎达到 7 000 kg/hm²。经计算,生产饲料需求量为 0.96 hm²/头,其中农田 0.85 hm²,外购饲料生产面积为 0.11 hm²。这些数据再次证明饲草是有机牛的主要饲料,补充谷物和其他饲料可能是必要的,尤其是奶牛。

放牧采食

温带国家在春末、夏初和初秋采取放牧饲养,而澳大利亚、新西兰和南美洲等一些地区可以满足全年放牧。

在某些地区,牧草可能缺乏某些微量元素,这就需要使用饲料、饲料添加剂或矿物

第 4 章　有机日粮原料

舔块来补充营养。

牧场通常以禾草（例如多年生黑麦草）为基础，并且加入豆科植物，例如白花三叶草（*Trifolium repens*），以固定大气氮素，来提高饲草的营养品质。在幼嫩和茂盛时，这种饲草的营养价值很高，可以满足大部分泌乳牛的日粮要求。较高的产奶量通常需要补充饲喂来实现，尤其是在牧草品质不足时。

牧草种类、农艺管理、施肥方法、收获时的成熟度和储存方式是决定牧草品质的因素。世界上最重要的草是果园草、黑麦草、羊茅和梯牧草。美国西部的肉牛牧场广泛使用各种小麦草，比如高麦草。由于高麦草晚熟，所以可以维持草场较长的放牧期。在抽穗前期，高麦草可消化蛋白质和全营养成分含量高于其他小麦草。小麦草生长最快的时期是 6 月，通常在 7 月下旬盛花期时被刈割制作干草。高麦草制作成干草的产量很高，如果在抽穗前或抽穗后的不久刈割，适口性较好。但是，相比大多数牧草，高麦草适口性较差。作为单一草种种植在围栏草场时，高麦草很容易被牛采食，尤其是粗叶，并具有良好的饲喂效果。必须放牧采食以保持植物处于营养期。它也可用于制作青贮饲料。高麦草不像许多原生小麦草那样表现出温度休眠，并且在切割后能恢复良好，且在秋季生长良好。

北美的主要牧草是高羊茅（*Lolium arundinaceum*），部分高羊茅品种容易被真菌内生菌感染，从而导致牧草在动物生产中利用效率降低。Ball 等（1987）进行的一项调查发现，美国 90% 以上的羊茅被真菌感染。内生真菌（*Neotyphodium coenophialum* 或 *Epichloë coenophiala*）产生对牲畜有毒的麦角生物碱（Ball 等，2002）。内生菌还产生多种其他生物碱，但麦角生物碱与动物中毒相关性最高。由于内生真菌本身会产生生物碱，因此无内生菌（E^-）的高羊茅不含内生菌感染的羊茅产生的有毒生物碱，因此不会对动物产生不利影响。

现已知，以无内生菌高羊茅为主的草场很难得到管理和维持，因为内生菌使牧草增强了热应激和昆虫的耐受性。因此，引入了含有内生菌菌株的高羊茅新品种，这些品种与野生型具有相似的益处，但产生的麦角生物碱含量低或不产生麦角生物碱（Shymanovich 等，2020）。

豆科牧草也可用作饲料。世界上使用的主要豆科牧草是苜蓿、三叶草和百脉根。与禾本科相比，豆科牧草的中性洗涤纤维含量较低，粗蛋白含量较高。因此，豆科牧草的饲料价值通常高于禾本科。

除了混播，饲草的品质还取决于其生长周期以及土壤和气候条件。

三叶草和其他豆科牧草是放牧和刈割用草场非常受欢迎的草种（Jennings，2005；Jennings 等，2005），它们有多种有用的功能。豆科牧草能够通过与根瘤菌的共生关系从空气中获取氮源，因此它们并不依赖氮肥。根据 Jennings（2005）的研究，在理想条件下，三叶草可以使土壤增加 240 kg/年的氮素，这可以供其他草类利用。

综上所述，三叶草的第二个重要作用是提高青绿牧草、干草或青贮牧草的品质。通常，与种植单一草种的草场相比，牛在禾本科/豆科混种草场的放牧或采食刈割干草时的采食量更高。因此，当草场中包含三叶草时，通常即使饲草总产量可能不增加，动物生产性能也会提高。

第三个优点是，在其他牧草生长不太活跃的阶段，三叶草的生长可以使得草场满足继续放牧的条件，从而有助于延长放牧季节。放牧管理体系应确保牧草在营养价值最高的阶段放牧。在某些放牧情况下，牧草可能只满足动物维持需要。

三叶草与牲畜的一些健康问题有关。在放牧时，许多反刍动物因食用三叶草而引起腹胀，但通常只有牧草中三叶草的比例大于50%才会发生。一些三叶草可以合成一种被称为植物雌激素的类雌激素化合物，可导致牲畜尤其是绵羊的繁殖问题。

Jennings等（2005）概述了美国常见的单播牧草和混播牧草（表4.1）。

表 4.1 美国常见单播牧草和混播牧草产量季节性分布（Jennings 等，2005） 单位：%

牧草产量分布 ª 占年总产量的百分比				
	春	夏	秋	冬
冷季牧草（CSG）				
高羊茅	65	10	25	0
羊茅-阿肯色州	75	5	20	0
堆放的羊茅	60	10	0	30
果园草	65	20	15	0
一年生黑麦草	85	0	10	15
小型谷物类饲料-北阿肯色州	85	0	10	5
小型谷物类饲料-南阿肯色州	75	0	10	15
黑麦草-南阿肯色州	70	0	10	20
CSG/混播豆科牧草				
CSG/三叶草	55	20	25	0
CSG/胡枝子	40	40	20	0
CSG/紫花苜蓿	50	30	20	0
暖季草（WSG）				
巴哈雀稗	25	70	5	0
狗牙草	20	70	10	0
堆放的百慕大草	20	60	20	0
马唐草	5	90	5	0
雀稗草	15	75	10	0
本土WSG[b]	20	75	5	0
旧大陆须芒草	20	60	20	0
暖季混播牧草				
百慕大草/一年生三叶草	35	60	5	0
百慕大草/野豌豆	40	55	5	0
百慕大草/黑麦草	40	50	10	0
百慕大草/小型谷物类牧草-北阿肯色州	35	40	20	5

续表

牧草产量分布占年总产量的百分比				
	春	夏	秋	冬
百慕大草/小型谷物类牧草–南阿肯色州	30	40	20	10
百慕大草/羊茅	40	40	20	0
百慕大草/堆放的羊茅–北阿肯色州	30	40	0	30
百慕大堆放的羊茅/–南阿色州	40	30	0	30

[a] 一个生长季节分为三个 100 d 的周期，一个 65 d 的冬季。春季 = 自 3 月 1 日至 6 月 8 日起共 100 d；夏季 = 6 月 9 日至 9 月 16 日；秋季 = 9 月 17 日至 12 月 25 日；冬季 = 12 月 26 日至 2 月 28 日。

[b] 秋季的生长用来保持草场活力，在此期间不建议放牧。

苜蓿

紫花苜蓿（*Medicago sativa*），也称苜蓿，是世界上最重要的饲用豆科植物。它可以在广泛的土壤和气候条件下生长，在所有多年生豆科牧草中具有最高的产量和饲用价值。这种多功能作物可用于放牧草场、干草、青贮饲料、青刈饲料和加工产品，如粗粉、颗粒和块状饲料。

苜蓿的深根系统使其比冷季豆科和禾本科植物更耐旱。虽然苜蓿在夏季干旱期间生长不快，但通常能提供良好的夏季牧草。在极端干旱期间，这一特性更为重要，因为在此时冷季草处于休眠状态。

在苜蓿草场进行早春放牧时，通过提供优质的饲料可以推迟第一批刈割。那时的天气条件更有利于干草的收获。冷季草在仲夏时的产量很低，苜蓿可以在这个时期供应放牧所需牧草。在放牧试验和示范中，苜蓿牧草的品质优良，家畜平均日增重超过 1 kg/d。此外，当奶牛饲喂紫花苜蓿时，产奶量比饲喂禾本科牧草时高。

放牧可以使其中一些已经稀落或出现杂草地块的成熟苜蓿草场的使用寿命延长 1 年甚至更长。放牧也可以通过减少禾本科牧草和杂草的竞争来恢复一些地块的活力。研究表明，低于 30 株/m^2 的草场不能达到最佳的干草产量。

替代温带牧草

为了提高放牧动物的可持续生产力，新西兰的研究人员研究了含有次生化合物的替代性温带饲草（Ramirez-Restrepo 和 Barry，2005）。在被研究的饲草中，菊苣（*Chicorium intybus*）、含有缩合单宁的百脉根（*Lotus corniculatus*）和黄芪（*Hedysarum coronarium*）具有最大的优势（表 4.2）。菊苣和黄芪促进了体内感染寄生虫的幼羊和鹿的生长速度。百脉根放牧增加了绵羊繁殖率，提高了母羊和奶牛的产奶量，促使甲烷产量减少，这些影响主要与缩合单宁（CT）的含量有关。牛在种植豆科植物的草场中放牧时，日粮中添加至少 5 g CT/kgDM 可降低瘤胃胀气的风险。研究人员得出结论，提高可持续生产力的关键植物特征是其结构易于发酵，碳水化合物所占比例高及 CT 和某些其他次要化合物的存在。从营养和农艺两个方面考虑，菊苣是最适合用于放牧的新兴植物之一，更适合在夏季干燥和冬季温暖的地区种植。菊苣大面积栽培后不适合放牧，适合人工机械收割后制作成全混合日粮应用于动物生产。

表 4.2　新西兰农业系统具有饲用价值的温带牧草次生化合物的浓度，干物质（DM）基础
（Ramirez-Restrepo 和 Barry，2005）

牧草种类	总缩合单宁含量（g/kg DM）	其他已知的植物次生化合物	建议放牧时牧草高度
草			
多年生黑草（黑麦草）	1.8	内生菌生物碱 2～30 mg/kg DM	矮
豆科植物			
针叶莲（百脉根）	47	0	中等
针叶莲（大三叶草）	77	0	中等
丹参（黄芪）			
春	84	0	高
秋	51	0	高
三叶草（白三叶草）			
常态	3.1	氰化糖苷	矮
高 CT 部分	6.7		
三叶草（红三叶草）	1.7	异黄酮 7～14 g/kgDM	高
豆科植物（紫花苜蓿）	0.5	0～100 mg/kg DM	高
杂草类			
菊苣	4.2	倍半萜内酯 3.6 g/kg DM	高
小地榆（羊肚）	3.4	0	中等
车前草	14	虹膜糖苷梓醇 8 g/kg DM Acubin22 g/kg DM	中等

矮：建议放牧高度 10 cm（Hodgson，1990）。
高：建议牧草高度为 30 cm 左右放牧，15 cm 左右时进行轮牧。
中等：建议在以上牧草高度之间进行轮牧。

贮藏饲料

收割的青绿饲料与放牧牧草非常相似，只是它用机器来收割。并且在收获和贮存过程中损失通常都很低。然而，由于收割设备、能源（电或者油）的使用和劳动力成本导致收割的成本很高。干草和青贮饲料的收获和贮存损失比较大，因此，需要采取适当的方法让这些损失降到最低。

上述提及的所有牧草品种均是有机家畜产品生产的饲料来源。在以下批准的有机饲料清单中没有特别提到的草，如百慕大草（大草），可能也会被用于有机畜产品生产，前提是需要当地的认证机构认证。

如本章表 4.6 所示，关于牧草和粗饲料，只包括：苜蓿、苜蓿粉、三叶草、三叶草粉、牧草（从饲料植物中获得的）、草粉、干草、青贮饲料、谷物秸秆和蔬菜块茎等。

它们可以通过晾晒成干草、制成青贮饲料等方式进行长时间保存。值得注意的是，本节中提及的用于生产有机畜产品的饲料原料仅适用于收获的牧草，而不适用于放牧天然牧草。

干草

正如 Sullivan（1973）和 McDonald 等（1995）所说，调制成干草是保存绿色牧草的传统方法，这种方法在西欧和其他地区的有机食品生产中很受欢迎。主要由牧草和其他牧草作物通过晒干制作成。作物收割后，田间处理是为了减少植物呼吸、微生物、氧化、浸出和机械损伤造成的营养物质损失。制作成干草的目的是将收割后的饲草作物水分含量降低以抑制植物呼吸和微生物酶的作用，使干草能够高效地储存备用。

在制作干草的早期阶段，酶能够将单糖和有机物酸分解为二氧化碳，这会导致原料干物质（DM）和可消化部分的总体损失，因此需要根据天气条件和植物干燥所需时间等，对牧草进行快速干燥处理，牧草干物质的损失变化差异很大，有的可能在 5% 以下，有的可能在 50% 以上，这种损失可能导致干草的营养价值下降，因此需要通过快速干燥减少酶活性的影响。在温暖、干燥、多风的天气下，如果收割和机械搅拌合适，潮湿的牧草迅速干燥，由植物酶活性引起的营养成分损失得到有效降低。因此，一些生产商在收割时使用机械和谷仓干燥设备进行快速干燥。

即使在良好的条件下，糖分的总损失也可能达到 20% 左右，糖分的损失可能降低干草的能量密度，从而影响反刍动物的采食量和生产性能。在干草切割和干燥过程中，降雨会浸出蛋白质、磷、钾、胡萝卜素和可消化能量成分。

绿色作物的含水量可能在 650～850 g/kg，并随着作物的成熟而下降。为了满足储存要求，必须将含水量降至 150～200 g/kg，并不建议在作物成熟干燥后再切割。作物越成熟，其营养价值越低。水分含量可以通过从料堆中提取样品并使用微波炉或对流炉进行干燥来测量。而湿重和干重可以用天平测量。

Lacefield 等（1996）概述了用于干草生产的一系列饲料作物的推荐收获时间（表4.3）。这主要适用于美国肯塔基州，未必不适用于其他地区。其他地区的咨询或推广人员应该也能够提供类似的建议。

表 4.3　干草生产中各种饲料作物的适宜收获阶段（Lacefield 等，1996）

植物种类	适宜的收获时间
紫花苜蓿	初花期第一次切割，第一个花到 1/10 开花为第二次和后期收割
蓝草，果园草，高大的羊茅和梯木草	a 孕穗期第一次收获，之后每 4～6 周收获一次
红三叶草和绛三叶草	第一朵花开花至 1/10 开花
燕麦、大麦和小麦	孕穗期至抽穗初期
黑麦和黑小麦	孕穗期或孕穗期之前
大豆	盛花期至底部叶开始落下之前
一年生胡枝子	初花期至底叶开始落下之前
拉丁三叶草和白三叶草	在正确阶段开始收获

续表

植物种类	适宜的收获时间
苏丹草，高粱杂交种，珍珠粟和石茅高粱	100 cm 高或提前，以最先到达者为准
狗牙草（百慕大草）	当高度为 38～40 cm 时进行收获
高加索须芒草	孕穗至抽穗初期
大的蓝叶草，印度草和柳枝稷	抽穗初期

a 孕穗期，即牧草在种子出现之前的生长阶段。这一阶段可以通过主茎的顶部附近的扩大或肿胀的区域来识别。

干草调制过程中如果牧草没有得到充分的干燥，可能会发霉。霉变的干草对家畜来说不仅适口性降低，并且还会携带真菌毒素，甚至会通过食物链对农场动物和人类造成伤害。这些干草还可能含有放线菌，它们是造成人类"农民肺"过敏性疾病的罪魁祸首。

在瑞士、意大利、德国和斯堪的纳维亚半岛等一些地区，传统的干草制作方法至今仍在使用，这些传统方法虽然效率较低，但可以保留更多的营养成分，尤其适合小规模有机农场。使用传统方法制成的干草在粗纤维、可消化粗蛋白、可消化有机物和代谢能量值方面存在差异。

在制草过程中，可以使用诸多的机械来进行卷曲和压碎作物，并加快干燥速度。用于调制干草的牧草叶子比茎干得快，这是由于茎的含水量较高。用机械对茎进行物理破坏或弯曲会增加空气渗透和循环。此外，增加空气流通，会让切口的干燥速度更快。果园草、高羊茅和牛草比三叶草和黑麦草干燥速度更快、更均匀。这是由于豆科植物的叶子表面比大多数禾本科植物表面有更多蜡质层，它们干燥速度较慢。

在干燥过程中，叶子失去水分的速度比茎更快，变得容易被粉碎。如果牧草被压伤或压扁，茎和叶的干燥速度接近。过度的机械搬运容易造成叶片损失，因为干草的叶中可消化养分高于茎秆，这时生产的干草的营养价值可能会降低。在制作干草的过程中，叶片的损失，尤其在苜蓿等豆类作物上容易发生。现在可以用机器来减少叶片破碎过程中的损失。在田间收割时，作物打捆时的含水量在 300～400 g/kg，然后通过人工通风进行干燥，已证实机械通风可以减少制作过程中的巨大损失。Lacefield 等（1996）提供了不同处理下紫花苜蓿营养损失数据（表 4.4）。

表 4.4 处理程序对紫花苜蓿产量的影响（Lacefield 等，1996）

	损失				
	适当搂草和打捆（kg/hm²）	搂草时太干（kg/hm²）	打捆时太干（kg/hm²）	搂草和打捆时均太干（kg/hm²）	总损失（%）
干草产量	3 306	798	114	1 140	34
粗蛋白	752	239	68	331	44
总可消化营养物质	1 949	547	103	787	40

在恶劣的天气条件下，干草生产过程中造成的总体损失是可接受的。农业发展和咨

询服务部（ADAS，2005）在英格兰东北部对六个商业农场开展了为期 3 年的研究，测量了收获和喂食之间的营养损失。发现干物质总损耗平均为 19.3%，分别占收获损耗和打捆损耗的 13.7%、5.6%，而可消化有机物和可消化粗蛋白的损耗均在 27% 左右。

干草调制时间过长会导致部分维生素和色素损失。胡萝卜素是维生素 A 的前体，在阳光下不稳定，然而阳光照射会使牧草中的麦角淄醇转化为维生素 D，增加干草中维生素 D 的含量。

人工干燥（商业上称为脱水）是保存饲草的一种有效但昂贵的方法。这往往是一个商业过程，而不是在有机农场生产的过程。在北欧，牧草和三叶草混合物是用这种人工干燥的方法进行干燥，而在北美，苜蓿则是通过脱水干燥的。

干草的营养价值由收割时的生长阶段和植物种类决定。牧草晚割产量会比较高，但它们的营养价值以及反刍家畜饲喂的采食量较低。因此早期收割调制的干草质量总是高于成熟后收割的干草。

收获阶段对动物生产力的重要性如表 4.5 所示。

表 4.5 羊茅干草收获阶段对初始体重 227 kg 母牛饲料品质和活体增重的影响（Lacefield 等，1996）

收获阶段	粗蛋白（g/kg）	消化率（%）	干物质摄入量（kg/d）	活体增重（kg/d）	料肉比（kg/kg）	干草第一次切割（t/hm²）
孕穗到抽穗期	138	68	5.9	0.63	10.1	1.494
初花期	102	66	3.9	0.19	13.5	2.058
乳熟期–种子形成	76	56	3.9	0.19	22.5	3.162

综上所述，豆科牧草的蛋白质和矿物质含量通常高于禾本科牧草。苜蓿是一种非常重要的豆科牧草，被许多国家作为调制干草的作物来种植。苜蓿干草的价值在于其相对较高的粗蛋白含量，如果它是初花期收割后调制成的，粗蛋白含量可能高达 200 g/kg 干物质。谷物处于"乳白色"阶段时也会被收割用于调制成干草，这一生长阶段收割的谷类调制成干草的营养价值与成熟的牧草制成的干草的营养价值相似。

干草的营养价值还受到田间养分损失和储存期间的变化的影响（这可以通过添加化学防腐剂来降低）。即使在良好的条件下，干物质的总体损失也达到 20% 左右。人工干燥牧草的营养价值高于自然风干的牧草。然而，它们的生产成本很高，可以作为非反刍家畜矿物质和维生素的来源。

需要注意的是，大多数杂草适口性差，当有足够的饲料，牲畜不会食用杂草。但是大多数牲畜不能区分杂草和干草中有益的长茎饲料，如意外摄入杂草，可能导致生产力丧失或死亡。因此，需要有效的控制杂草。

干草防腐剂可以让干草储存在潮湿水平下，如若不用干草则会导致严重的变质和霉变。这些化学防腐剂包括丙酸、乳酸菌和其他生物制品。它们在有机干草生产中的使用是可以接受的，但得由当地的认证机构认可。

秸秆是指植物去除成熟种子后的茎和叶，主要包括大多数谷类作物和一些豆类作物。谷壳由种子的外壳或胶质组成，在脱粒过程中通常会与谷物分离。现代联合收割机在收割谷物和豆类作物时，会将秸秆和谷壳放在一起，但传统脱粒方法（例如手动脱粒）会产生秸秆和谷壳这两种副产品。所有的麦秆和它们的副产品都富含纤维。大多数秸秆的木质素含量会很高，但营养价值都较低。在水稻种植地区，稻草被用来作为反刍动物的粗饲料。其营养价值与大麦秸秆相似。与其他秸秆类粗饲料相比，水稻秸秆的茎比叶更容易被消化。甘蔗渣是另外一种营养特性类似于稻草秸秆的粗饲料，在热带国家用于反刍动物的饲料。在有机农场可能提供的秸秆中，燕麦秸秆是牛饲料的首选。谷物秸秆除了消化率低外，另一个主要缺点是反刍动物对秸秆类饲料的摄入量低。通常，一头奶牛一天中会摄入多达 10 kg 质量的干草，而它可能只消耗大约 5 kg 的秸秆类粗饲料。可以在秸秆类饲料中添加适量蛋白质，以提高秸秆的消化率和摄入量。

谷物干草可以作为肉牛、羊、奶牛等反刍家畜日粮的组成部分，其价值与优质牧草干草相等。

如果适当补充能量来源，例如矿物质和维生素，新鲜的谷物秸秆是牛羊越冬饲料的优质饲料来源。所有的谷物秸秆都可以用来饲喂反刍家畜，其中燕麦和大麦秸秆是首选，因为它们适口性好以及营养价值高。秸秆可以单独作为肉牛的粗饲料来源，但需要与其他饲料原料搭配使用。但是秸秆的使用应限制在 4～5 kg/d，这样才可以维持奶牛的产奶量。

青贮饲料

青贮是指利用乳酸菌进行厌氧发酵产生有机酸，包括乳酸、乙酸、丙酸等的过程。这种方式生产出来的产品被称为青贮饲料。几乎任何作物都可以调制成青贮饲料来实现长时间保存，但最常见的是牧草、豆类和全谷类作物，尤其是玉米。青贮过程中会产生不同种类和含量的挥发性脂肪酸，这对后续储存以及饲喂时的适口性有直接影响。

乳酸具有防腐作用，在青贮饲料中至少占总酸的 65%～70%。此外，乳酸发酵意味着储存期间作物的干物质和能量损失最低。乙酸型青贮通常被认为是不太理想的，因为这种 VFA 的形成会伴随着更高的干物质和能量损失。与乙酸一样，青贮过程中也应避免过高水平的丁酸产生，因为这会导致干物质损失增加和饲料营养价值降低。

北美的乳制品行业使用 VFA 评分标准来评估青贮饲料（纽约 Ithaca 的 Dairy One 饲料实验室）。根据乳酸、乙酸和丁酸的相对含量进行评分，8～10 分为好，6～8 分为满意，低于 3 分为差。

制作干草或青贮饲料有两个主要目标。第一个目标是在春季牧场快速生长后，及时收割多余的牧草，随后进行放牧，从而不会浪费多余的牧草。第二个目标是储存牧草，以便在无法放牧或无法获得饲料时为反刍家畜提供营养。将牧草青贮是调制干草的替代办法。由于气候条件的影响，通常很难调制出令人满意的干草。为了生产干草，必须将水分含量降低到 16% 以下，以避免在储存过程中产生霉变。

为了发酵稳定，青贮时牧草原料应储存在筒仓或其他容器中，密封以保持厌氧条件。良好的青贮饲料生产的三个重要的要求是：(i) 快速去除空气；(ii) 快速生产乳酸，使 pH 值快速下降；(iii) 在储存和使用期间不断从储存青贮饲料的筒仓或者容器中排除空气。在实际生产过程中，在收获期间将作物切碎，快速填充至筒仓，并通过足够的压实和密封来实现。切碎后，植物呼吸仍会持续几个小时，蛋白酶等植物酶将活跃起来，直到筒仓内所有的空气都耗尽。这些酶会分解青贮牧草中的蛋白质。快速去除空气对此很重要，因为它可以防止有害的需氧细菌、酵母以及霉菌的生长，这些细菌与有益的细菌存在竞争关系，来消耗牧草。如果空气没被快速排尽，制作青贮的筒仓会存在高温或者长时间加热。

筒仓内部达到厌氧条件是发酵开始的前提。需氧真菌和细菌是新鲜牧草上的主要微生物，但随着厌氧条件的产生，它们被其中生长的细菌所取代。青贮过程中，随着乳酸菌不断增加，作物中的水溶性碳水化合物发酵成有机酸（主要是乳酸），从而降低 pH 值。田间植物饲料的 pH 值可能在 5～6。产酸后，该值会降至 3.6～4.5。青贮饲料 pH 值的快速降低会使植物蛋白酶失活，从而限制青贮时饲料中蛋白质的分解。此外，pH 值的快速下降抑制了如肠杆菌和梭状芽孢杆菌这类有害厌氧微生物的生长。最终，乳酸的持续产生和 pH 值的降低会抑制所有细菌的生长。

一般来说，一旦消除空气并且青贮饲料达到低 pH 值，营养成分或温度将不会发生变化，良好的青贮饲料能保持稳定。

很多因素可以影响青贮饲料的发酵过程。例如，对于缓冲能力高的作物，达到临界 pH 值会比较难。豆科植物比禾本科植物具有更高的缓冲性，更难青贮。苜蓿的缓冲能力高于玉米。因此，与玉米青贮相比，苜蓿青贮需要更高水平的酸来生产，进而降低 pH 值，这导致苜蓿青贮更加困难。

饲料中的干物质含量对青贮也有重要的影响。水分含量低（即干物质含量高）的青贮原料不容易压实，因此很难将所有的空气从青贮饲料中排出。同时，随着干物质含量的增加，乳酸菌的生长繁殖速度降低，发酵的速率和程度降低。另外，在青贮前，对饲草进行 30%～35% 干物质以上干燥处理，可以减少梭状芽孢杆菌等有害的产生。利用水分较高的作物制作青贮饲料非常困难。

为了让青贮饲料制作更便捷，各种青贮饲料添加剂（如活的菌体如乳酸菌、酶和丙酸），已被广泛用于改善青贮饲料的营养和能量利用效率，从而提高饲喂动物的生产性能（Bolsen 等，1995；Kung 和 Muck，1997）。其中糖蜜（甜菜和甘蔗加工过程中产生的副产品）是最早使用的青贮添加剂之一。值得注意的是，生产商需要与当地的认证机构进行核实，以确定这些添加剂是否可用于有机产品的生产。

青贮饲料的营养价值取决于原料品种和生长阶段，以及在收获期和青贮期所发生的变化。因此，青贮饲料的营养价值是变化的。了解干物质、可消化有机物和氨态氮含量对于科学使用青贮饲料很重要，因为这些指标已被证明是青贮饲料的主要决定因素。因此，建议在合作实验室、政府实验室或商业实验室进行定期取样。

大多数青贮饲料中氮的可降解性高，表明在大量饲喂青贮饲料时，同时提供现成的碳水化合物，可使瘤胃微生物能够应对青贮摄入后氨快速产生过程中对碳的需要（Mcconald 等，1995）。这将最大限度地促进微生物蛋白质的合成，并最大限度地减少氮和能量的损失。因此，以青贮饲料为基础的日粮必须补充能量饲料，以最大限度地利用日粮中的氮。通过在青贮饲料中添加豆粕也获得了类似的益处，原因可能是瘤胃微生物能够利用氨态氮，否则这些微生物将依赖氨作为其主要氮源。

其他批准的饲料原料

在奶牛和肉牛生长的某些阶段，除了需要牧草外，日粮中通常还需要其他饲料原料。尤其是对于幼龄的反刍动物和高产的奶牛。本节概述了有机生产者可以使用作为奶牛和肉牛日粮的饲料。

新西兰是少数在有机法规中包含已批准的饲料成分清单的国家之一（表4.6）。这是新西兰饲料法规中非常显著的特点。该法规规定，饲料必须符合ACVM（2001年农业化合物和兽医药品）法案和法规，以及HSNO（1996年有害物质和新生物体）法案，否则将被禁止，从而为消费者提供额外的保证。该清单似乎基于欧盟，可能是为了出口要求。欧盟也有类似的清单（表4.6），但其中一个详细说明了有机饲料中可限量使用的非有机饲料。从欧盟的清单中可以推断出，已命名成分的有机来源是可以被接受的。

大多数国家遵循欧盟体系的要求，因此，都没有公布被批准的清单，说明使用的所有饲料必须符合有机指南。美国就是一个例子，美国规定所有饲料、饲料添加剂和饲料补充剂必须符合FDA（食品药物监督管理局）的规定。

根据表4.6（来自北半球和南半球），表中所提到的原料可以作为可用饲料来源，用于生产有机反刍家畜产品。表中并非所有的饲料都适合纳入牛的日粮，因为表中包括了一些适合家禽和猪的饲料。此外，一些原料通常产量不够高。

有机法规中已批准的饲料原料清单存在的问题之一是如何添加新成分。例如，小扁豆，它可以有机种植（主要用于人类市场），在一些国家可以用于动物的饲喂。因此，以下各部分包含的饲料成分不包括在表4.6中，但符合有机日粮中纳入的标准。其他产品（如马铃薯蛋白）的现状可能会受到质疑，因为它们是工业产品，在传统意义上是有机副产品。幸运的是，它们富含氨基酸，已被列入有机饲料原料的批准清单。因此，将其指定为有机可能基于权宜之计，而不是有机原则。

经批准的清单也可以进行说明。例如碳酸钙，一种经批准的有机钙源。粉碎后的石灰石是一种天然的碳酸钙来源，主要是从开采的钙质岩石中提取，是否被批准为"碳酸钙"？它是传统肉牛日粮中公认的成分，人们认为它在有机日粮中是可以接受的。在这种情况下，生产者应向认证机构核实这种解释是否正确。

这个例子增加了一些建议的分量，即如果已批准的饲料清单可以更具体，这将会很有帮助。

上述被认为最有可能用于有机牛日粮的饲料的营养特征列于本章末尾的表4.18中。在表4.14、表4.16和表4.18中，由于有些饲料在国际上具有不同的名称，因此每种饲料均列出了其国际饲料编号（IFN）。Lorin Harris教授，犹他州立大学国际饲料研究所所长，他设计了一个国际饲料词汇，来避免饲料命名的混乱。该系统现已被普遍使用。在这个系统中，饲料名称是通过六个部分组成：(i)起源，包括学名（属、种、品种）、通用名称（属、种、品种）和化学式；(ii)动物采食部分；(iii)加工和处理方法；(iv)成熟阶段（适用于牧草和动物）；(v)刈割茬次（主要适用于牧草）；(vi)等级（官方等级和保证）。此外，饲料分为八类：(i)干饲料和粗饲料；(ii)青绿牧草、饲用作物或青绿

第 4 章 有机日粮原料

饲料；(iii) 青贮饲料；(iv) 能量饲料；(v) 蛋白质饲料；(vi) 矿物质饲料；(vii) 维生素饲料；(viii) 饲料添加剂。每一类都代表了一组特殊功能的饲料产品。每个饲料都分配了一个六位数的国际饲料编号（IFN）。这个数字的第一个数字表示饲料的类别，其余的数字被连续分配，但并不重复。参考编号在计算机程序中，用于识别饲料、计算饲料、数据汇总、打印饲料成分表和检索特定饲料的在线数据。

由于缺乏关于有机种植饲料的数据，这些数据主要是指常规种植的饲料原料。由此推断，有机饲料与常规饲料在组成和营养价值上是相似的。未来，将建立一个有机饲料的数据库来指导有机农产品的生产。

表 4.6 新西兰已批准的有机饲料和欧盟已批准的非有机饲料（食草动物）的比较

	新西兰批准的有机饲料清单（仅在各类别中命名的清单）MAF 标准 OP3,7.1 版附录 2（2011）	欧盟批准的非有机饲料清单（达到规定的上限）EC No.1804/1999 和修订本
1. 植物源性饲料原料	1.1 谷物、谷粒及其产品和副产品 燕麦籽粒、燕麦片、次粉、壳和麸皮；大麦籽粒、蛋白质和次粉；水稻胚芽粕；小米籽粒；黑麦籽粒和次粉；高粱籽粒；小麦籽粒、次粉、麸皮、麸质饲料、麸质和胚芽；斯佩尔特小麦籽粒；小黑麦籽粒；玉米籽粒、次粉、麸皮、胚芽粕和面筋；麦芽秆；啤酒糟。（大米粒、碎米、米糠、黑麦饲料、黑麦麸、黑麦麸和木薯粉 2004 年被去除。）	1.1 谷物、谷物籽粒及其产品和副产品 燕麦如燕麦籽粒、燕麦片、幼粒、外壳和麸皮；大麦如大麦籽粒、蛋白质和幼粒；水稻胚芽粕；小米籽粒、黑麦籽粒和高粱；小麦籽粒、次粉、麸皮、麸质饲料、麸质次粉和胚芽；斯佩尔特小麦籽粒；小黑麦籽粒；玉米籽粒、次粉、麸皮、胚芽粕和面筋；麦芽秆；啤酒糟
	1.2 油籽、油果及其产品和副产品 油菜籽、去皮油菜籽和油菜粕；大豆，如豆粕、大豆残渣、去皮大豆粕和大豆皮；葵花籽、去皮葵花籽；棉花，如棉籽粕和去皮棉籽粕；亚麻籽、芝麻粕、棕榈仁粕、南瓜子、橄榄、橄榄果、植物油（物理提取）（萝卜油菜籽在 2004 年被去除）	1.2 油籽、油果及其产品和副产品 油菜籽、去皮油菜籽和油菜粕；大豆，如豆粕、大豆残渣、去皮大豆粕、大豆皮、葵花籽、棉籽粕、亚麻籽、棕榈籽、南瓜子、橄榄浆、植物油（物理提取）
	1.3 豆科植物的籽实及其产品和副产品 鹰嘴豆籽实、次粉和麸皮；野豌豆籽实、次粉和麸皮；野豌豆种子经热处理、次粉和麸皮；豌豆籽实、次粉和麸皮；蚕豆籽实、次粉和麸皮；紫云英籽实、次粉和麸皮；羽扇豆籽实、次粉和麸皮	1.3 豆科植物的籽实及其产品和副产品 鹰嘴豆籽实、次粉和麸皮；野豌豆籽实、次粉和麸皮；野豌豆籽实经热处理、次粉和麸皮；豌豆作为籽实、次粉和麸皮；蚕豆作为籽实、次粉和麸皮；紫云英籽实、次粉和麸皮；羽扇豆籽实、次粉和麸皮
	1.4 块茎块根产品和副产品 甜菜果肉、马铃薯块根、甘薯块根、马铃薯浆（马铃薯淀粉提取副产品）、马铃薯淀粉、马铃薯蛋白和木薯	1.4 块茎块根产品和副产品 甜菜果肉、马铃薯、甘薯、木薯、马铃薯果肉（马铃薯淀粉提取的副产品）、马铃薯淀粉、马铃薯蛋白
	1.5 其他谷物和水果等产品及其副产品 豆角、豆角荚及其粕、南瓜、柑橘果肉、苹果、槚桲、梨、桃子、无花果、葡萄果渣；栗子、核桃、榛子壳；可可壳和皮；橡胶籽	1.5 其他种子和水果等产品及其副产品 豆角、豆角荚及其粕、南瓜、柑橘果肉、苹果、槚桲、梨、桃子、无花果、葡萄果渣；栗子、核桃、榛子壳；可可壳和皮；橡胶籽

续表

	新西兰批准的有机饲料清单（仅在各类别中命名的清单）MAF 标准 OP3,7.1 版附录 2（2011）	欧盟批准的非有机饲料清单（达到规定的上限）EC No.1804/1999 和修订本
	1.6 牧草和粗饲料 苜蓿、苜蓿粉、三叶草、三叶草粉、牧草（从饲料植物中获得）、草粉、干草、青贮饲料、谷物秸秆和可饲喂的块茎蔬菜	1.6 牧草和粗饲料 苜蓿（苜蓿）、苜蓿粉、三叶草、三叶草粉、牧草（从饲料植物中获得）、草粉、干草、青贮饲料、谷物秸秆和可饲用的块茎蔬菜
	1.7 其他植物产品及其副产品 糖蜜、海藻粉（通过干燥和压碎海藻并洗涤以降低碘含量）、植物粉末和提取物、植物蛋白质提取物（仅供幼龄动物使用）、香料和草药	1.7 其他植物产品及其副产品 糖蜜、海藻粉（通过干燥和压碎海藻获得，并通过洗涤以减少碘含量）、植物粉末和提取物、植物蛋白质提取物（仅供幼小动物使用）、香料和草药
2. 动物源性饲料原料	2.1 牛奶和奶制品 生乳、乳粉、脱脂乳、脱脂乳粉、酪乳、酪乳粉、乳清、乳清粉、低糖乳清粉、乳清蛋白粉（通过物理处理提取）、酪蛋白粉、乳糖粉、凝乳和酸奶	2.1 牛奶和奶制品 生乳、乳粉、脱脂乳、脱脂乳粉、酪乳、酪乳粉、乳清、乳清粉、低糖乳清粉、乳清蛋白粉（通过物理处理提取）、酪蛋白粉、乳糖粉、凝乳和酸奶
3. 矿物源性饲料原料	钠产品：未精制海盐、粗岩盐、硫酸钠、碳酸钠、碳酸氢钠、氯化钠 钙产品：钙化的红藻和其他藻类、水生动物壳（包括乌贼骨）、碳酸钙、乳酸钙、葡萄糖酸钙 磷产品：脱氟磷酸二钙、脱氟磷酸钙、磷酸钠、磷酸钙镁、磷酸钙钠 镁产品：硫酸镁、氯化镁、碳酸镁、氧化镁（无水镁）、磷酸镁 钾产品：氯化钾 硫产品：硫酸钠	钠产品：未精制海盐、粗岩盐、硫酸钠、碳酸钠、碳酸氢钠、氯化钠 钙产品：钙化的红藻和其他藻类、水生动物壳（包括乌贼骨）、碳酸钙、乳酸钙、葡萄糖酸钙 磷产品：脱氟磷酸二钙、脱氟磷酸钙 镁产品：氧化镁（无水镁）、硫酸镁、氯化镁、碳酸镁、磷酸镁 钾产品：氯化钾 硫产品：硫酸钠
饲料添加剂	微量元素	所列的添加剂必须根据法规（EC）获得批准。欧洲议会和动物营养用添加剂理事会第 1831/2003 号决议
	E1. 铁产品：碳酸亚铁、硫酸盐/水合物和/或七水合物、氧化铁 E2. 碘产品：无水碘酸钙、六水碘酸钙、碘化钠 E3. 钴产品：一水硫酸钴和/或七水合硫酸钴，一水合碱性碳酸钴 E4. 铜产品：氧化铜、一水合碱性碳酸铜、五水硫酸铜 E5. 锰产品：碳酸锰、氧化锰、三氧化二锰、一水或四水合硫酸锰 E6. 锌产品：碳酸锌、氧化锌、七水或一水合硫酸锌 E7. 钼类产品：钼酸铵、钼酸钠 E8. 硒产品：硒酸钠、亚硒酸钠	微量元素 E1. 铁产品：碳酸亚铁、一水或七水合硫酸亚铁、氧化铁 E2. 碘产品：无水碘酸钙、六水碘酸钙、碘化钠 E3. 钴产品：一水/或七水合硫酸钴，一水合碱性碳酸钴 E4. 铜产品：氧化铜、一水合碱性碳酸铜、五水硫酸铜 E5. 锰产品：碳酸锰、氧化锰、三氧化二锰、一水或四水合硫酸锰 E6. 锌产品：碳酸锌、氧化锌、七水或一水合硫酸锌 E7. 钼类产品：钼酸铵、钼酸钠 E8. 硒产品：硒酸钠、亚硒酸钠

续表

	新西兰批准的有机饲料清单（仅在各类别中命名的清单）MAF 标准 OP3,7.1 版附录 2（2011）	欧盟批准的非有机饲料清单（达到规定的上限）EC No.1804/1999 和修订本
维生素、维生素原和化学成分明确的具有类似结构的物质以及其他合法可用的项目	根据新西兰立法批准使用的维生素： • 来自饲料中天然产生的微生物原料； • 与天然维生素结构相同的合成维生素，只适用于单胃动物 TPA 批准反刍动物在以下情况下可以使用合成维生素 A、维生素 D 和维生素 E：满足以下条件： • 合成维生素与天然维生素结构相同； • 由 TPA 授权，建立在精确的标准之上的。 生产者只有在向 MAF 证明，如果不使用这些合成维生素，就不能保证动物的健康和福利时，才可以从这项授权中受益。当有机饲料或有机肉制品要出口到美国时，所使用的维生素和微量矿物质还必须得到 FDA 的批准	从天然存在的原料中提取的维生素 合成维生素 A、维生素 D 和维生素 E 根据对有机反刍动物的可能性进行评估，合成维生素 A、维生素 D 和维生素 E 与天然维生素相同
酶微生物防腐剂	新西兰立法批准使用的酶 新西兰立法批准使用的微生物 E236 甲酸青贮 E260 乙酸 E270 乳酸 E280 丙酸用于青贮 E200 山梨酸 E330 柠檬酸	70/524/EEC 授权的酶 70/524/EEC 授权的微生物 E200 山梨酸 E236 甲酸仅用于青贮 E260 乙酸仅用于青贮 E270 乳酸仅用于青贮 E280 丙酸仅用于青贮 E330 柠檬酸
黏合剂、抗结剂和混凝剂	E551b 胶体硅 E 551C 硅藻土 E558 膨润土 E559 高岭石黏土 E561 蛭石 E562 海泡石 E599 珍珠岩 E470 天然来源的硬脂酸钙 E560 硬脂岩和绿泥酸盐的天然混合物	E470 天然硬脂酸钙 E551b 胶体二氧化硅 E551c 硅藻土 E558 膨润土 E559 黏土 E560 硬脂石和绿泥石的天然混合物 E561 蛭石 E562 海泡石 E599 珍珠岩
抗氧化剂	E306 富含生育酚的天然提取物	E306 富含生育酚的天然提取物
用于动物营养的特定物质	酿酒酵母菌	酵母 酿酒酵母 卡尔斯卑尔根酵母菌
青贮添加剂的某些产品	酶、酵母和细菌可作为青贮添加剂	海盐、粗岩盐、酶、酵母、乳清、糖、甜菜浆、谷物粉、糖蜜

谷类、谷粒及其产品和副产品（新西兰和欧盟第 1.1 类）

谷物是主要的能量物质。它们的干物质中主要是淀粉，集中在胚乳中。在谷物中，燕麦的能值最低，玉米的能值最高。有机生产者最感兴趣的是可以在农场种植的谷物。

与玉米不同，似乎没有种植小麦、高粱、大麦或燕麦的转基因品种。例如，在美国，正在种植大量具有抗昆虫和除草剂能力的转基因玉米品种。这种生物工程品种显然不适合用于生产有机牛肉（奶）产品。

谷物的营养成分差异可能会很大，这取决于作物品种、施肥管理、生长、收获和储存条件等因素。由于有机谷物生产中的施肥类型不同，因而有机谷物的营养成分可能高于传统谷物，但目前证明数据不足。谷物的副产品中的营养成分差异往往比谷物更大。

谷物中蛋白质的总含量变化很大，常以粗蛋白（CP）表示，通常占 80～120 g/kg 干物质，但一些小麦品种粗蛋白含量占 220 g/kg 干物质。谷物的脂肪含量也随种类而存在差异。小麦、大麦、黑麦和水稻粗脂肪含量为 10～30 g/kg 干物质，高粱粗脂肪含量为 30～40 g/kg 干物质，玉米和燕麦粗脂肪含量为 40～60 g/kg 干物质。谷类油脂主要是不饱和脂肪酸，主要是由亚油酸和油酸组成，因此它们很容易氧化。收获的谷物粗纤维含量在含有外壳的燕麦或大米中最高。这些谷物都缺乏钙，钙含量低于 1 g/kg。谷物中的磷含量较高，为 3～5 g/kg 干物质，但主要以植酸磷的形式存在。谷物植酸盐的特性是能够结合日粮中钙和镁等矿物质，干扰它们在肠道中的吸收。燕麦中植酸盐比大麦、黑麦或小麦的效果更强。谷物缺乏维生素 D，除黄玉米外，还缺乏维生素 A（胡萝卜素）。谷物是维生素 E 的良好来源。

通常可以用热加工处理来提高谷物的营养价值。众所周知，谷物蒸汽压片会增加瘤胃发酵过程中的挥发性脂肪酸中丙酸的比例。粉碎玉米中约 75% 的淀粉在瘤胃会被微生物降解，但通过蒸汽压片后这一比例将增加到 95% 左右。高粱的变化更大（粉碎时为 42%，而蒸汽处理为 91%）。然而，粉碎后的大麦淀粉与粉碎后的小麦淀粉在瘤胃中消化一样良好。

尽管谷物是精饲料的主要成分，但在成年牛日粮中所占比例较低。犊牛在生长的某些阶段主要依赖谷物作为能量来源，日粮中谷物和谷物副产品占比甚至可达 90%。

燕麦（野燕麦）

燕麦主要生长在较冷或较潮湿的地区。在 1910 年以前的加拿大，为了喂马，种植燕麦的面积超过了种植小麦的面积。今天，世界主要的燕麦生产商来自俄罗斯、欧盟、加拿大、美国和澳大利亚。

传统上，燕麦被广泛地用作牛的谷物饲料原料，但如今已不再是传统牛饲养系统中使用的主要谷物饲料来源。目前，大麦和玉米等高能谷物更常用于奶牛和肉牛的补充饲料。使用燕麦的一个优点在于它们在饲喂前几乎不需要任何加工处理。

营养特征

燕麦的能量较低，远低于其他常见的谷物饲料种类，因为燕麦在收割后的外壳仍留在谷物上。按质量计，外壳含量占 24%～30%。因此，环境和基因型因素以及收获条件和谷壳比的影响，导致燕麦的营养成分变化较大。燕麦籽粒的净能低于小麦、大麦或玉米。与低壳燕麦相比，高壳燕麦粗纤维含量较高，净能量值较低。燕麦的能量含量会根据蒲式耳试验重量而直接变化，而蒲式耳试验重量又取决于种子的大小（整个种子减去外壳）和籽粒的丰满度。

燕麦粗蛋白的含量为 110～140 g/kg（干物质基础）。然而，一些生物量高的燕麦品种 CP ≤ 100 g/kg。燕麦的中性洗涤纤维（NDF）含量可能超过 300 g/kg（干物质基础），酸性洗涤纤维（ADF）含量为 100～150 g/kg（干物质基础）。

燕麦籽粒的钾含量往往低于大多数谷物籽粒。钙含量基本上可以忽略不计。磷含量约为 4 g/kg。施用氮肥可增加 CP 含量，其范围为 70～150 g/kg 干物质。燕麦的脂肪含量高于大多数其他谷物，主要存在于胚乳中，约占 60%，并且富含不饱和脂肪酸。

牛的日粮

以燕麦为基础日粮的饲养管理方案已广泛用于幼年肉牛和泌乳动物。Schingoethe 等（1982）报告称，荷斯坦犊牛每天喂食 3.6 kg 全脂牛奶并补充含有燕麦或玉米的颗粒饲料，两者体重虽增加却无显著差异。当给 5～12 周的犊牛喂食颗粒饲料时，体重变化也无显著差异。燕麦籽粒是否需要进行加工后再饲喂给牛这个问题仍存在争议，有待商榷。澳大利亚学者 Toland（1976）的一项研究发现，未加工的燕麦用于饲喂反刍动物，仅有 5% 的干物质总摄入量在粪便中被排出，而干碾对有机物消化率只有很小的改善作用。Cuddeford（1995）引用了澳大利亚的另外一项研究报告称，反刍占整个轻燕麦和重燕麦总分解的 66% 和 44%，而整个软小麦和硬小麦的反刍分解分别为 27% 和 17%。这一结果可以解释为什么未加工的燕麦消化率高于其他未加工的作物籽实。与此相反，另一项澳大利亚的研究发现，当给奶牛每天分别补饲 3.5 kg 或 7.0 kg 干物质的整粒燕麦（作为放牧牧草的补充饲料）时，所食燕麦的 24% 会被奶牛整粒排出（Valentine 和 Bartsch，1989）。该研究报告称，当燕麦谷物被整粒喂食或磨碎时，放牧家畜生产性能无显著性差异。

Moran（1986）在泌乳期开展了一项生产试验，比较了日粮中添加整粒燕麦和燕麦片，观察到干物质采食量或产奶量没有显著差异。在同一项研究中，比较了 3 种谷物来源（小麦、大麦和燕麦）饲喂弗里斯兰杂交奶牛（产后 69 d，活重 500 kg）对生产性能的影响，3 种谷物为基础的日粮，主要由 60% 的磨碎谷物、17% 的燕麦青贮、17% 的苜蓿干草和 6% 的蛋白质/矿物质补充剂组成，饲养试验共进行 3 周，最后连续 7 d 测定牛奶产量（表 4.7）。大麦组、小麦组或燕麦组的奶牛产奶量没有差异，燕麦组的奶牛的乳脂产量明显更高，因此，经脂肪校正后的产奶量也明显升高。燕麦组奶牛所产的牛奶中乳蛋白浓度显著较低。Moran（1986）得出结论，当向奶牛（生产 25 kg/d 的脂肪校正牛奶）提供总干物质含量为 60% 的磨碎燕麦时，它的饲喂效果优于小麦和大麦谷物。在 60% 的谷物水平下，燕麦日粮可能比其他谷物提供更多的可发酵 NDF 给反刍家畜。这可能的原因是在燕麦饲养的奶牛中，即使干物质的摄入量没有差异，产奶量也最高。

Tommervik 和 Waldern（1969）报告称，分别饲喂小麦、大麦、燕麦、高粱或玉米的不同谷物来源的日粮，当总干物质为 47% 时，脂肪校正乳的产量相似，乳脂和乳蛋白产量无显著差异。

Fisher 和 Logan（1969）的一项研究比较了以玉米或燕麦谷物为基础的补充饲料饲喂奶牛的差异，结果发现以玉米谷物为基础的补充饲料产奶量更多，而代谢蛋白浓度更高。然而，在本试验中，奶牛摄入的玉米补充剂明显多于燕麦补充剂。

燕麦也已成功作为肉牛的补充饲料被广泛应用。

幼畜日粮中燕麦通常不需要碾磨，除非同燕麦一起饲喂的谷物也被碾磨。碾磨这一工艺能够确保犊牛采食更完全，不存在挑食现象。

研究表明，与饲喂全籽粒燕麦相比，将碾好的或磨碎的燕麦饲喂给肉牛（1岁）可以提高饲料转化效率5%。在一些研究中，饲喂全籽粒燕麦的牛每天能够采食更多的日粮，但与喂食燕麦片或磨碎燕麦的牛相比，其日增重无显著差异。

燕麦饲料（整株作物）是反刍动物的良好饲料原料。它可以被广泛种植，也是最常用作饲料的谷物作物。燕麦可以在株高为15～20 cm高时进行放牧。应在茎叶比例高之前进行放牧，以去除杂草。燕麦通常在夏末种植，秋季用于放牧。中晚熟品种产量最高。

燕麦应该在茎叶还保持绿色的时候进行收割，这可以调制成较好的干草。燕麦在蜡熟初期进行收割时，蛋白质含量较高。

表4.7 谷物来源对荷斯坦杂交奶牛产量[kg/（头·day）]的影响（Moran，1986）

指标	日粮			SEM
	大麦	小麦	燕麦	
干物质摄入量（kg/d）	16.89	18.10	17.69	1.06
产奶量（kg/d）	22.9	24.0	25.1	0.7
FCM（kg/d）	24.6b	24.9b	27.6a	0.7
乳脂产量（kg/d）	1.03b	1.01b	1.18a	0.04
乳蛋白产量（kg/d）	0.80b	0.89a	0.78b	0.03
乳脂率（%）	4.54	4.19	4.72	0.19
乳蛋白率（%）	3.52a	3.84a	3.12b	0.11

大麦

大麦也是一种用途广泛的谷物饲料原料，广泛应用于家畜生产。它适合生长在温带至亚寒带气候，在各个地区都有为优化大麦生产而开发的优良品种。在世界许多不适合玉米生产的地区，尤其是在气候恶劣的地区，大麦是一种重要的饲料原料。大麦是北欧、加拿大和北美的主要谷物饲料原料。它也是牛补充饲料中使用最广泛的谷物。大麦也被广泛应用于所有奶畜的日粮中，包括牛犊和生长中的动物以及哺乳期和非哺乳期奶牛。大麦也被处于温带和温暖的半干旱地区的国家进口，并用作泌乳期奶牛的蛋白质和能量来源。

营养特征

在大多数大麦品种中，谷粒被外壳包围，外壳占谷粒重量的10%～14%。大麦的淀粉含量约为64.6%，而玉米为71.9%，小麦为63.8%，燕麦为44.7%。大麦作为反刍动物的饲料原料，代谢能约为13.3 MJ/kg干物质。大麦籽粒的粗蛋白含量范围为60～160 g/kg干物质，平均值约为120 g/kg干物质。大麦籽粒的脂肪含量低，普遍低于25 g/kg干物质。

Waldo（1973）报告称，大麦淀粉瘤胃降解率约为94%，而玉米淀粉为74%。

反刍动物摄入高精料饲料可能会产生某些危害，如瘤胃酸中毒（淀粉快速发酵为乳酸，导致纤维消化和饲料摄入降低）和胀气。因此，在饲养管理中需要逐步引入这些饲料。还建议添加维生素 A 和维生素 D 及矿物质的浓缩蛋白饲料来补充这类高谷类饲料，对大麦可进行粗磨，因为粗磨的饲养效果优于细磨。

根据 Christen 等（1996），预湿轧制大麦是在奶牛生产中的首选方法。浸泡是加水使大麦的含水量达到 180～200 g/kg。除非使用润湿剂，否则大麦在碾压前应浸泡 24 h。干轧或研磨产生的大量小颗粒或"细颗粒"为淀粉降解提供了更大的表面积，导致淀粉降解率增加。与干轧相比，用浸泡大麦生产的小颗粒，会导致发酵速度降低。快速发酵会降低瘤胃中的 pH 值，进而引起酸中毒。与干轧大麦相比，大麦经过浸泡处理，饲喂奶牛能够提高 5% 的产奶量，饲料效率提高 10%，日粮中干物质表观消化率提高 6%，NDF 消化率提高 15%，ADF 消化率提高 12%，CP 消化率提高 10%，淀粉消化率提高 4%（Christen 等，1996）。当饲喂整粒大麦时，也建议进行浸泡，因为浸泡整粒大麦的消化率高于未经浸泡的干大麦。提高消化率是因为在含有大量精饲料的混合饲料中，快速的肠道通过率减少了整粒谷物的降解时间。

牛的日粮

有研究报道，当大麦和玉米两种谷物都被蒸汽压片时（Beauchemin 和 Rode，1997；Beauchemin 等，1997），不会影响泌乳期奶牛的产奶量。在完全混合的饲料中（DePeters 和 Taylor，1985），当大麦被干轧，玉米被磨碎时（Grings 等，1992），或者当两种谷物都被磨碎时（Park，1988；Rode 和 Satter，1988），泌乳奶牛日粮中干轧大麦代替玉米对产奶量没有显著影响。含有干轧高粱或干轧大麦的日粮产生的产奶量相似，与大麦日粮一样有提高饲料效率的趋势（Santos et al.，1997）。磨碎的大麦和无壳燕麦日粮的产奶量和乳蛋白产量相似（Fearon 等，1996）。

其他研究报告表明，用大麦代替玉米饲喂奶牛后，降低了牛奶产量和干物质采食量（Casper 和 Schingoethe，1989；McCarthy 等，1989）。可能是由于大麦淀粉在瘤胃中的发酵增加改变瘤胃 pH 值，并可能降低瘤胃细菌纤维素分解活性。

当饲料供应不足时，有机农产品生产者可能会使用谷物作为补充饲料。Fredrickson 等（1993）评价了不同谷物（大麦、玉米、小麦、高粱）对肉牛牧草采食量和消化特征的影响。根据其营养特征，将不同的谷物补充剂配制成日粮时，其干草摄入量和消化率没有差异。

肉牛对全大麦颗粒的利用效率较低（Mathison 等，1991），建议进行一定程度的加工。研究饲喂含有 33% 或 67% 的大麦谷物（喂食全粒或粉碎），发现与大麦加工方法没有相互作用。无论大麦饲养量如何，全大麦的饲料转化率均降低。他们还注意到，喂食含有整粒大麦的日粮，牛容易发生腹胀的现象。这些结果已在其他研究中得到证实，当使用加工大麦代替整粒大麦时，动物的生产性能得到了提高。此外，Beauchemin 等（1994）发现，与玉米相比，全麦籽粒在咀嚼过程中未受损。这就强调了如果大麦要有效地用于肉牛日粮，就需要进行机械加工。

与奶牛一样，通常情况下，加热和干轧会显著提高大麦的消化率。Combs 和 Hinman（1985）指出，与干轧相比，浸泡轧制在粮食加工过程中节省了 11.3% 的能源。

由于大麦具有快速发酵的特性，谷物应该简单粉碎，而不是精细研磨。细磨大麦易导致瘤胃酸中毒等问题。此外，细磨大麦日粮中的灰尘性质可能会影响采食量，遇到这种情况需要在日粮中添加糖蜜、脂肪、液体补充剂或其他成分以提高其适口性。大麦干法加工系统的目标是将籽粒分解成大块，并尽量减少细粒的数量。

这些建议也适用于幼龄家畜。Staigmiller 和 Adams（1989）对全大麦、大麦片和燕麦片对早期断奶的犊牛的影响进行了比较。他们注意到，饲喂全大麦或大麦片的犊牛平均日增重无显著差异，但大麦片能够提高犊牛饲料转化效率。Economides 等（1990）在饲喂高谷物日粮的犊牛中也发现类似的结果。饲喂大麦颗粒日粮的犊牛生长速度与饲喂全大麦的犊牛相似。但颗粒日粮的饲料效率优于全大麦日粮。

一些研究指出，大麦可以作为肉牛青贮饲料的补充饲料（Veira 等，1990；Flipot 等，1992；Steen，1993；Berthiaume 等，1996）。在青贮饲料日粮中添加大麦可以提高家畜体重和饲料转化效率。

已证实，添加一定量的大麦可以提高种畜的繁殖率。Cochran 等（1986）对蒙大拿州东南部放牧的干奶期奶牛补饲大麦－饼粕饲料 0.9 kg/（头·d）：700 g/kg 大麦和 300 g/kg 棉籽粉）。在试验期间，喂食大麦－棉籽饼的奶牛体重增加了 14 kg。每天喂食 1.25 kg 紫花苜蓿的奶牛体重也增加，而对照组的奶牛平均减重 10.9 kg。

大麦副产品

大麦加工过程中会产生多种副产品，这些副产品也可以用于牛的日粮中。从酿酒过程中获得的副产品包括麦芽花（芽）、啤酒糟、废啤酒花和啤酒酵母等。

麦芽秆富含 CP（约 280 g/kg 干物质），也是蒸馏工业的副产品。麦芽秆有苦味，这是由于含有天冬酰胺，含量大约是粗蛋白的 1/3。然而，当与其他饲料混合时，它们很容易被牛摄入并且在浓缩饲料中含量可高达 500 g/kg。

啤酒糟是除去麦芽汁后留下的不溶性残留物。除了大麦残留物外，该产品还可能含有在酿造过程中使用的玉米和大米残留物，营养成分的变异性可能较大。

新鲜的啤酒糟水分含量为 700～760 g/kg，这可以提供给牛、羊和马，或者作为青贮饲料进行保存。干燥后啤酒糟中蛋白质的瘤胃降解率约为 0.6，而原大麦的瘤胃降解率约为 0.8。啤酒谷物酒糟是可消化纤维的主要来源，瘤胃中甲烷能的损失比高淀粉日粮低。它们富含磷，但其他矿物质的含量很低。啤酒酒糟被广泛用于奶畜饲料中。

干啤酒酵母则是一种富含蛋白质的浓缩物，每千克含有约 420 g 粗蛋白。它是高度可消化的，可用于所有的农场动物。这种蛋白质具有相当高的营养价值。磷含量相对较高，但钙含量较低。

蒸馏工业的副产品含有酒糟，其含量取决于在发酵过程中使用的谷物种类和比例，而且营养价值差别很大。和啤酒糟一样，白酒糟也是奶牛常用的饲料，经常在冬季饲用。白酒糟中保留了原谷物中的大部分脂质，不饱和脂肪酸含量高，可以降低瘤胃中微生物对纤维的消化率，减少了微生物摄入量。添加碳酸钙可提高蒸馏工业产生的副产物的动物机体消化率和摄入量，并形成含有不饱和脂肪酸的不溶性钙皂，从而降低其对瘤胃微生物的影响。

酒糟废液通常与酒糟混合一起干燥，得到一种含有可溶物的干酒糟或深色酒糟，进行销售。通常，深色酒糟是一种适合反刍动物的营养均衡的饲料，但蛋白质的降解性可能因干燥过程的不同而不同。此外，由于热损伤，不可降解蛋白质的质量可能较低。和其他酿酒厂的副产品一样，深色颗粒是磷的良好来源，但铜的含量可能很高，这主要是蒸馏过程中使用金属造成的。

大米（水稻）

水稻通常生长在亚热带或暖温带气候地区，是东亚和南亚的主要谷类作物。它也可以在美国南部和大洋洲等地区种植。

精米是很多人的重要主食，是通过碾磨收获的大米而获得的。当从地里收获时，水稻以稻米（或"糙米"）的形式出现，谷粒完全被稻壳包裹着。在干燥后，磨削的第一阶段是剔除外壳，产生大约80%的糙米和20%的外壳。糙米仍然被麸皮覆盖，它与糊粉层和胚芽通过进一步研磨来生产精米。糙米研磨可得到约60%的白米、10%的米糠和10%的精米，再加上一些碎米。主要的副产品是米糠，是外壳、胚芽、麸皮和碎谷物的混合物，可以作为牛的饲料原料。

糙米可以用于饲喂牛，但通常不易获得。而加工后不符合人类质量标准，但未发霉或没有被有毒真菌污染的大米是饲喂牛的良好饲料。2006年初，在瑞典南部对牛奶进行的常规检查中观察到黄曲霉毒素 M_1 水平升高（Nordkvist等，2009），因而68个农场被禁止在不同时期向奶牛场运送牛奶。一项调查显示，在商业饲料中存在的大米饲料粉（水平低于10%）易被这种霉菌毒素污染。大米饲料是制备供人类食用的印度香米时产生的副产品。

Mizubuti 等（2007）比较研究了水稻、玉米、燕麦和小麦在瘤胃中的降解能力。水稻粉的降解率最低，为29.24%，干物质和粗蛋白的有效降解率最低，分别为49.16%和66.65%。

大米副产品

米糠是大米加工过程中最重要的副产品。它具有作为谷物替代品的潜力，营养成分与燕麦中的粗蛋白、脂肪、纤维和能量含量接近。适口性比较好，已经被有效地用于牛的饲料生产中（White 和 Davis，1962）。然而，由于粉碎的程度和成分存在不同，米糠的营养成分差异非常大。

主要的米糠产品有全脂米糠和脱脂米糠。全脂米糠的能量含量较高，其中一个问题是脂肪含量高达140～180 g/kg，它是不饱和且不稳定的。在较高的环境温度和水分情况下，脂肪会分解为甘油和游离脂肪酸，产生难闻的气味，最终降低全脂米糠的适口性。

米糠经过精细研磨，具有粉末状结构，由于堆叠和桥接，因此难以在料仓中搬运和储存。与其他精料（如谷物）混合，可以改善流动特性。小颗粒、淀粉和脂肪含量都会导致消化不良，并可能导致营养失衡。一般来说，肉牛日粮中脂肪含量在干物质基础上不超过6%。因此，全脂米糠饲喂量应限制在日粮的33%以下。由于米糠中磷含量高，可能需要补充钙以维持日粮中充足的钙磷比。

在美国，大米副产品饲料原料通常含有大约2/3的米壳和1/3的米糠，但由于米壳和米糠的数量不同,在营养成分上可能变化很大。米糠的粗蛋白和能量含量要高得多,而且比碎米饲料要昂贵得多。碎米的处理特性与米糠相似,但与大米不同,由于其脂肪含量较低,碾磨饲料的储存时间较长。由于其稻壳含量高,因此更适合做日粮。碾米饲料适口性好,Stacey 和 Rankins(2004)发现,生长期肉牛日粮中可添加高达 60% 的碾米饲料(干物质基础),饲养 112 d 并不会出现消化问题。

在美国生产的米糠可能含有较高的钙水平,这是由于工厂添加了不同水平的碳酸钙。当碳酸钙添加量超过 3%(总钙添加量超过 12 g/kg)时,饲料法规要求必须在饲料标签上注明碳酸钙的百分比。

小米

"小米"这个名称经常被用于几种产生小粒谷物的作物,并在世界上热带和温带地区广泛种植。根据 McDonald 等(1995)的观点,这一群体中最重要的成员包括美洲狼尾草(珍珠或芦苇小米)、粟粒狼尾草(proso 或扫帚小米)、意大利狗尾草(谷穗或意大利小米)、珊瑚角狼尾草(手指或鸟脚小米)、雀稗(kodo 或沟谷)和棘谷(日本或谷仓小米)。

生长在美国北部平原上的最常见的小米类型是黍(*P. milaceum*)和谷子(*S. italica*)。谷子主要用作干草。在美国种植的其他类型的小米有珍珠小米(狼尾草)和日本小米(*E. crusgalli* var. *frumentacea*)。珍珠小米在美国东南部被广泛用作饲料作物,日本小米与谷仓草相似,有时也被用作饲料。

营养特征

小米的营养成分差别很大,粗蛋白(CP)含量一般在 100~120 g/kg 干物质,粗脂肪含量在 20~50 g/kg 干物质,粗纤维含量在 20~90 g/kg 干物质(Mocdonanl 等,1995)。小米的营养价值与燕麦非常相似,由于外壳的存在,小米中不可消化的纤维含量高,而普通的收获方法无法去除这些不可消化的纤维。

牛的日粮

与饲喂等量的燕麦、玉米或大麦的奶牛相比,饲喂含 40% 的小米的奶牛产奶量和体增重更高,Berglund(2007)也得到了类似的结果。

Mustafa(2010)在评价珍珠谷子对泌乳奶牛生产性能的影响时。配制了 3 种 CP 含量相近的日粮,精料比为 57∶43。其中玉米 300 g/kg,珍珠谷子 300 g/kg,或 310 g/kg 玉米和珍珠谷子(重量按 1∶1 混合)。所有日粮处理的干物质采食量和能量校正乳摄入量相似,分别为 23.8 kg/d 和 33.5 kg/d。干物质采食量(占体重的百分比)不受日粮处理的影响,平均为 3.40%。乳脂、蛋白质、乳糖和总固体浓度不受谷物类型的影响。瘤胃氨态氮浓度不受日粮处理的影响。而饲喂珍珠谷子的奶牛瘤胃 pH 值则低于玉米和珍珠谷子混合饲喂的奶牛。结果表明,珍珠谷子可替代奶牛日粮中 30% 的玉米,对产奶量和乳成分均无不良影响。

据报道,当珍珠谷子取代玉米或高粱时,平均日增长相近或略有提高(Hillanna,1990;Hill 等,1996)。这些发现是有趣的,因为扩大珍珠谷子的生产和使用可能使牛的日粮配方不需补充蛋白质。在牛的饲料中加入珍珠小米和玉米(或其他谷物)可以在农场满足除维生素和矿物质以外的其他饲料成分。

黑麦

黑麦的能量值介于小麦和大麦之间，CP 含量与大麦和燕麦相似。像小麦一样，黑麦应该被碾碎或粗磨，以便用作饲料原料供牛饲用。

黑麦中含有许多抗营养因子，如较高的阿拉伯木聚糖（戊聚糖），是降低谷物适口性的主要物质之一，且咀嚼时很黏。黑麦容易被麦角菌（*Claviceps purpurea*）污染，对动物有危害，可导致妊娠母牛流产，跛行，并导致脚、尾巴和耳朵出现坏死病变。这些抗营养的存在解释了为什么黑麦用于牛饲料的文献很少。它并不适于作为奶牛或肉牛补充饲料的主要谷物；例如，Mowrey 和 Spain（1999）报道，在美国，奶畜精料生产中黑麦用量仅占 0～10%。

黑麦的饲料化研究还是有一些报道值得参考。在加拿大的一项研究中，Sharma 等（1981）在年轻荷斯坦牛和泌乳奶牛日粮中添加黑麦谷物，研究结果发现在 18 周龄之前，在青年牛日粮中添加不同水平的黑麦谷物，前 6 周的平均日增重和采食量相似。在接下来的 12 周内，饲喂 60% 黑麦的日粮的青年牛采食量下降，生长速度低于饲喂大麦日粮或含 80% 黑麦的日粮。但是料重比各组之间没有显著差异。在第 10 周测得的犊牛日粮营养物质的表观消化率没有显著差异，但 60% 和 80% 黑麦组的日粮消化率往往低于饲喂大麦组日粮的小牛。焙烧黑麦提高了 ADF 和粗脂肪的表观消化率，但略微降低了蛋白质的表观消化率。

荷斯坦奶牛日粮中分别添加 0 g/kg、250 g/kg、500 g/kg 和 750 g/kg 轧制的黑麦谷物混合物还包括青贮饲料。青贮饲料和谷物混合物以 40∶60 的比例（干物质基础）单独提供，每天饲喂两次，自由采食，结果发现黑麦替代大麦谷物混合物降低了泌乳奶牛的总干物质采食量，但对平均日产奶量、乳成分和催乳素几乎没有影响。

高粱（*Sorghum vulgare*）、芦粟

高粱，通常被称为高粱或芦粟等，是美国第三大作物，也是世界上第五大谷类作物，其中大部分被人类消费。非洲是全球种植面积最大的高粱生产地。其他主要的生产国家包括印度、墨西哥、澳大利亚和阿根廷等。高粱是最耐旱的谷类作物之一，比玉米更能适应高温和湿度较差等恶劣天气条件。

研磨高粱有独特的方式，因为它的种皮坚硬；研磨高粱时须打破所有籽粒，但应避免过度粉碎，以减少饲料粉尘。

在美国种植的高粱中有很大一部分用于乙醇生产，在这一过程生产的副产品，也可以用于动物饲料原料，如高粱 -DDGS。

营养特征

研究结果表明，高粱和玉米作为牛的日粮，其营养价值相似，但高粱的 CP 含量普遍高于玉米。高粱的一个缺点是，由于生长条件不同，其营养成分变化较大。粗蛋白含量通常在 89 g/kg 左右，但变化范围在 70～130 g/kg；因此，建议用高粱作日粮前分析其蛋白质成分。

黄色胚乳杂交品种比深棕色的高粱品种更适合牲畜食用，深棕色高粱单宁含量比较高，这可以防止野生鸟类损害作物。例如，Larrain 等（2009）发现，与喂食玉米的阉牛相比，喂食高单宁含量的高粱的阉牛生长速度和生产效率会降低。以干物质为基础，高单宁含量高粱用于动物生产的维持净能（NE_m）约为 1.91 Mcal/kg，生长净能（NE_g）为 1.35 Mcal/kg。

牛的日粮

粉碎和加工的高粱已成功用于不同生长阶段牛的日粮中。有研究报道了粉碎的玉米、高粱或脱水木薯作为 [瑞士] 施维茨 × 泽布（瘤牛）奶犊牛的能量饲料（Melloe 等，1981）。分别饲喂全脂牛奶和脱脂牛奶，并在牛奶中添加玉米、高粱或木薯。当用全脂牛奶饲喂时，发现不同能量来源的饲料对奶犊牛没有任何影响。与脱脂牛奶组合相比，脱脂牛奶 + 玉米粉组合的犊牛体重增重最高。当谷物 + 全脂牛奶一起喂养时，从出生到 161 d 的体重增加得最高。

Mitzner 等（1994）在两项奶牛试验中发现，在谷物补充饲料中添加磨碎高粱，可以提高奶牛的产奶量，其牛奶成分与饲喂玉米的奶牛相似。Santos 等（1997）发现，用干轧高粱和干轧大麦饲喂奶牛产奶量相似，高粱与大麦一样有提高饲料转化效率的趋势。澳大利亚的一项研究报道了大麦比高粱有更好的饲养效果，在该研究中，对放牧热带草地牧场的奶牛补饲大麦或高粱为基础的精饲料和苜蓿干草（Moss 等，2000），结果发现高粱精料组的奶牛产奶量低于同等饲喂量的大麦精料组。

为了提高高粱在奶牛日粮中的饲用价值，在热处理方面进行了多项研究。Theurer 等（1999）回顾了有关加工效果的现有文献，发现蒸汽压片的玉米和高粱泌乳净能（NEL）比干轧高粱高 20%。从产奶量和乳成分来看，蒸汽压片高粱籽粒与蒸汽压片玉米的营养价值相同。饲喂蒸汽压片高粱籽粒提高了泌乳奶牛奶产量以及乳蛋白产量。这一结果的解释是，在瘤胃中发酵的淀粉比例更高，使到达小肠的日粮淀粉的消化率降低，总淀粉消化率增加。蒸汽压片处理可以提高尿素重吸收循环利用，增加微生物蛋白质流入小肠和乳腺对氨基酸的吸收能力。蒸汽压片玉米或高粱籽粒的最佳片状密度约为 360 g/L。Nikkhah 等（2004）发现，与磨碎高粱相比，在日粮中加入粉碎高粱可以显著提高饲料转化效率。其他研究人员也报告了类似的结果。Santos 等（1997）发现，喂食 437 g/L 和 360 g/L 的高粱谷物比喂食 283 g/L 的高粱的饲料利用率和饲料蛋白转化为牛奶蛋白的效率高。

在生产中，农民在有机农场上对高粱进行蒸汽压片比较困难，他们可能会从饲料供应商或饲料加工厂购买加工过的高粱。

小麦（普通小麦、冬小麦）

小麦籽粒由小麦植株的种子组成。这种谷物主要种植在温带国家以及热带国家的寒冷地区。北美种植着几种小麦，包括软质白冬小麦，硬质红冬小麦，硬质红春小麦和软质红冬小麦等。其中硬质红春小麦中的蛋白质含量最高，其中硬质红冬小麦和硬质小麦的蛋白质含量略低。在欧洲和澳大利亚种植的品种主要为白冬小麦品种。

传统上小麦不被用作饲料谷物原料，因为它碾磨后适合用作人类的食物来源。有些小麦的种植主要是作为饲料原料。在某些情况下，在小麦因病害、干旱或发芽造成的损害，其价格与其他饲料谷物相比可能更具有竞争力。饲料级小麦是一种美味的、可消化的营养日粮，只要正确饲喂，可以避免动物消化紊乱。小麦面粉加工的副产品也是优质的家畜饲料原料。

近年来，由于多种因素，国产小麦在奶牛饲养中的应用受到广泛关注。由于农业政策，小麦价格自20世纪90年代末以来一直在下降。此外，农民越来越希望通过使用小麦等自产饲料来降低饲养成本。

在干燥或不适宜种植玉米等牧草的地区，全株小麦可作为优质的青贮饲料替代品。在适合生产玉米青贮饲料和禾草或禾草青贮饲料的气候区域，在牛饲料中，自家种植的小麦籽粒可以部分替代商业精饲料。

营养特征

在脱粒过程中，与大麦和燕麦不同的是，小麦的外壳会从谷物中分离，留下纤维含量较低的产物。因此，小麦的代谢能与玉米很接近，但它的粗蛋白含量比玉米高。因此，它可以代替玉米作为一种高能配料，在同等添加量水平下，它能比玉米提供更多的蛋白质。

小麦的成分变化很大。例如，CP含量可以在 60~220 g/kg 干物质，但通常在 80~140 g/kg 干物质。气候和土壤肥力及类型和品种都会影响小麦的蛋白质含量。因此，在家畜日粮中使用小麦存在的一个问题是，小麦能量和CP含量比玉米、高粱和大麦等其他谷物的CP含量变化更大。加拿大萨斯喀彻温大学的研究人员（Zijlstra等，2001）分析了大量加拿大小麦样本，报告称CP含量为 122~174 g/kg，NDF含量为 72~91 g/kg，可溶性非淀粉多糖（NSPs）含量为 90~115 g/kg，粗纤维含量总体上较低且变化不大。籽实密度总体上较高（77~84 kg/hL）。小麦营养成分的差异与供人类食用的不同的小麦品种以及生长条件和肥料有关。结果表明，CP含量的变化幅度为50%。因此，使用小麦作为饲料原料时，要定期对小麦进行营养成分检测。

小麦的纤维含量低，淀粉含量高。CP含量高于玉米（如上所述）、大麦和燕麦。和其他谷物一样，小麦缺乏钙，而磷含量多。

小麦中存在的蛋白质被称为谷蛋白。所有的麸质都具有弹性。强面筋是制作面包的首选，它可以形成面团，吸收酵母发酵过程中产生的气体，使面团发酵膨胀。麸质的这种特性被认为是细磨小麦饲喂动物时适口性差的主要原因。尤其是经过精细研磨的小麦，在口腔和瘤胃中形成糊状物质，这可能会导致消化不良。在这方面，新收获的小麦比储存一段时间的小麦危害更大。

牛的日粮

小麦经过加工可以显著提高其消化率。小麦粒径较小，加工后消化率可提高 20%~25%，而加工后大麦的消化率可提高 12%~15%。澳大利亚相关学者的研究发现，全麦的消化率为60%，相比之下，轧制的小麦消化率为86%。

如果小麦碾磨较粗，风味很好；当小麦被粗磨（锤式碾磨筛，尺寸为 4.5~6.4 mm）时，饲喂效果较好。如果采食过量的小麦粉，则会给动物带来消化问题，例如腹胀、呕吐和酸中毒。这可能使淀粉消化速度较快，会增加如上所述的消化障碍发生的可能性。

此外，细磨小麦易被空气和料槽中的水分浸湿，这可能会导致饲料变质并降低采食量。并且含细磨小麦的饲料可能会在饲喂设备管道中结块且流动不畅。

一般来说，小麦谷物须经干燥、碾碎或磨碎，一些研究报道表明，热处理方式可以提高小麦在奶牛生产中的饲用价值，进而提高奶牛的生产性能。

淀粉的快速消化以及蛋白质中的麸质成分使小麦与其他谷物相比，难以作为饲料原料。在所有饲料谷物中，干碾小麦的淀粉消化速度最快，其次是干碾大麦。玉米和整粒燕麦的淀粉消化速度最慢。这些差异可能解释了 Leddin 等（2009）的发现，即泌乳奶牛日粮中添加牧草干草和碾碎小麦会降低日粮纤维消化率。这些研究还发现，随着饲料中小麦比例的增加，瘤胃液 pH 值下降。

通常情况下，将小麦进行粗轧制处理，将籽实分成两到三块。加热处理后的小麦（通过添加水分）已被证明可以有效地减少粉尘以及维持牛奶产量及成分。

Doepel 等（2009）研究了不同日粮中不同小麦添加水平对荷斯坦奶牛生产性能和瘤胃发酵模式的影响。以经产荷斯坦奶牛为试验动物，日粮分别由 0、100 g/kg 或 200 g/kg 的蒸汽粉碎的小麦（以干物质为基础）替代蒸汽粉碎的大麦。奶牛每天喂食和挤奶两次。结果发现日粮由蒸汽小麦替代后不影响奶牛干物质摄入量（20.9 kg/d）、牛奶产量（36.1 kg/d）和乳成分产量（脂肪、蛋白质和乳糖分别为 1.25 kg/d、1.10 kg/d 和 1.67 kg/d）。不同日粮处理的乳脂百分比没有差异，但小麦组日粮降低了乳蛋白含量，且 100 g/kg 小麦组低于 200 g/kg 小麦组。与对照组相比，喂食小麦组的奶牛瘤胃液 pH 值较低（6.36 vs 6.44），氨态氮较高（11.49 mg/dL vs 8.10 mg/dL）和总挥发性脂肪酸（121 mmol/L vs 113 mmol/L）浓度较高。饲喂小麦的奶牛，乙酸∶丙酸比低于对照组 3.21 vs 3.36），但 100 g/kg 或 200 g/kg 小麦组的奶牛之间并没有显著差异。与对照组相比，饲喂小麦组奶牛干物质、粗蛋白、中性洗涤纤维和酸性洗涤纤维的表观消化率无显著变化。这项研究结果表明只要提供足够的纤维，并且日粮组成和搅拌得当，奶牛日粮中蒸汽小麦添加量可以达 200 g/kg，这不会因为小麦含量高且淀粉发酵速度快而引起亚急性瘤胃酸中毒。

部分研究建议，小麦在泌乳奶牛谷物日粮中的添加量不宜超过 400～500 g/kg。然而，更保守的水平才是标准。在使用时，应提供 2～3 周的日粮过渡期，谷物混合物中的初始水平不超过 100 g/kg 来对日粮进行过渡。

研磨副产品

面粉是小麦加工的主要产品。由此产生的几种副产品均可用作动物饲料原料，并且由于其作为饲料成分的营养价值高等特性，被广泛用于家畜饲料中。小麦加工副产品可用于减少补充饲料中的全整粒谷物使用量。这些副产品通常根据粗蛋白和粗纤维含量分类，主要包括秸秆、下脚料、麸皮、小麦饲料和小麦籽粒。

小麦经过清洗、筛选和分离后，通过波纹辊，碾压和剪切，使胚乳和胚芽分离。然后将干净的胚乳筛选并磨成面粉供人类食用。磨机可以进一步将剩余的产品分为籽粒、麸皮、胚芽以及未分等级的产品。一些麸皮和胚芽用于人类食用和动物日粮。磨坊中包括清洁（筛分）和剩余的所有细料，通常用于养牛。

AAFCO（2005）对美国动物饲养用面粉和小麦副产品的定义如下。

小麦粉 小麦粉的定义是主要由小麦粉以及麦麸、小麦胚芽和"磨坊尾部"的颗粒组成。该产品必须在常规的商业磨粉工艺中获得，且粗纤维含量不超过 15 g/kg（IFN 4-05-199 小麦粉纤维含量低于 15 g/kg）。

麦麸 麦麸是小麦籽粒的粗糙的外层，是常规碾磨过程中从清洗和洗涤的小麦中分离出来的（IFN 4-05-190 麦麸）。有时磨碎的筛子会被加到麸皮中。麦麸一般粗蛋白含量为 140～170 g/kg，粗脂肪（油）含量为 30～45 g/kg，粗纤维含量为 105～120 g/kg。因此，虽然麦麸的粗蛋白含量可能等于或高于原有籽粒，但纤维水平越高，产品的能量就越低。

小麦胚芽粉 小麦胚芽粉主要由小麦胚芽、一些麸皮和次粉或次小麦粉组成。它的粗蛋白含量必须高于 250 g/kg 和粗脂肪含量必须高于 70 g/kg（IFN 5-05-218 小麦）。

受地区、谷物种类、加工方式及筛选工艺影响，小麦副产品的等级差异较大。一般来说，小麦胚芽粉粗蛋白含量为 250～300 g/kg，粗脂肪（油）含量为 70～120 g/kg，粗纤维含量为 30～60 g/kg。与其他富含不饱和脂肪酸的高脂肪饲料一样，小麦胚芽粉在储存过程中易发生脂肪氧化，导致饲料酸败。

小麦的脱脂产品也在市场上销售。脱脂小麦胚芽粉是在从小麦胚芽粉中去除部分油脂后获得的，其粗蛋白含量不得低于 300 g/kg（IFN 5-05-217 小麦胚芽粉机械提取）。

由于可用性和成本的原因，可用于家畜饲养的小麦胚芽粉非常少，这些副产品存在竞争市场。

二级次粉 二级次粉由"磨坊尾部"的麦屑以及一些麦麸、小麦胚芽和小麦粉的细小颗粒组成。该产品必须在常规的磨粉工艺中获得，且粗纤维含量不超过 40 g/kg（IFN 4-05-203 小麦粉副产品小于 40 g/kg 纤维）。

二级次粉是一种非常精细、富含面粉、颜色浅的饲料配料。颜色取决于被研磨的小麦的类型，可能从乳白色到浅棕色或浅红色。二级次粉可以作为颗粒黏合剂，以及蛋白质、碳水化合物、矿物质和维生素的来源。营养成分通常是，粗蛋白含量为 155～175 g/kg，粗脂肪含量 35～45 g/kg、粗纤维含量 28～40 g/kg。

粗小麦 粗小麦主要由粗麦麸、麦麸细粒、白次粉、小麦胚芽、小麦粉和来自"磨坊尾部"的麦屑组成。该产品必须在常规的研磨工艺过程中获得，且粗纤维含量不超过 95 g/kg（IFN 4-05-206 麦磨运行小于 95 g/kg 粗纤维）。

粗小麦的运行通常包含一些谷物筛选。可能不会在副产品中分为麸皮、次粉和二级次粉。粗小麦的粗蛋白含量一般为 140～170 g/kg，粗脂肪含量为 30～40 g/kg，粗纤维含量为 85～95 g/kg。

次粉 次粉主要由麦麸、小麦次粉、小麦胚芽、小麦粉和"磨坊尾部"的一些细颗粒组成。该产品必须在常规的磨削工艺中获得，且粗纤维必须不低于 95 g/kg（IFN 4-05-205 小麦粉副产品，低于 95 g/kg 的粗纤维）。

"次"这个名字源于这个副产品介于面粉和麸皮之间，它的淀粉含量不高。这种副产品在欧洲和澳大利亚被称为 pollards（麦屑）。麦麸的成分和质量因所含馏分的比例、添加的筛余量和研磨度不同，而存在较大差异。美国猪营养区域委员会成员进行了一项合作研究，评价来自 13 个州（主要在中西部）的 14 种小麦次粉的营养成分的差异性（Cromwell 等，2000）。次粉的容重为 289～365 g/L。次粉中干物质含量平均值为 896 g/kg，粗蛋白为 162 g/kg，钙为 1.2 g/kg，磷为 9.7 g/kg，中性洗涤纤维（NDF）为 369 g/kg，赖氨酸 6.6 g/kg、色氨酸 1.9 g/kg、苏氨酸 5.4 g/kg、蛋氨酸 2.5 g/kg、胱氨酸 3.4 g/kg、异亮氨酸 5.0 g/kg 和缬氨酸 7.3 g/kg；硒 0.53 mg/kg、Ca（0.8～3.0 mg/kg）和 Se（0.05～1.07 mg/kg）的含量变化尤其大。"重"麦麸（容重高，≥335 g/L）的次粉比例更大，与麸皮结合，粗蛋白、赖氨酸、P 和 NDF 比"轻"麦麸（容重低，≤310 g/L）低。其他研究表明，"重"次粉的营养价值优于"轻"次粉（Cromwell 等，1992）。饲料制造业更喜欢容重高的次粉而不是容重低的次粉，因为它们生产的日粮营养价值更高。

次粉适口性好，无须额外加工，可供各类牛食用。它们通常是牛饲料中较好的蛋白质或能量来源。小麦麦麸中的蛋白质在瘤胃中降解率高，可以在瘤胃可降解蛋白质含量较低的低质量饲料中被充分利用。成熟的牧草通常含磷低，小麦麦麸是这种矿物质磷和其他微量矿物的良好来源。由于它们比全麦含有更高水平的纤维和较低水平的淀粉，家畜饲用时消化紊乱发生率低。但是，建议在使用次粉时，也应该有个适应期。次粉可以作为低质量放牧冬季牧场或饲喂低质量牧草的肉牛饲料的有效补充料。

与谷物相比，制粒的小麦次粉具有更高的蛋白质含量、更高的能值且易于饲料化。几项研究已经评估了牛饲料中用次粉替代破碎玉米的效果（Ovenell 等，1990，1991；Dalke 等，1993）。研究结果表明，制粒的小次粉可以在不影响生产力的情况下替代日粮中 10%～20% 的玉米谷物。总的来说，随着日粮中次粉水平的增加，采食量、日增重和饲料效率呈线性下降。

小麦麸屑 小麦麸屑由细麦麸、小麦胚芽、面粉还有"磨粉机内部"的麦屑组成。该产品必须在常规的商业碾磨过程中获得，并且粗纤维必须不超过 70 g/kg 的（IFN 4-05-201 小麦粉副产品低于 70 g/kg 的纤维）。（注：加拿大饲料法规已将麦麸和次粉纳入国际饲料编码中）

斯卑尔脱小麦（普通小麦品种）

斯卑尔脱小麦是一种广泛种植在中欧的小麦亚种。它已被引入其他国家，部分是为了人类市场，因为它含有低醇溶蛋白，这是一种与腹腔疾病有关的麸质成分。这种谷物形态上与大麦相似。

这种作物似乎通常比软红色冬小麦耐寒性强，但比硬红色冬小麦耐寒性差。产量一般低于小麦，但在生长条件不理想时产量与同条件下的小麦相同。

由于欧洲高蛋白有机饲料原料短缺，这种作物种植面积很可能会扩大。

营养特征

斯卑尔脱小麦和小麦之间的一个主要区别是，在脱粒时，外壳通常不会脱离籽粒。因此，其能值较低，在营养价值上可能类似于燕麦（Ingalls 等，1963）。Ingalls 等（1963）的研究是基于来自 10 个不同来源的斯卑尔脱小麦的结果。

现有的数据表明，这种谷物的营养成分有很大的差异。Ranhotra 等（1995）提供的数据显示，硬红小麦品种和加拿大斯卑尔脱小麦品种之间的差异很小。研究者对这些谷物的谷蛋白性状、营养成分、氨基酸组成和蛋白质效率进行了评价。数据表明，斯卑尔脱小麦的消化率可能高于普通小麦。

其他研究表明，斯卑尔脱小麦品种的蛋白质、氨基酸、维生素、粗脂肪、矿物质和麦胶蛋白/谷蛋白比例差异较大（Abdel-Aal 等，1995；Ranhotra 等，1996a）。在蒙大拿州和北达科他州的 5 个环境条件下，对 3 个斯卑尔脱品种和 2 个硬红小麦品种的产量和营养成分进行了比较（Ranhotra 等，1996b）。结果表明，所有地点种植的小麦品种的粗蛋白含量均高于硬红小麦（18%～40%），平均粗蛋白为 166 g/kg，而小麦为 134 g/kg。然而，两种谷物的营养成分受品种和种植位置的影响很大。

Ranhotra 等（1996a）的研究结果表明，该籽粒对猪的营养价值可能与小麦相似，但粗蛋白水平较高。这一结果表明，在牛的日粮中，斯卑尔脱品种小麦可以代替小麦。

现有的研究结果表明，应分析斯卑尔脱小麦品种的营养成分，以便它能在奶牛或肉牛的精料饲料中正确配制。

牛的日粮

在法国，斯卑尔脱小麦被认为是牛和犊牛的高品质饲料。然而，目前还缺乏在牛日粮中使用这种谷物的科学报道。

干奶期荷斯坦奶牛中的消化系数表明，可消化能量值与燕麦大致相同（Ingalls 等，1963）。捷克对（Chrenková 等，2000）斯洛伐克和瑞典种植的斯卑尔脱小麦品种的研究证实了上述关于斯卑尔脱品种小麦成分的研究结果，并报告了斯卑尔脱小麦品种和小麦在大鼠生长方面没有显著差异。粗蛋白的消化率高于小麦（0.85 vs 0.81）。斯卑尔脱小麦的蛋白质品质高于冬小麦品种。Samanta 称，这表现为较高的净蛋白质利用率和可利用蛋白质值。

根据现有的信息，斯卑尔脱小麦可用于牛饲料，但这取决于其营养含量。饲喂前，应将斯卑尔脱小麦像小麦一样碾碎。

小黑麦（六倍体，四倍体）

小黑麦是小麦（*Triticum*）和黑麦（*Secale*）的杂交种，是集小麦的高生产力和抗病性与黑麦的高赖氨酸含量、强生命力和耐寒性于一体的优势品种。1875 年，在苏格兰，就有文献首次报道了小麦和黑麦杂交（Wilson，1876），而"小黑麦"这个名字随后才出现在科学文献中并沿用至今。

通过将黑麦与四倍体（硬质体）小麦或六倍体（软质体）小麦杂交，能够育成小黑麦。小黑麦主要种植在波兰、中国、俄罗斯、德国、澳大利亚和法国，但也有一些种植在北美和南美。据报道，它能够比玉米或小麦生长良好，特别在不适合种植玉米或小麦的地区。在加拿大，黑麦产量可以与产量最高的小麦相媲美，而且可能超过大麦（Briggs，2002）。此外，新育成的小黑麦品种也具有高蛋白质含量的特性，可作为春季和冬季的作物类型（包括一种半无芒的冬季品种），其抗病能力强的特点使其成为一种新的作物选择。根据 Briggs（2002）报道，在畜牧业生产中，小黑麦作为粮食类饲料原料具有较大潜力，种植小黑麦可满足大部分的饲料粮供应。目前，在全球范围内，小黑麦主要作为家畜饲料。

与小麦或大麦相比，小黑麦的抗病性是另一个优势。在这种条件下，小黑麦的生产通常比大麦或其他谷物更高。因此，有机牛肉的生产商更青睐小黑麦的种植。

营养特征

经过不同杂交培育的小黑麦可提高其产量和品质，有利于适应当地条件，相应的营养成分也会变化。新品种的 CP 含量为 95～132 g/kg，与小麦相似（Briggs，2002；Stacey 等，2003）。其代谢能一般等于或高于小麦（Evans，1998；Hede，2001）。据 Jaikaran（2002）研究，新杂交的加拿大品种（小麦母本）更具有黑麦母本的特性，可提高适口性和营养价值。此外，它们的抗营养因子（如麦角）较先前的母本黑麦品种中含量较低。这表明，经杂交培育后的小黑麦可替代牛日粮中部分谷物和蛋白质饲料。

研究表明，反刍动物对小黑麦的消化率接近玉米（Felix 等，1985），但玉米淀粉的发酵速率比大麦、小麦或小黑麦淀粉更快（Allen，1991）。与其他谷物一样，通过轧制、碾磨或破碎加工可以提高小黑麦的消化率。然而，细磨小黑麦可能加速瘤胃发酵，增加酸中毒风险。因此，建议使用辊磨机粗轧谷物，其效果优于锤式磨机细磨。

牛的日粮

在奶牛和肉牛日粮中，Smith 等（1994）测试了用小黑麦替代玉米的饲喂效果，结果表明，当用小黑麦部分或完全替代日粮中的玉米时，奶牛的养分消化率和每日干物质采食量无差异，当日粮中小黑麦完全替代玉米时，肉牛的每日干物质采食量却减少，但泌乳奶牛日粮的谷物中小黑麦占比可高达 67%，肉牛日粮的谷物中小黑麦占比可高达 75%。同样，Hill 和 Utley（1986）用 "Beagle 82" 小黑麦替代肉用公牛日粮中的玉米，也发现公牛的养分消化率和生产力无差异，这与 Smith 等的研究结果一致。研究发现，与黑麦一样，小黑麦易被麦角菌感染。相比较于高粱型日粮，使用被麦角菌感染的小黑麦，饲喂肉用公牛会增加肝脏脓肿的风险。因此，建议小黑麦占家畜饲料中谷物的比例不超过 50%。

玉米

美国平原气候条件适宜玉米生长，是世界上最大的玉米生产国。其他主要玉米生产国和地区有中国、巴西、欧盟、墨西哥和阿根廷。相比于其他谷物，玉米适应性强，因此可广泛种植于多个国家。因其较好的适口性、高能值和单位土地的产量高而成为美国最重要的谷物饲料。因此，玉米被用作比较评判其他谷实类饲料品质的标准。

玉米根据颜色不同可分为多种类型，包括黄色、白色和红色。黄玉米是唯一含有维生素 A（维生素原，主要是 β- 胡萝卜素）的谷物，是美国用于动物饲料的主要玉米类型。黄玉米有利于动物脂肪着色，但着色效果不如牧草。

营养特征

玉米是牛的优质能量饲料来源，但其蛋白质含量较低，平均约为 85 g/kg。玉米的含油量在 40～60 g/kg 干物质，亚油酸含量高。玉米每千克干物质中含有约 730 g 淀粉，纤维含量很低，能值高。与其他谷物中的淀粉相比，玉米中的淀粉在瘤胃中的消化速度较慢，并且在高采食量水平下，一部分淀粉进入小肠，在小肠中以葡萄糖的形式被消化和吸收，这对于酮病治疗有一定积极作用。加工熟化后的淀粉在瘤胃中更易发酵。

玉米中钾和钠及微量矿物质含量很低，钙含量也很低（约 0.2 g/kg），但磷含量较高（2.5～3.0 g/kg）。

在适当的条件下收获和储存,如水分干燥至 100~120 g/kg 时,玉米的品质非常好。由于外壳和胚乳类型的不同,不同品种玉米在贮藏特性上存在显著差异。当玉米籽粒在水分含量较高时收获,或在保存过程中受潮,容易被真菌感染产生真菌毒素(玉米赤霉烯酮、黄曲霉毒素和赭曲霉毒素),这些毒素会对家畜产生不利影响。

牛的日粮

玉米适合饲喂所有品种的牛,饲喂时应研磨成中度到中细粒度,研磨后应立即混合到其他饲料中,否则在储存过程中容易变质。

玉米副产品

经过有机认证机构认证的粮食和酒精加工厂可以提供适合畜禽食用的副产品。在超市售卖的玉米糁渣,外皮和大部分胚芽已被去除,主要由种皮、胚芽和胚乳构成(外皮和大部分胚芽被去除),其成分与未加工玉米相似,但纤维、蛋白质和油的含量较高。玉米糁渣是一种很好的饲料,由于含油量较高,在能值上类似于全粒玉米。这些产品主要是面向人类市场的,使用这种玉米副产品的好处在于所用的玉米原料品质非常高,这也可以确保玉米不受真菌毒素污染,以及昆虫和啮齿动物侵扰。

玉米面筋饲料 玉米淀粉和葡萄糖是玉米加工过程中产生的几种副产品,适合饲喂家畜。清洁后的玉米首先浸泡在稀酸溶液中,然后粗磨。玉米胚芽会集中在表层,并被去除。然后将去胚芽玉米细磨,并通过湿筛分离玉米糠。剩下的滤液由淀粉和蛋白质组成,二者可通过离心进行分离。这一过程会产生三种副产品:胚芽、玉米糠和面筋,这些副产品混合在一起,可作为饲用玉米面筋饲料出售。玉米面筋饲料是一种玉米副产品,在某些地区既可以作为湿产品使用,也可以作为干产品使用,其中干产品可在国际上交易。湿玉米面筋饲料(450 g/kg 干物质)易腐败,须在 6~10 d 内使用,并保存于厌氧环境。

不同玉米面筋中蛋白质含量变化较大,通常在 200~250 g/kg 干物质范围内,其中约 60% 在瘤胃中降解。玉米面筋呈深棕色,表明在加工过程中受到了热损伤,这降低了蛋白质的消化率。玉米面筋饲料的粗纤维含量约为 80 g/kg 干物质,代谢能值(牛)约为 12.5 MJ/kg 干物质,通常每千克含有 210 g 蛋白质、25 g 脂肪和 80 g 粗纤维。干燥的玉米面筋饲料被制成颗粒,便于加工处理。由于玉米面筋是一种粉碎产品,其纤维素在反刍动物饲料中的作用与长粗饲料中的纤维素不同。目前,玉米面筋已被广泛应用于奶牛精饲料的制作。

由于玉米面筋生产方法的不同,其饲喂价值也会有所不同。因此,玉米面筋在购买前应进行营养价值实测。

玉米蛋白粉 玉米蛋白粉可作为牛的蛋白质补充料来使用,但由于其适口性相对较低,因此更适合干奶期奶牛而不是泌乳期奶牛,该产品蛋氨酸含量高。玉米蛋白粉目前在饲料中的应用不多见且经济效益不高,被广泛用作园艺中的天然除草剂。

玉米酒糟 这种玉米副产品通常喂牛,来源于乙醇生产(作为燃料或作为酒精)。在生产过程中先对玉米进行粉碎,然后采用酵母菌以淀粉为糖原进行发酵,产生乙醇。去除淀粉后,剩余残留物中的营养物质含量大约是原谷物中含量的 3 倍。滤液中的可溶性物质经蒸发浓缩后通常也被添加到残渣中,以产生含有可溶物的玉米酒精糟。该产品通常脱水后作为干酒糟和可溶物（DDGS）销售，产品的优点之一是酵母菌可额外提供营养成分。DDGS 通常含有 270 g/kg 蛋白质、110 g/kg 脂肪和 90 g/kg 粗纤维。Cromwell 等（1993）报告指出，DDGS 的营养价值因来源而异。营养价值范围，粗蛋白为 234～287 g/kg、粗脂肪为 29～128 g/kg、NDF 为 288～403 g/kg、ADF 为 103～181 g/kg 和灰分为 34～73 g/kg。

杂粮谷物

筛屑

谷物筛屑含有混合谷物、野生燕麦、杂草种子、谷壳、外壳和一些灰尘，可以从饲料厂获得。筛屑是谷物产品制备、储存和运输过程中的残留物，通常经过精细研磨呈颗粒状，其性质和营养品质因谷物的种类和加工方法不同而有很大差异。谷物筛屑可以是来自单个的谷物，也可以是来自混合物。

将谷物筛屑应用于有机农业生产时应注意检查是否符合当地法律法规。在营养成分上，谷物筛屑类似于轻质燕麦。一般的建议是，挤奶奶牛的饲喂量每天不得超过 3～4 kg。谷物筛屑也可用来补充粗饲料（代替谷物）饲喂小牛、奶牛和后备母牛。由于颗粒较细，且部分成分难以消化，过量饲喂可能导致胃肠胀气。谷物筛屑使用过程中可能存在的问题包括存在杂草种子，以及在长期储存后产生真菌毒素污染和酸败。

荞麦（荞麦属）

荞麦是蓼科植物的一种，在一些国家被用作饲料和荞麦蜂蜜生产原料。荞麦叶子和秸秆也可以被利用。因为其赖氨酸含量很高，荞麦的蛋白质品质被认为是谷物中最优的。但相对于其他谷物，荞麦能量相对较低，纤维素含量高，油含量低。

在有机农业生产中，应尽量避免使用荞麦及其种子，因为其中含有抗营养因子——荞麦苷，该物质可导致浅色皮肤动物（如牛、山羊、绵羊、猪和火鸡）发生光敏反应。荞麦的抗营养因子主要集中在叶片和花中，在茎、壳和谷物中浓度较低。当食入荞麦，牲畜在阳光下时，皮肤容易遭受损伤并产生强烈的瘙痒，甚至包括人类也可能会受影响。荞麦目前已成功应用于牛和猪的饲料中，但仅推荐应用于舍饲家畜（Nicholsolon 等，1976）。

蛋白质补充剂

油料作物种子、果实及其加工产品和副产品（欧盟第 1.2 类）

用于动物生产的主要蛋白质来源是油料作物籽实的饼粕，只有通过机械压榨生产的油料籽实饼才可应用于有机生产。大豆、花生、油菜籽、加拿大油菜和向日葵种植的主要目的是获取其种子，这些种子可以生产供人类食用和工业使用的油。大豆是目前国际上主要的油料籽实之一。棉籽是棉花生产的副产品，棉籽油被广泛用于食品和其他用途。在过去，亚麻籽（亚麻）种植主要用于亚麻布的生产。但随着轧棉机的问世使得棉花成为制作服装的主要材料，对亚麻布的需求减少。现在，亚麻籽主要用于工业油的生产。

加工油料籽实时通常需适度加热，以灭活抗营养因子，但过度加热可能破坏蛋白质。

作为蛋白类饲料，除了带壳红花粉外，其他油籽饼粕中 CP 含量均较高。通常在上市前，传统饲料的 CP 含量会通过与外壳和其他材料混合物而进行标准化处理。而除了大豆饼粕外，大多数油籽饼粕的赖氨酸含量较低。油料籽实中脱壳的程度影响蛋白质和纤维的含量，而榨油的效率影响饼粕中油脂的含量，进而影响饼粕的能值。油料籽实通常钙含量低，磷含量高，然而油料籽中大量的磷以植酸磷的形式存在，导致油料作物中矿物质，尤其是磷的生物利用率通常很低。

油菜籽（加拿大油菜）（芸薹属）

油菜是一种十字花科的作物，油菜籽中含油量约 40%。油菜籽生产的主要国家是中国、加拿大、印度和欧盟的几个国家。长期以来，油菜籽一直作为饲料和食用油的主要来源，在欧洲具有重要地位。欧盟对菜籽油和生物柴油的需求一直增加，因此在欧洲会鼓励农民扩大油菜种植面积。在第二次世界大战期间，油菜籽作为工业石油的来源，在北美的产量有所增加，同时油菜籽粕可用作动物饲料。但那时油菜籽的种植主要用于工业用油的生产。菜籽油富含芥酸，可用作滑脱剂。菜籽饼粕中含有高水平的硫代葡萄糖苷，这种含硫化合物会降低饲料的适口性，造成人类和动物的甲状腺功能障碍。

加拿大油菜是 20 世纪 60 年代加拿大的植物育种家从工业用油菜品种中培育出来的，该品种籽实中含有食品级食用油及品质较好可用于动物饲喂的饼粕。油菜籽种子直径较小（1～2 mm），含有 42%～43% 的油。油菜籽中外壳占了种子重量的 16%。"加拿大菜籽油"的名称于 1979 年在加拿大注册，专门用于描述"双低"油菜品种，即油脂中芥酸含量低于 20 g/kg，干的饼粕中硫代葡萄糖苷（3-丁烯基硫代葡萄糖苷、4-戊烯基硫代葡萄糖苷、2-羟基-3-丁烯基硫代葡萄糖苷或 2-羟基-4-戊烯基硫代葡萄糖苷，或其混合物）含量低于 30 μmol/g 干物质。除了上述常规油菜籽标准外，菜籽饼粕要求至少每千克有 350 g 粗蛋白，最高 120 g 粗纤维。油菜籽的商业品种有两个，甘蓝型油菜（阿根廷型）和野生油菜（波兰型），该名称已获准并在至少 22 个国家使用。

加拿大油菜籽现在是北美主要的油菜籽类型。自 1991 年以来，欧盟几乎所有的油菜籽生产都转向了油菜籽 00（双 0），即芥酸含量低、硫代葡萄糖苷含量低的油菜籽。

油菜籽在世界油籽作物产量中排名第五，仅次于大豆、向日葵、花生和棉籽。这种作物适应性广，在温带气候下生长更好，但在炎热的天气下容易受到热损伤。因此，在不适合种植大豆的地区，油菜籽通常是一种很好的大豆替代油料作物。目前，有些种植的油菜属于转基因油菜，在进行有机农业生产时必须使用非转基因油菜。符合有机标准的油菜籽可加工成油脂和高蛋白饼粕，广泛用于有机食品及工业生产。在北美的商业贸易中，油菜籽一般根据加拿大谷物委员会和国家油籽加工者协会制定的分级标准进行采购。油菜籽的分级标准有多个，主要包括要求种子必须符合双低油菜籽种芥酸和硫酸葡萄糖苷水平标准。

菜籽饼粕是油菜籽榨油后产生的。传统的榨油方法是对油菜籽加热后进行物理压榨，然后采用有机溶剂（己烷）提取压榨饼中剩余的油。但是用有机溶剂浸提法生产的产品不能用于有机生产，只有通过物理压榨制成的压榨菜籽饼才能应用于有机养殖。物理压榨的菜籽饼和有机溶剂浸提的菜籽粕主要的区别在于后者油脂含量低。

营养特征

油菜籽中每千克约有 400 g 油、230 g 粗蛋白和 70 g 粗纤维。菜籽油富含多不饱和脂肪酸（油酸、亚油酸和亚麻酸），对人体健康有较高的营养价值，同时菜籽油也可用于饲喂动物。然而，由于菜籽油多不饱和脂肪酸的含量较高，菜籽油容易被氧化，具有不稳定性。

如上所述，有机饲料中使用的菜籽饼必须是通过破碎（压榨处理）等机械方法除去油脂制成。压榨处理的方法有两个重要特点，一是不同的压榨工艺效率不同，菜籽饼中油脂含量差异较大，因此压榨菜籽饼中能值变化较化学浸提的菜籽粕大。二是压榨过程中产生的热量不足以使种子中的芥子酶失活，芥子酶是一种能将硫代葡萄糖苷水解成影响甲状腺功能物质的酶。因此每次使用前对压榨菜籽饼中油脂和蛋白质含量进行分析，且压榨菜籽饼在牛饲料中应限量添加。针对市场上卖的有机溶剂浸提菜籽粕的化学成分研究较多，结果表明菜籽粕中粗蛋白含量低于豆粕。白菜型菜籽粕中粗蛋白含量约为 350 g/kg，而甘蓝型油菜日粮中粗蛋白含量为 38～400 g/kg。由于菜籽粕中纤维素含量较高（>110 g/kg），因此菜籽粕中能值低于豆粕。菜籽粕中纤维素含量高主要是因为菜籽粕中种皮比例较高（以种子或粕重的百分比表示）。种皮约占菜籽种子重量的 16%，约占菜籽粕重量的 30%。因此，菜籽粕的粗纤维含量是豆粕的 3 倍。纤维素的消化率往往较低，导致菜籽粕中的能量含量也较低。由于菜籽粕中纤维素含量较高（>110 g/kg），菜籽粕中能值往往低于豆粕。根据目前的加工和压榨工艺要求，油菜籽榨油采用的是完整的籽粒，因此种皮被残留在菜籽粕中。与大豆相比，油菜籽是钙、硒和锌的良好来源，但钾和铜的含量较低，整体来看菜籽饼粕相比豆粕提供矿物质的含量更高。根据加工方法的不同，菜籽饼粕的过瘤胃蛋白略低或类似于豆粕（Hill，1991）。Kendall 等（1991）研究指出，菜籽粕中蛋白质的降解率随加工方法的不同有较大差异。然而，研究表明，采用瘤胃体外发酵法测定，菜籽饼粕在不同加工方式下发酵 12～16 h 后，其必需氨基酸含量差异不显著。Zinn（1993）报道指出，菜籽饼粕的瘤胃降解率略低于豆粕，而菜籽饼粕的过瘤胃营养成分高于豆粕。

有研究探索了增加菜籽饼粕过瘤胃营养成分的方法，以期改善其品质，将其作为重要的蛋白质补充料。例如，Mckinnon 等（1991）报道指出，在 125℃条件下加热 10 min 可将菜籽饼粕中蛋白质降解率从 58% 降低到 30%。

DePeters 和 Bath（1986）报道指出，在体外模拟瘤胃液发酵过程中，油菜籽饼粕的降解率与棉籽饼粕相似。

抗营养因子

硫代葡萄糖苷是油菜籽中主要的抗营养因子，其主要存在于胚芽中，因难以处理而限制了菜籽饼粕在家畜饲料中的应用。虽然硫代葡萄糖苷本身没有生物活性，但它可以被种子中的肌丝氨酸酶水解，产生影响甲状腺功能的甲状腺激素化合物。这些物质会引发甲状腺增生，从而导致甲状腺肿大。同时，硫代葡萄糖苷水解产物还会导致肝损伤，并可能对繁殖产生不利影响。但目前经过人工育种，大部分油菜籽品种中硫代葡萄糖苷含量仅有 15% 左右。此外，加热就可以有效灭活肌氨酸酶。

一些油菜品种中也存在单宁，但含量非常低（Blair 和 Reichert，1984）。油菜、菜籽和大豆种皮中单宁不会抑制 α- 淀粉酶，但高粱种皮中的单宁会抑制 α- 淀粉酶（Mitaru 等，1982）。芥子碱是油菜中一种酚类物质，主要存在于种子胚芽中，虽然口感呈苦味，但不会影响牛的饲喂（Blair 和 Reichert，1984）。

牛的日粮

大多数关于菜籽饼粕的研究都是采用商用的有机溶剂浸提产生的菜籽粕为原料。如果在设计饲料配方时，需考虑两种类型菜籽饼粕营养成分的差异，那么以下研究结果将为菜籽饼粕在牛饲料中的应用提供参考。

Mawson 等（1993）总结分析了有关硫代葡萄糖苷对菜籽饼粕适口性影响的相关文献。结果发现，菜籽饼粕的添加可能会对饲料的适口性产生不利影响，而且这与菜籽饼粕中硫代葡萄糖苷水平有关。然而，这种影响并不是绝对的，它取决于动物的种类、年龄和生长阶段。幼龄动物，尤其是仔鸡、仔猪和犊牛，受菜籽饼粕添加量影响较大，当日粮中添加含较高硫代葡萄糖苷水平的菜籽饼粕时，其采食量降低，生长受到抑制。相反，饲料中添加低水平（10～30 μg/g）或极低水平（1～5 μg/g）硫代葡萄糖苷的菜籽饼粕，会提高动物采食量。综合以上研究结果表明，在犊牛和奶牛饲料中，低水平和极低水平硫代葡萄糖苷含量的菜籽饼粕的最高添加量分别为 20% 和 30%。当将含低水平硫代葡萄糖苷的菜籽饼粕作为奶牛精饲料中唯一的蛋白质来源时，对牛奶的品质和消费者健康没有不利影响（Mawson 等，1995）。现有研究也表明，硫代葡萄糖苷对牛肉的风味不会产生负面影响。

DePeters 和 Bath（1986）比较了菜籽饼粕和棉籽饼粕作为蛋白质饲料时对泌乳奶牛的饲喂效果，结果发现饲喂两种蛋白质饲料时奶牛产奶量及乳成分无显著差异，奶牛瘤胃发酵产生的氨态氮和挥发性脂肪酸也无显著差异。有学者将菜籽饼粕、棉籽饼粕和大豆饼粕作为蛋白质补充料饲喂泌乳奶牛，进行对比分析，结果发现奶牛的生产性能无显著差异（Sanchez 和 Claypool，1983；Harrison 等，1989）。此外，菜籽饼粕与玉米蛋白粉的饲喂效果基本一致（Robinson 和 Kennelly，1988）。

Spörndly 和 Åsberg（2006）研究了奶牛对不同精饲料的摄入量和偏好性，每个试验组日粮中都添加了磨碎的大麦，研究对象为 41 种饲料，将这些饲料总体分为基础饲料（如谷物、豆粕和油菜籽产品）和添加碎大麦的混合饲料 2 大类。同时也对颗粒混合饲料进行了评价。结果表明最受欢迎的饲料有颗粒饲料、热处理菜籽饼粕、添加 10% 菜籽脂肪酸的大麦、含 10% 棕榈油的大麦和含 10% 甘油的大麦，最不受欢迎的饲料为棕榈仁饼粕。

目前菜籽饼粕已成功地用于肉牛生产中。Ravichandiran 等（2008）比较了豆粕、低硫代葡萄糖苷和高硫代葡萄糖苷的芥菜型油菜饼粕作为蛋白质补充料，对杂交犊牛的饲喂效果，试验牛起始体重为 62.9 kg。三个试验组日粮中分别含大豆饼、含低硫代葡萄糖苷的甘蓝型油菜饼和含高硫代葡萄糖苷的白菜型油菜饼。结果表明，总干物质和小麦秸秆采食量无显著差异，但随着饲料中硫代葡萄糖苷水平的升高，精饲料的采食量会显著降低，且随着硫代葡萄糖苷水平的升高，牛平均日增重降低，料重比显著升高。这些研究证实了先前关于硫代葡萄糖苷浓度对饲料适口性和动物生产力影响的研究。因此，可以得出结论，含高硫代葡萄糖苷的芥菜型油菜籽饼粕降低了饲料的适口性，抑制了杂交犊牛的生长速度，豆粕可以被含低硫代葡萄糖苷的油菜籽饼粕完全取代，而不影响犊牛的生产性能。

科罗拉多州立大学开展的一项研究，对双低菜籽粕作为放牧奶牛补饲饲料的效果进行了调查（Patterson 等，1999a）。结果表明，菜籽饼粕补饲与相同粗蛋白水平的蚕豆和葵花籽粕及 50%CP 水平的葵花籽粕补饲效果基本一致。在补饲期间，犊牛补饲菜籽饼粕增重效果优于补饲蚕豆和低水平葵花籽粕。同一研究小组（Patterson 等，1999b）继续探索了补饲对瘤胃发酵和消化动力学的影响，结果表明各补饲组犊牛在干物质和氮素降解率方面没有差异，但补饲菜籽饼粕组犊牛干物质消化率往往有高于补饲葵花籽粕组的趋势。

Claypool 等（1985）分别比较了含豆粕、棉籽粕和菜籽粕的开食料对荷斯坦犊牛饲喂的效果，结果表明，犊牛在断奶前或断奶后的采食量或生产性能没有差异。英国学者报道指出，采用菜籽饼粕取代大豆饼粕作为蛋白质补充料，饲喂 160 kg 犊牛，对犊牛的采食量和生长性能无不利影响（Hill 等，1990）。Beouchemin 等（1995）比较了含菜籽粕、热处理菜籽粕、木质素硫酸盐处理菜籽粕和脱水酒糟的幼畜精补料补饲放牧哺乳犊牛的效果，结果发现补饲幼畜精补料的犊牛增重效果优于放牧犊牛，不同处理菜籽饼粕组犊牛增重无显著差异。随后，研究人员还采用体外模拟瘤胃发酵的方法测定了各种处理菜籽粕的降解性能，发现菜籽粕经化学和热加工处理后，各处理组蛋白质降解率降低，但各处理组犊牛生长没有差异，说明在本试验中犊牛过瘤胃或可代谢蛋白并不受菜籽饼粕加工方法的影响。

Petit 和 Veira（1994a）报告指出，生长期犊牛以青贮饲草为基本日粮，补饲菜籽饼粕后增重显著提升。Petit 和 Veira（1994b）给犊牛补饲了由糖蜜和菜籽饼粕构成的补充料，以梯牧草青贮为基础日粮，结果发现补饲菜籽饼粕改善了犊牛粗蛋白和能量消化率，但降低了粗纤维消化率。Flachowsky 等（1994）研究表明，由于菜籽粕中 α-生育酚含量较高，在公牛日粮中添加菜籽粕增加了牛肉中维生素 E 的含量。

全脂油菜（油菜籽）

最近有研究将双低油菜籽和普通油菜籽直接添加到牛的日粮中，为牛同时补充蛋白质和能量（Mogensen 等，2004）。该研究已经取得了良好的效果，特别是低硫代葡萄糖苷品种的油菜籽饲喂效果更佳，可被应用于有机生产。

油菜籽作为饲料必须现用现加工，且保存时间不宜过长。因为一旦磨碎，全脂菜籽油就非常容易氧化，并产生不良的气味。油菜籽中含有高水平的 α-生育酚（维生素 E），这是一种天然抗氧化剂，如果要将磨碎的油菜籽产品进行储存，依然需要采取一些抗氧化措施。解决油菜籽酸败问题的最实用方法是现用现加工。

丹麦学者 Mogensen 等（2004）在青贮日粮中分别添加了有机油菜籽、菜籽饼和谷物，并研究其对荷斯坦奶牛生产性能的影响，结果表明，三种较优的饲喂模式为：5 kg

谷物饲喂、3 kg 菜籽/谷物混合颗粒饲喂，以及 1 kg 菜籽饼搭配三叶草青贮、全株作物青贮和草颗粒混合饲喂。与单独的谷物饲喂相比，补饲油菜籽/谷物混合颗粒有降低乳脂和乳蛋白含量的趋势，而脂肪和蛋白质产量不受影响。与谷物饲喂相比，在有的研究中，油菜籽/谷物混合颗粒饲喂的产奶量增加，但在有的研究中产奶量不受影响。补饲谷物和菜籽饼对奶牛产奶量无显著影响，同时，奶牛患亚临床酮症和其他代谢紊乱疾病的风险无明显变化。针对两个研究中产奶量对补饲的不同响应提出的可能解释是两个研究中粗饲料品质有差异。根据大量研究结果，有学者计算得出，100 hm² 谷物可满足 71～76 头奶牛的营养需求，而相同重量的菜籽饼和菜籽/谷物混合日粮分别可满足 83 头和 73～77 头奶牛的营养需求。

大豆（甘氨酸含量最高）和大豆制品

大豆栽培主要用于提供食用油，其副产品豆粕广泛用于动物饲料。除此之外，完整的大豆籽粒也可用于饲喂动物。美国、巴西、阿根廷和中国是大豆的主要生产国。

目前通过基因工程手段培育的大豆品种较多，北美国家当前主要的转基因作物包含大豆、玉米、油菜和棉花，而有机农业生产中应选择非转基因大豆品种。豆粕是最好的植物蛋白来源之一，与谷实饲料搭配饲喂动物，氨基酸可以相互补充，满足农场动物的氨基酸需求。因此，豆粕是评判其他植物性蛋白质饲料品质的标准。亚利桑那大学的研究人员 Santos 等（1998）对蛋白质补充料的使用和泌乳奶牛的蛋白质营养的研究进行了广泛的文献综述，该综述涉及 1985—1997 年期间开展的 108 项研究，在 127 次比较中，88 项泌乳期豆粕替代研究结果表明，用其他蛋白质饲料替代豆粕，当替代率在 17% 时能显著提高产奶量。

全脂大豆油脂含量 150～210 g/kg，油脂可通过特定的工艺进行提取。最初，大豆油是采用液压或螺旋压力机（挤出机）机械压榨而来，而后大豆油脂开始转向溶剂萃取工艺。机械压榨的特点是油脂提取效率较低，但螺旋压力机摩擦产生的热量可以钝化生大豆中存在的抗营养因子，但较高的温度可能会破坏蛋白质，会让产品变得不容易消化。

市场上的膨化豆粕主要应用于乳品饲料行业。膨化豆粕饲喂奶牛后，会增加奶牛过瘤胃蛋白含量，进而提升奶牛产奶量（Reynal 和 Broderick，2003）。

目前，挤压-膨化工艺发展较快，所使用的设备是一种挤压机，可以将大豆或其他油料籽实挤压并通过锥形模具。挤压过程中的摩擦会产热。在挤压-膨化过程中，螺旋压力机前面的干式挤压机不需要蒸汽就可以完成挤压。大豆等油料作物籽粒较小，加工效率较高，通常每天可加工 5～25 ha 大豆。干式挤压-膨化工艺生产的大豆饼含油量高于传统有机溶剂浸提法生产的大豆粕，但豆饼中胰蛋白酶抑制因子含量均较低。挤压-膨化大豆饼的营养特性与螺旋压榨大豆饼相似，符合有机生产的要求，可应用于有机饲料生产。

目前，还有一种主要应用于小型植物的挤压工艺，该工艺不能去除油脂，生产出来的产品为全脂豆饼，生产的产品可用于有机饲料生产。大豆能够在寒冷地区种植和利用，为蛋白质饲料缺乏的地区提供饲料需求，有助于解决欧洲有机蛋白质饲料持续供应不足的问题。在寒冷气候条件下，如加拿大东部的沿海地区，可引进大豆进行栽培。

营养特征

全脂大豆含有 360～370 g/kg 粗蛋白，而豆粕含有 410～500 g/kg 粗蛋白，这取决于油脂提取的效率和残留外壳的比例。大豆油含有高含量的多不饱和脂肪酸、亚油酸（C18:2）和亚麻（C18:3），同时含有大量的单不饱和脂肪酸油酸（C18:1）和适量的饱和脂肪酸，如棕榈酸（C16:0）和硬脂酸（C18:0）。

传统的大豆饼粕一般有两种，一种是不去皮的大豆饼粕，蛋白质含量为 440 g/kg，另一种是去皮的大豆饼粕，蛋白质含量为 480～500 g/kg。两种大豆饼粕（去皮和不去皮）的蛋白质表观消化率差别不大。大豆饼粕中纤维素含量较低，其能值大多高于油籽饼粕。大豆饼粕具有良好的氨基酸构成，其赖氨酸的含量仅次于豌豆、鱼类和牛奶。大豆饼粕是色氨酸、苏氨酸和异亮氨酸的优质来源，补充了谷物中缺乏的限制性氨基酸，特别是蛋氨酸。此外，大豆饼粕中的氨基酸与其他植物蛋白质饲料相比消化率更高。有研究采用 6 周龄断奶荷斯坦公犊牛进行试验，以期确定玉米/豆粕型日粮中的限制性氨基酸，结果表明，蛋氨酸是第一限制性氨基酸，其次是赖氨酸和色氨酸（Abe 等，1998）。

豆粕中的矿物质含量通常较低，Liener（2000）研究指出，大豆中约 66% 的磷以植酸磷的形式存在，这种磷在动物体内消化率很低。同时，植酸磷也会螯合其他矿物质元素，包括钙、镁、钾、铁和锌，从而阻碍动物对这些矿物质的吸收。因此，豆粕（或其他高植酸盐的饲料）型日粮中应添加足够数量的微量矿物质。传统大豆饼粕是生产配合饲料的主要原料之一，因为其营养成分和物理特性比较稳定，不会因来源不同出现较大差异。供应的有机大豆饼粕也需要采取类似的质量控制措施，以确保大豆饼粕营养成分的稳定性。

大豆的加工需要精确控制含水量、温度和加工时间。加工过程中，充足的水分可破坏抗营养因子，过热和加热不足均会导致豆粕营养价值降低，加热不足无法充分抑制抗营养因子活性，同时过热则会降低氨基酸的利用效率。

饲料工厂一般通过脲酶活性来评估大豆饼粕是否加热不足，通过蛋白质溶解度（在 KOH 溶液中的溶解度）来评估大豆饼粕是否过热。蛋白质溶解度的测定方法是将豆类产品浸泡于 0.2% KOH 溶液中，然后测定可溶解的氮素含量。大豆饼粕加热时间过长，可溶解氮素含量降低，说明此时可利用氨基酸含量降低。脲酶会将尿素降解为氨气，而氨气会导致 pH 值升高，因此可根据 pH 值测定脲酶活性。总体上，脲酶的失活与胰蛋白酶抑制因子和其他抗营养因子的破坏程度有关。

抗营养因子

所有的油料籽实蛋白质饲料中都存在天然抗营养因子。在生大豆中，存在着各类蛋白酶抑制剂，这些抑制剂会严重影响消化酶活性。其中最广为人知的就是 Kunitz 抑制剂和 Bowman-Birk 抑制剂，这两种抑制剂均对胰蛋白酶有抑制作用，Bowman-Birk 抑制剂还对糜蛋白酶有抑制作用（Liener，1994）。蛋白酶抑制剂干扰反刍动物消化道前段的蛋白质消化，导致犊牛生长受到抑制。当豆类受到焙炒或加热时，这些蛋白酶抑制剂就会失活。但是，不能加热过度，否则就会像前文所述那样，可能使蛋白质和氨基酸的生物利用率降低。

生大豆中的植物凝集素（凝血素）可以抑制动物的生长并导致其死亡。植物凝集素通过加热可迅速降解，但它能与含碳水化合物分子结合，并导致动物血液蛋白质凝固。

牛的日粮

大豆饼粕和谷物按照适当的比例进行搭配，可为牛提供优质的蛋白质。Reynal 和 Broderick（2003）研究了饲喂不同蛋白质饲料对荷斯坦奶牛产奶量的影响。结果表明，有机溶剂浸提（传统）的大豆粕、膨化大豆饼、血粉和玉米蛋白粉中瘤胃不可降解蛋白质含量分别为 27%、45%、60% 和 73%，这说明，与传统豆粕相比，膨化大豆饼中过瘤胃蛋白更多，这些蛋白不会在瘤胃中降解，会进入皱胃和小肠进行后续消化。该研究证实了膨化大豆饼是一种高品质的蛋白质饲料来源，对满足奶牛产奶营养需求具有重要意义。Awawdeh 等（2007）的研究结果与上述结果类似，与传统的有机溶剂浸提豆粕相比，饲喂膨化大豆饼的奶牛干物质摄入量、体增重、产奶量和营养成分产量和产奶效率均无显著差异。

有研究比较了几种犊牛开食料的蛋白质来源。例如，Fiems 等（1985）报道指出，当用菜籽饼粕取代大豆饼粕时，犊牛体增重和采食量降低，这表明饲料适口性差是犊牛生长缓慢的主要原因。Sharma 等（1986）研究发现，当采用油菜籽或挤压、颗粒化的全棉籽取代豆粕时，日粮的消化率和收益均降低。研究表明，与全棉籽和全葵花籽相比，饲喂大豆饼粕的犊牛生长性能更佳。而采用棉籽饼粕替代开食料中大豆饼粕时，犊牛消化率、活重增加量和增重效率均降低（Fiems 等，1986）。

有学者比较了豆粕和葵花籽粕作为蛋白质补充料，对雄性荷斯坦犊牛生长和消化率的影响（Nishino 等，1980）。试验动物为 7 周龄断奶犊牛，试验中各组犊牛分别饲喂 2 种蛋白质补充料的日粮，饲喂时间从 3 周龄开始至 12 周龄结束。每头犊牛开食料限制饲喂量为 2.7 kg/（头·d），同时饲喂适量干草。结果表明，犊牛断奶前的日增重不受日粮影响。然而，与豆粕组相比，向日葵粕组犊牛日增重显著降低。同样，葵花籽粕组犊牛增重比（每千克干物质摄入量/每千克增重）显著升高。在消化试验中，饲喂量限制在 2.58 kg 干物质/（头·d），葵花籽粕组断奶犊牛的干物质消化率显著降低，粗蛋白、ADF 的消化率无显著变化，氮平衡、血液尿素含量和瘤胃氨氮浓度也无显著变化。以上结果表明，相比于饲喂其他类型蛋白质来源的日粮，犊牛饲喂豆粕型日粮生长性能更好。

在低品质饲草情况下，大豆饼粕是肉牛的一种有价值的蛋白质补充料（Mathis 等，1999）。研究表明，日粮中添加大豆饼粕可提高饲草 OM 采食量和消化率。给放牧在低品质牧草草场的母牛补饲其体重 0.30% 的大豆饼粕，母牛的生长性能明显变好。而补饲量低于这个水平，母牛会出现体重下降现象。

全脂大豆

日粮中的全脂大豆可同时提供大量能量和蛋白质。使用全脂豆类是提高日粮能量水平的好方法，尤其是当全脂大豆与低能成分搭配时，效果更好。此外，与添加液体油脂相比，添加全脂大豆更容易将脂肪混合到日粮中。

Davenport 等（1987，1990）通过试验发现，大豆是生长期牛的优良蛋白质补充料。然而，饲喂玉米青贮饲料并补饲大豆的小牛生长性能却不如补饲豆粕的小牛。这可能是因为大豆在瘤胃中高度降解，导致进入小肠的氨基酸量减少。而焙炒大豆可以增加其潜在的过瘤胃氨基酸量（Cosby 等，1995）。堪萨斯州立大学的研究人员报告称，与饲喂含豆粕的开食料的小牛相比，饲喂含经 146℃ 温度烘焙的大豆开食料，可以显著提高 8 周龄荷斯坦犊牛的干物质摄入量和体增重，但该研究没有与生大豆进行比较（Abdelgadir 等，1996）。

Dhiman（2002）对饲喂 470 g 饲草和 530 g 谷物组成的基础日粮的奶牛进行补饲研究，试验处理为补饲有机溶剂浸提（常规的）豆粕、膨化豆粕和全脂大豆。豆粕处理组日粮含 112 g/kg 干物质。三个处理组日粮提供相同的能量、粗蛋白、脂肪、纤维和矿物质。饲喂三种日粮的奶牛采食量、产奶量、能量校正乳产量、产奶量/采食量、乳脂含量、乳脂产量、乳蛋白产量和乳尿素含量均相似。常规豆粕组、膨化豆粕组和全脂大豆组奶牛乳蛋白含量和蛋白产量分别为 28.4 g/kg、27.8 g/kg、28.0 g/kg 和 1.03 kg/d、1.01 kg/d、1.03 kg/d，相应地，各组牛奶中每 100 g 脂肪中共轭亚油酸的含量分别为 0.54 g、0.64 g 和 0.77 g。由于膨化豆粕（91 g/kg）和全脂挤压大豆（200 g/kg）中脂肪含量较高，与含有传统豆粕的日粮相比，含有膨化豆粕和全脂豆粕的日粮额外补充脂肪的量可减少 0.4% 和 0.8%。这些结果表明，当日粮的泌乳净能达到平衡时，饲喂含常规豆粕、膨化豆粕和全脂大豆的日粮对奶牛产奶量无明显影响。

Albro 等（1993）报告称，给饲喂低品质饲草（低于 70 g 粗蛋白/kg）的肉用公牛分别补饲大豆粕、生大豆和压榨大豆，肉牛体增重变化不大，但饲喂压榨大豆的牛体增重和饲料比例相比饲喂生大豆的更高。Felton 和 Kerley（2004）同样采用肉用公牛进行了饲养试验，试验采用全脂大豆全部或部分代替日粮中的豆粕，各处理组日粮中豆粕含量分别为 173.0 g/kg、116.0 g/kg、58.0 g/kg 和 0.00 g/kg，全脂大豆分别为 0 g/kg、80 g/kg、160 g/kg 和 240 g/kg。结果表明，各处理组日粮不影响肉牛平均日增重和饲料转化效率，胴体测量表明，眼肌面积、肾盂心脂肪含量、背膘厚度、屠宰率和产量等级均无明显变化。

Cosby 等（1995）研究指出，饲喂烘焙全脂大豆会轻微降低肉的品质等级。Rumsey 等（1999）采用烘焙大豆替代日粮中传统豆粕，发现育肥牛的生长性能并无显著差异。虽然没有必要对饲喂反刍动物的大豆进行热处理，但烘焙可以作为一种有效的干燥方法，具有降低饲料中真菌毒素水平、增加未降解摄入蛋白质（UIP 或过瘤胃）水平和提高安全添加量上限的优势。

Trenkle 等（1995）指出，给肉牛饲喂大豆会增加肉中多不饱和脂肪酸的含量。在人类饮食中，不饱和脂肪相比饱和脂肪更为健康；因此，这可能是一种改善牛肉营养价值的方法。而给反刍动物饲喂全脂大豆似乎可以保护部分油脂不在瘤胃内降解。在相关研究中，Graham 等（2001）报告称，饲喂全脂大豆是一种经济的饲喂方式，可提高与肉牛早期受孕率有关的不饱和脂肪酸水平。在这些研究中，饲喂含全脂大豆日粮（繁殖前 50 d，每天 1.5 kg/头）的肉牛比饲喂传统蛋白质补充料（含玉米面筋饲料和豆粕）的奶牛产犊更多，受孕率提高了 15%。

由于全脂大豆容易酸败，因此含全脂大豆的饲料应现配现用，而不宜长期保存，否则应该在饲料中添加经批准的抗氧化剂以防止氧化。如对大豆进行高温等处理将会使引起脂肪酸败的酶失活，从而可能延长饲料的储存时间。

大豆浓缩蛋白

大豆浓缩蛋白（IFN 5-08-038 大豆浓缩蛋白）是从精选、清洁和脱皮后的大豆中，去除大部分油溶性和水溶性非蛋白质成分而获得的产品。在北美市场上的大豆浓缩蛋白饲料，不含水分且粗蛋白不低于 650 g/kg。大豆分离蛋白（IFN 5-24-811 大豆分离蛋白）是通过从精选、清洁和脱皮的大豆中，去除大部分非蛋白质成分而获得的干燥产品。市场上的大豆分离蛋白饲料不含水分且粗蛋白不少于 900 g/kg。大豆浓缩蛋白和大豆分离蛋白均已作为牛乳的脱脂替代品广泛应用于犊牛日粮（Lalles 等，1995）。

葵花籽和粕（向日葵）

向日葵是一种油籽作物，在世界许多地区都有种植，在有机牛养殖方面具有相当大的潜力。向日葵主要生产地为欧洲（法国、俄罗斯、罗马尼亚和乌克兰）、南美、中国和印度。向日葵种植是为了产油，榨油之后的饼粕可用于动物饲养。市场上，葵花籽油有很高的价值，其多不饱和脂肪酸含量高且在高温下比较稳定。加工过程中剩余的葵花籽和不适合产油的葵花籽均可用于饲料。目前，向日葵种子加工厂已经在奥地利等国建设完成。

营养特征

葵花籽含有约 380 g/kg 油、170 g/kg 粗蛋白和 159 g/kg 粗纤维，是饲料油脂的良好来源。葵花籽粕是从葵花籽中提取油后残留的产物。根据葵花籽质量、提取方法以及壳含量的不同，葵花籽粕的营养成分差异很大。并且，随着榨油前葵花籽脱壳程度的不同，葵花籽粕的成分和营养价值差异也很大。与其他油料作物一样，只有通过物理压榨的方法制成的葵花籽粕才能应用于有机生产。

有壳葵花籽粕的粗纤维含量约为 300 g/kg，而去壳后，粗纤维含量约为 120 g/kg。葵花籽粕的赖氨酸含量低于豆粕，但含硫氨基酸含量高于豆粕。然而，葵花籽粕的能值低于菜籽油或豆粕，其 ME 值约为 13 MJ/kg 干物质。能值随纤维含量和残余油含量变化较大。葵花籽粕中壳含量越高，其能值越低，体积密度也越低。机械过程榨油会在饼粕中残留更多的油脂，残留量通常为 50～60 g/kg，这取决于提取方法的效率。机械压榨提取的葵花籽饼中含油量较高，能值也较高，对于能量需求较高或补饲量有限的动物来说，葵花籽粕是一种有效的能量补充料。泌乳奶牛通常对日粮中添加的脂肪比较敏感，葵花籽粕中含油量较高，可应用于奶牛饲喂。

葵花籽油多不饱和脂肪酸含量高，因此容易氧化酸败，保质期很短，不饱和脂肪酸的氧化酸败会造成饲料适口性变差。与其他植物性蛋白饲料相比，葵花籽粕钙和磷水平更优。与豆粕相比，葵花籽粕的微量元素含量较低。此外，葵花籽粕一般富含 B 族维生素和 β- 胡萝卜素。

如前面大豆部分所述，不建议使用葵花籽粕饲喂幼龄牛犊，但可以饲喂较大的犊牛和奶牛。

抗营养因子

与其他主要油料作物籽实和饼粕相比，葵花籽和葵花籽饼粕几乎不含抗营养因子。

牛的日粮

葵花籽饼粕已被证实适合单独作为蛋白质饲料添加进奶牛饲料中。当采用部分脱壳（Schingoethe 等，1977）或完全脱壳（Parks 等，1981）的葵花籽粕替代日粮中大豆粕后，奶牛产奶量无明显变化。Patterson 等（1999a）研究发现，与补饲优质北方大豆或菜籽饼粕的犊牛相比，补饲低水平葵花籽粕的犊牛日增重降低。Patterson 等（1999b）同时评估了补饲对瘤胃发酵和消化动力学的影响，结果显示，不同补饲组的干物质降解率和氮降解率并没有差异。

对冬季牧场放牧的牛，Patterson 等（1999b）补饲蛋白质补充料，即食用豆类和葵花籽粕、食用豆类和葵花籽粕或菜籽粕的混合饲料，混合饲料补饲量为 182 g/d，葵花籽粕的补饲量为 91 g/d，补饲葵花籽粕的母牛在妊娠期比其他补饲组的母牛体重下降更严重，但无显著差异，说明 182 g/d 的蛋白补充水平相比 91 g/d 更能满足动物需求。而各补饲组犊牛断奶体重和母牛妊娠率均无显著差异，单独补饲食用豆类会造成适口性变差的问题，但补饲混合食用豆类和葵花籽粕不会出现相应问题。

以秸秆为基础日粮，给哺乳期犊牛饲喂 2 kg 葵花籽粕（粗蛋白 381 g/kg）、2.25 kg 羽扇豆（粗蛋白 332 g/kg）或 2.25 g/kg 小麦筛屑（粗蛋白 166 g/kg），肉牛体重、体况评分和繁殖状况评分未发生明显变化。饲喂葵花籽粕组的犊牛增重为 0.96 kg/d，小麦筛屑组为 0.91 kg/d，葵花籽粕组为 0.92 kg/d。研究结果表明，葵花籽粕可单独作为肉牛日粮中蛋白质补充料（Anderson，1993）。比较葵花籽粕和其他蛋白质饲料的饲喂效果，发现生长期肉牛的生长性能基本一致，在于这些蛋白质饲料提供的粗蛋白和粗纤维的量一致（Milton 等，1997）。

Patterson 等（1999a）分别比较了以葵花籽粕为蛋白质饲料的日粮和分别以菜籽粕、可食用豆类、食用豆类与葵花籽粕的混合料为蛋白质饲料的日粮饲喂效果，其中葵花籽粕提供的蛋白设两个处理，分别为 91 g/d 和 182 g/d，菜籽粕、可食用豆类、食用豆类与葵花籽粕的混合料提供的蛋白水平均为 182 g/d，结果表明，饲料中干物质、NDF 和 ADF 降解率无显著差异，但可食用豆类和菜籽粕的消化率显著高于其他组。

全籽实饲喂

研究表明，葵花籽全籽实可以在不经过任何处理的情况下，作为其他油料作物籽实的替代品给奶牛饲喂。在饲喂之前对葵花籽碾碎或滚动等加工，不会影响葵花籽的饲喂效果。葵花籽籽粒添加进饲料中不会对适口性产生不利影响，但葵花籽籽粒大小会影响奶牛的咀嚼和消化。

Sarrazin 等（2004）比较了饲喂生的和焙炒过的葵花籽对奶牛生产性能的影响，葵花籽的添加量为 78 g/kg 饲料干物质。结果表明，饲喂葵花籽饲料比饲喂不含葵花籽且产奶量相同的饲料消耗量低 8%。同时，与未饲喂葵花籽的奶牛相比，饲喂葵花籽的奶牛的乳脂含量（30.7 g/kg vs 33 g/kg）和乳脂产量（1.33 kg/d vs 1.47 kg/d）均较低，此外补饲葵花籽对其他乳成分的浓度和产量均没有影响，并且瘤胃 pH 值、氨氮和总挥发性脂肪酸也不受影响。葵花籽的添加或热处理对饲料总养分消化率没有影响，但牛奶中短链脂肪酸（C4:0～C12:0）和中链（C14:0～C16:0）脂肪酸含量发生变化，分别降低 27% 和 29%，而长链脂肪酸（C18:0～C18:3）的含量升高 51%。饲喂生的和焙炒的葵花籽会降低瘤胃液中乙酸的浓度，增加丙酸的浓度。研究表明，在奶牛日粮中添加未加热或焙炒的葵花籽可以提高产奶效率，并增加牛奶中长链和多不饱和脂肪酸的含量，饲喂高达 78 g/kg（干物质基础）的葵花籽不会对养分利用产生不利影响，此外葵花籽焙炒对奶牛产奶量和乳脂肪酸组成无改善效果。就葵花籽利用而言，由于葵花籽籽粒密度小，长途运输成本较高，因此在向日葵的主产地，建议把葵花籽全籽粒作为饲料使用，这样经济效益会更高。

棉籽粕（棉属）

棉籽是一种重要的油料作物，主要产地有美国、中国、印度、巴基斯坦、拉丁美洲和欧洲。近年来，随着食品工业推出无反式脂肪产品，市场对棉籽油的需求有所增加。

棉籽粕是美国第二重要的蛋白质饲料。大部分棉籽饼粕被用于反刍动物的饲料中。全棉籽是一种被广泛使用的奶牛饲料，因其含有高纤维、能量（来自脂肪）和蛋白质。在一份哺乳奶牛饲料类型的全国性报告调查中显示，美国约 40% 的奶制品生产商饲喂全棉籽（Mowrey 和 Spain，1999）。

营养特征

Coppock 等（1987）、Tanksley（1990）和 Chiba（2001）对棉籽粕的营养含量进行了研究。根据这些研究，棉籽粕的 CP 含量可在 360～410 g/kg，这取决于外壳和残留油的含量。棉籽粕的氨基酸含量和消化率均低于豆粕。虽然棉籽粕的蛋白质含量很高，但赖氨酸和色氨酸含量较低。可能因为加热导致赖氨酸的 ε - 氨基与游离棉酚之间形成了一种不溶的复合体，导致赖氨酸在排泄物中的消化率很低（Tanksley，1990）。棉籽粕中的纤维含量高于豆粕，其能值与纤维含量呈负相关。与豆粕相比，棉籽粕的矿物质来源比较少。棉籽粕中胡萝卜素含量较低，但除生物素、泛酸和吡哆醇外，其水溶性维生素含量均高于豆粕。

DePeters 和 Bath（1986）报道，在瘤胃原位培养时，棉籽粕的降解性与油菜籽粕相似。自 1969 年以来，美国棉籽的脂肪和灰分含量下降，纤维含量增加，导致能量含量下降了 20%。甚至美国种植的大多数棉籽的种子尺寸都有所缩小（Bertrand 等，2005）。了解这些信息将利于棉籽用于牛饲料的配制。棉籽的另一个问题是它含有的棉绒是否对动物有不利影响（纤维来源）。Moreira 等（2004）比较了饲喂含有机械脱绒全棉籽（DWCS；3.7% 棉绒）或整粒棉籽（LWCS；11.7% 棉绒）饲料的泌乳奶牛的奶产量。奶牛饲喂 130 g/kg（干物质基）的 DWCS 或 LWCS，其产奶量、3.5% 脂肪校正乳、能量校正乳、牛奶成分和干物质摄入量不受全棉籽类型的影响。但在 DWCS 和 LWCS 日粮中，分别有 2.5% 和 1.5% 的消耗种子作为整个棉籽在粪便中排泄。虽然在统计上具有显著性，但粪便干物质中完整种子比例的处理差异几乎没有营养上的缺失。泌乳奶牛的体况评分随 DWCS 的增加而增加（0.22 vs 0.11），但这并未反映在体重变化上。根据不可消化 ADF 计算，DWCS 和 LWCS 日粮中干物质消化率分别为 63.5% 和 64.8%。结果表明，在 DWCS 和 LWCS 日粮中，消化的棉籽分别有 2.5% 和 1.5% 作为整粒棉籽随粪便排出。尽管在统计学上有意义，但粪便干物质中完整种子比例的处理差异对奶牛的营养影响不大。因此，研究人员得出结论，在奶牛日粮中，机械脱绒的 WCS 与 LWCS 的效果相似。

抗营养因子

在猪日粮中加入棉籽粕受到限制,在于棉籽粕中残留的游离棉酚有害。然而,牛和羊对棉酚中毒的敏感性却低于猪,棉酚会直接与瘤胃中的蛋白质结合。当饲料中游离棉酚水平接近 800 mg/kg 时,牛通常会出现毒性症状。棉酚中毒的一般症状是便秘、食欲减退、体重减轻及因循环功能衰竭而死亡。棉籽粕中游离棉酚含量在加工过程中会降低,且因所用方法的不同而变化。在新种子中,游离棉酚占籽粒重量的 0.4%~1.4%。螺旋压榨材料的游离棉酚含量为 200~500 mg/kg。生产中必须控制加工条件,以防止高温下棉酚与赖氨酸结合而导致蛋白质品质的下降。幸运的是,在不降低蛋白质品质的温度下,螺旋压榨机在挤压过程中的剪切作用也是一种有效的棉酚灭活剂(Tanksley,1990)。

棉酚毒性和真菌毒素污染是饲喂棉籽和棉籽粕的潜在危险。虽然棉酚毒性发生在反刍动物身上可能性很低,在每天摄入 3~4 kg 的任何一种饲料时都不太可能发生,但如果摄入大量的种子或饲料,则有可能发生(Coppock 等,1987)。如果收获前水分和温度过高,黄曲霉毒素污染也是一个潜在的危险,应采取预防措施。

牛的日粮

一些研究人员对棉籽及其副产品在牛饲养中的应用进行了综述。Coppock 等(1987)发现,很少有其他饲料成分具有棉籽中那样的高能和高可消化纤维含量。然而,一个重要的发现是,营养物质的含量是易变的。还有一种说法是,当时 NRC(1982)列出的营养价值高于其他报告的价值。对已发表的研究结果回顾时发现,尽管用全棉籽喂牛并不是什么新鲜事,其对高产奶牛的特殊营养特性的影响是显而易见的。原因是奶牛群体具有很高的哺乳遗传潜力,这些奶牛需要高能量但低纤维的日粮,以及整粒棉籽对乳脂含量的总体积极影响。将全棉籽与其他油籽和蛋白质补充料的营养成分进行比较,结果表明,只有带皮和带壳的花生仁具有相似的能量和粗纤维含量,而且这两种饲料的能量含量都高于其他常用的蛋白质补充剂。一项 18 次棉籽饲喂对比试验的结果表明,当全棉籽量达到 250 g/kg 时,干物质的摄入量没有一致的差异。这表明,在大多数研究中,当喂食整个棉籽时,NE_L 会增加。在大多数试验中,报告称乳脂百分比有所增加,这反映在脱脂牛奶产量的增加上。大约一半的研究显示牛奶蛋白质含量下降,但只有约 25% 的研究显示显著下降。全棉籽对营养物质消化率的唯一影响是提高了脂肪的消化率。

与豆粕相比,棉粕的饲用价值较低,这是由于棉粕的能量和赖氨酸含量较低所致。可以通过控制加热降低瘤胃降解率和增加氨基酸向小肠的转移,从而提高整个棉籽和棉籽粕的蛋白质价值。

在炎热的天气里,棉籽(和其他脂质来源)作为饲料能量成分可能有用。在夏季,高产奶牛往往不能摄入充足的饲料来满足其营养需求,特别是能量需求。Skaar 等(1989)发现,在温暖天气下产犊的奶牛,在日粮中添加脂肪 50 g/kg,产奶量高于未添加脂肪饲料的牛群,但乳成分不受影响。Knapp 和 Grummer(1991)报道,在炎热天气下,在奶牛日粮中添加脂肪 50 g/kg 可提高乳脂含量,且不影响产奶量和乳蛋白含量及产量。Holter 等(1992)报道,在泌乳奶牛日粮中添加 150 g/kg 全棉籽可使总产热量降低 6%,使维持的热量减少 8%。

Andrson 等（1984）比较了全棉籽、挤压大豆和全葵花籽作为泌乳奶牛补充料的效果。日粮干物质组成为 60% 浓缩物、24% 苜蓿干草和 16% 玉米青贮饲料。日粮中含有 10% 的全棉籽、5% 的挤压大豆和 12% 的全葵花籽（干物质基础）。所有日粮大致是等能量和等氮的。奶牛按食欲进食。挤压大豆日粮的采食量最高，全棉籽日粮的采食量中等，全葵花籽日粮的采食量最低。饲喂全葵花籽日粮后奶牛的产奶量、脱脂奶、脂肪、蛋白质和非脂乳固体含量均低于其他两种日粮的奶牛。食用全棉籽饲料的奶牛产奶效率最高。日粮之间的干物质消化率或奶牛体重没有差异。综上，含有全棉籽和挤压大豆的日粮比含有全葵花籽的日粮更适合饲喂泌乳牛。

Belibasakis 和 Tsirgagianni（1995）对全棉籽和棉籽粕进行了比较。产后 70～140 d 的弗里斯奶牛饲喂含有 200 g/kg 全棉籽加 130 g/kg 豆粕或 140 g/kg 棉籽粕加 185 g/kg 豆粕的精饲料，以及玉米青贮饲料和稻草，两者比例为 8∶1（鲜重）。结果表明，与棉籽粕相比，全棉籽粕能显著提高奶牛产奶量（25.1 kg/d vs 23.1 kg/d）、脂肪校正乳产量（25.0 kg/d vs 21.5 kg/d）、乳脂含量（3.98 kg/d vs 3.56%）和乳脂产量（1.0 kg/d vs 0.82 kg/d）。日粮处理对干物质摄入量、乳蛋白含量和产量、乳糖含量、总固形物和非脂肪固形物含量没有显著影响。血浆葡萄糖、总蛋白、尿素、钠、钾、钙、磷、镁浓度无显著性差异。然而，当奶牛饲喂含有全棉籽的饲料时，发现血浆甘油三酯（18.8 mg/100 mL vs 15.9 mg/100 mL）、胆固醇（225.1 mg/100 mL vs 173.2 mg/100 mL）和磷脂（225.6 mg/100 mL vs 169.6 mg/100 mL）浓度增加。而后的一项研究证实了全棉籽在奶牛饲养中的价值。作者认为，约 1 g 粗蛋白与 40 kJ NE_L 的比例使全棉籽成为满足高产奶牛能量和粗蛋白需要的有力补充剂（Arieli，1998）。

Anderson 等（1982）研究了饲喂全棉籽对荷斯坦犊牛的采食量、体重和瘤胃发育的影响。饲料组成为：（i）精料和干草（对照）；（ii）含有 25% 全棉籽和干草的精饲料；（iii）含有 25% 全棉籽且不含干草的精饲料。牛奶以每天 2.8 L/头的添加量饲喂。结果表明，12 周龄时，饲喂全棉籽犊牛的采食量、体重、瘤胃上皮厚度、每平方厘米的瘤胃乳头数均高于对照组。日粮对瘤胃液 pH 值、总挥发性脂肪酸浓度、单种挥发性脂肪酸浓度、瘤胃壁厚度、瘤胃乳头长度、胃室重量（单独和组合）、瘤胃容量和真胃容量无明显影响。可见，棉籽可用于犊牛的饲喂。

Claypool 等（1985）比较了豆粕、棉籽粕和菜籽粕作为 45 日龄荷斯坦犊牛开食饲料成分的结果。试验结果表明，饲喂双低油菜籽、棉籽和豆粕的犊牛在断奶前平均增重 0.58 kg/d、0.62 kg/d 和 0.62 kg/d，在断奶后平均增重 0.89 kg/d、0.89 kg/d 和 0.92 kg/d。在断奶前期，开食料消耗量分别为 20.6 kg、26.7 kg 和 24.6 kg；牛奶消费量分别为 161 kg、176 kg 和 174 kg；血细胞压积体积分别为 24.4%、22.9% 和 24.9%；血液三碘甲状腺原氨酸浓度分别为 1.78 ng/mL、1.68 ng/mL 和 1.72 ng/mL；血液甲状腺素浓度分别为 21.1 ng/mL、23.6 ng/mL 和 21.1 ng/mL。两组间差异不显著，表明棉籽粕在营养水平上可以作为犊牛开食料的蛋白质补充剂。然而，Fiems 等（1986）研究结果表明，当犊牛开食料中用棉籽粕替代豆粕时，消化率、增重和增重效率会较低。

Cochran 等（1986）对在蒙大拿州东南部本地牧场放牧的干奶牛饲喂了大麦蛋白质补充剂 [0.9 kg/（头·d）；700 g/kg 大麦，300 g/kg 棉籽粕]。在试验期间，喂食大麦 –

棉籽粉饼的奶牛增重了 14 kg。每头牛每天饲喂 1.25 kg 苜蓿块的奶牛也取得了类似的增重效果。未添加补充剂的奶牛在试验期间体重减轻了 11 kg。

日粮中添加 250 g/kg 全棉籽的绵羊和日粮中添加 150 g/kg 全棉籽的奶牛的甲烷产量减少了 12%～14%。降低甲烷产量的原因是棉籽中的油脂是瘤胃中主要的氢汇，有降低甲烷产量的作用（Arieli，1998）。甲烷产量的改变与瘤胃发酵特性的补充改变有关。

Arieli（1998）认为，由于全棉籽的脂肪和蛋白质含量高，可被定义为浓缩棉籽。其纤维在瘤胃中的作用与其他牧草一样。全棉籽对奶牛产奶量的影响很大程度上可以通过对瘤胃过程的影响来解释。粗蛋白在瘤胃中的高降解性以及全棉籽中所含脂肪对微生物活性的抑制作用，可能会限制补充剂在高产奶牛中的添加量。目前的建议是在饲料中添加不超过 150 g/kg 的全棉籽。

对整粒棉籽的加工处理，特别是热处理，可以有助于在小肠中提供更多的未降解脂肪和蛋白质。热处理也可以减少全棉籽中的游离棉酚。因此，热处理可以提高奶牛日粮中棉籽的掺入率。

全棉籽和棉籽产品被成功应用于肉牛日粮（Cranston 等，2006）。总的来说，日粮类型对牛日增重没有影响，但与对照组相比，棉籽日粮的干物质摄入量增加，料重比降低。试验发现，饲喂棉籽日粮的牛，屠宰率和大理石纹分数均低于对照组的牛。然而，不同试验对胴体品质的影响并不一致。

亚麻籽（亚麻）

种植亚麻籽主要目的是生产工业亚麻籽用油，加拿大西部、中国和印度是主要生产地。其他重要的产区包括美国北部平原地区、阿根廷、苏联和乌拉圭。亚麻籽通常生长在干旱条件下。在加拿大，亚麻籽只作为一种工业油籽作物，而不是像一些其他国家那样用于纺织。

亚麻籽的含油量为 400～450 g/kg，机械榨油的副产品——亚麻籽粕可用于有机牛养殖。压榨机处理后可将浸出物中的含油量降至 50～80 g/kg。大多数亚麻籽副产品都用于乳制品行业，其中，亚麻籽粉是一种优质、适口性好的奶牛和肉牛的蛋白质饲料。

部分研究支持将磨碎的含油亚麻籽直接饲喂牛，主要基于以下两个原因：(1) 可增加牛奶和牛肉中对消费者健康有益的脂肪酸，同时增强肉的风味；(2) 整颗种子较硬，不易消化，需通过浸泡或煮沸软化。亚麻籽含有丰富的油脂，可作为生长牛和泌乳牛的浓缩能量饲料。

营养特征

与大多数谷物和油料作物一样，亚麻籽的成分因品种和环境因素而异。干物质基础上，典型数值分别为 410 g/kg 油和 200 g/kg 粗蛋白（DeClercq，2006）。而粗蛋白含量在 188～244 g/kg 不等（Daun 和 Przybylski，2000）。与其他油料种子一样，机械浸出会导致饼粕中的残余油含量高于溶剂浸出产品。

亚麻籽是木脂素前体——木脂素二苷（SDG）的最丰富的植物来源，它被瘤胃中的微生物转化为哺乳动物的植物雌激素（Zhou 等，2009），并沉积在牛奶和肉类中。这些植物雌激素被认为在激素替代治疗和癌症预防方面具有潜在价值。

亚麻籽粕是从用于研磨未提取的种子、研磨的亚麻籽饼中提取的饼粕。一般来说，亚麻籽粕指的是榨油后的研磨产品。由于它们的含油量不同，所以配制亚麻籽应在保证分析浓度的基础上，将其添加到牛的日粮中。由 Maddock 等（2005）研究指出，食用亚麻籽可能对人类健康有益。该油含有约 65 g/kg 亚油酸和约 230 g/kg α-亚麻酸，这是一种必需的 omega-3 脂肪酸，是二十碳五烯酸（EPA）的前体。EPA 是形成二十烷类化合物的前体，而二十烷类化合物是一种激素样化合物，在免疫反应中发挥重要作用。此外，一些证据表明，EPA 可以转化为二十二碳六烯酸（DHA），这是一种对细胞膜完整可提高牛奶和牛肉中 omega-3 脂肪酸的含量。最近研究表明，饲喂亚麻籽牛奶和肉产品含有更高水平的 omega-3 脂肪酸。高度饱和的长链脂肪酸提高了产奶量和乳脂率，而花生、大豆、向日葵、玉米和亚麻籽油中含有的不饱和脂肪酸往往会提高产奶量，但会降低乳脂率。

亚麻籽粕适口性好，且有轻微的通便作用。Chiba（2001）和 Maddock（2005）等对亚麻籽粕的营养成分进行了报道。其 CP 平均含量为 370 g/kg（干物质基础），但变化不大，最高可达 420 g/kg。亚麻籽粕缺乏赖氨酸，蛋氨酸含量低于其他油料粕。蛋白质在瘤胃中的降解率很高，与豆粕的降解率相近。由于皮壳含有大量的黏胶，亚麻籽粕的粗纤维含量较高，亚麻籽粕的纤维含量高于豆粕，但能量含量低于豆粕。虽然亚麻粕中钙、磷和镁的含量高于豆粕，但亚麻粕中的主要常量矿物质含量与其他油料粕相当。可能是亚麻籽生长在硒充足的地区，所以亚麻籽粕是一个很好的硒来源。

抗营养因子

未成熟的亚麻籽中含有糖苷亚麻素。在一定的温度（最适 40~50℃）、酸性条件（pH 2~8）和有水分的情况下，相关的酶作用于芳樟素产生的氰化氢，氰化氢对动物来说是剧毒。氰化物能够与细胞色素氧化酶结合，导致细胞呼吸因缺氧而迅速停止而致死。成熟的种子很少或根本不含亚麻素，饲喂毒性问题较小；同时，亚麻酶通常在提油过程中容易被加热破坏。充分加热可破坏这种酶，因此，可将其煮沸 10 min 以保证饲料安全。在英国，根据规定，亚麻籽饼或粕中的氢氰酸含量必须低于 350 mg/kg 饲料，水分含量为 120 g/kg。据报道，反刍动物比非反刍动物更容易受到氰化氢中毒，牛比绵羊更容易中毒。而赫里福德牛比其他品种的牛更不容易感染。

牛的日粮

亚麻籽粕是亚麻籽榨油后的副产品，是一种很好的蛋白质补充剂。亚麻籽粕是将亚麻籽榨油后剩下的块状物或碎片磨碎而成。它是一种极好的奶牛的蛋白质补充剂，并有助于让奶牛毛色光亮，并使毛发变得柔软。奶牛很爱采食这种饲料，但它往往会使牛奶中的乳脂变软，这种乳脂容易氧化酸败。大量的亚麻籽饼有通便的作用，过量使用会对乳脂产生不良的软化效果，并可能使牛奶有酸败的味道（McDonald 等，1995）。对整粒亚麻籽作为牛的饲料成分进行的几项研究表明，与其他含有易酸败油脂的油籽一样，磨碎的种子应该混合到饲料中，并在加工后迅速使用。

Petit 等（2001）研究表明，与饲喂其他脂肪来源的奶牛相比，饲喂 170 g/kg 亚麻籽的奶牛的受孕率有所提高（87.5% vs 50.0%），这可能在于饲喂亚麻饲料能增强奶牛的能量平衡。

关于亚麻籽在奶牛日粮中的价值也进行了其他研究。Goodridge 等（2001）给泌乳奶牛饲喂酪蛋白保护的亚麻籽，每千克牛奶脂肪含量为 1.76 kg 或 3.53 kg，Ward 等（2002）以 80 g/kg 日粮（干物质基础）饲喂泌乳奶牛亚麻籽（或亚麻品种亚麻籽）、普通亚麻籽或油菜籽。在两个试验中产奶量均无差异。然而，Goodridge 等（2001）报告用亚麻饲喂的奶牛产生的乳蛋白质含量更高。Ward 等（2002）则报告饲喂亚麻籽饲料的奶牛与饲喂对照饲料的奶牛相比，乳蛋白质产量较低。Kennelly 和 Khorasani（1992）饲喂了四种不同水平的亚麻籽（以干物质为基础的 0、50 g/kg、100 g/kg 和 150 g/kg 日粮），并注意到饲料摄入量和产奶量无差异，但乳蛋白质含量随着亚麻籽水平的增加而下降。

除了对乳蛋白质的影响外，已有研究表明，在日粮中加入亚麻籽可以改变牛奶脂肪酸的组成，对人们健康有益。Kennelly 和 Khorasani（1992）在上面提到的研究中，指出乳中的长链脂肪酸和多不饱和脂肪酸含量呈线性增加，包括 α-亚麻酸（ALA）。其他研究人员也有类似的发现。Goodridge 等（2001）报道随着日粮中亚麻籽含量的增加，乳中 ALA 的水平呈线性增加。

Moallem（2009）报道介绍了机械压榨亚麻籽对高产奶牛产奶量和乳中脂肪酸组成的影响。试验分为两组：①对照组，饲喂泌乳奶牛日粮；②膨化亚麻籽组，饲喂相同的日粮，添加 40 g/kg 的补充料（含 700 g/kg 膨化亚麻籽和 300 g/kg 膨化麦麸粉，干物质计）。添加组平均日产奶量比对照组（45.4 kg/d 和 44.2 kg/d）提高 2.7%，乳脂含量（34.1 g/kg 和 36.3 g/kg）低于对照组（$P<0.05$），乳脂率未受影响。乳脂中 n-3 脂肪酸浓度和产奶量是对照组的 2.8 倍，n-6:n-3 比值比对照组低 2.8 倍。补充亚麻籽后，乳脂中饱和脂肪酸的比例降低，单不饱和脂肪酸和多不饱和脂肪酸的比例增加。

一些研究人员对亚麻籽在肉牛日粮中的应用进行了研究。Drouillard 等（2002）在饲料水平为 0、50 g/kg、100 g/kg 和 150 g/kg（干物质基础）的日粮中添加了亚麻籽，发现 50 g/kg 水平的亚麻籽增加了干物质的摄入量，但对增重或增重效率没有影响。Drouillard 等（2004）饲喂含 0、50 g/kg、100 g/kg 和 150 g/kg 亚麻籽的日粮，发现干物质的摄入量随着亚麻籽水平的增加呈线性下降。Maddock 等（2004）以 80 g/kg（干物质为基础）的饲料水平饲喂整个或加工（碾制或磨碎）的亚麻籽，与以玉米为基础的对照日粮相比，发现干物质摄入量无差异。这项研究的数据表明，加工亚麻对于优化养分利用是必要的。与饲喂全麻相比，亚麻卷曲或碾磨的增重和增重效率都有所提高。

亚麻籽可能会增强牛肉中的脂肪大理石纹。Maddock 等（2003）在饲养场育肥牛的饲料中添加 30 g/kg 或 60 g/kg 磨碎亚麻籽，在上市前 56 d 饲喂。胴体性状包括第 12 肋脂肪厚度、眼肌面积，与美国农业部产量和品质等级相比无差异。但在第二个试验中，Maddock 等（2004）在小母牛日粮中添加了 80 g/kg（干物质基础）的亚麻籽，亚麻籽有增加大理石花纹的趋势。

Drouillard 等（2002）用含有 0、50 g/kg、100 g/kg、150 或 200 g/kg 的牛脂或亚麻籽的日粮饲喂断奶犊牛 36～40 d。饲喂牛脂和 100 g/kg 亚麻籽饲料的犊牛，随后转喂普通育肥饲料。结果表明，饲喂 100 g/kg 亚麻籽饲料的黄牛大理石纹得分高于饲喂牛脂饲料的黄牛（分别为 SL60 和 SM00）。Drouillard 等（2004）用含量为 0 或 50 g/kg 亚麻籽的日粮饲养荷斯坦公牛 109 d 或 157 d，可提高其肉品质达到美国农业部优选等级的要求。

日粮中包含亚麻籽可能会改变牛肉的脂肪酸组成,与饲喂玉米(34 g/kg 脂肪)或大麦(39 g/kg 脂肪)日粮相比,饲喂亚麻籽的肉牛肌肉 ALA 含量更高(47 g/kg 脂肪)(Maddock 等,2003 年)。其他研究也有类似的报告。饲喂 50 g/kg 亚麻籽饲料的公牛比饲喂不含亚麻籽的日粮的公牛肌肉中 ALA 水平更高(Drouillard 等,2002)。Drouillard 等(2004)报道,饲喂含 50 g/kg 亚麻籽的日粮 109 d 或 157 d,与对照牛相比,荷斯坦牛的肌肉和脂肪样本中的丙氨酸含量增加。

由于饲喂亚麻籽的牛肉中不饱和脂肪酸含量增加,Drouillard 等(2004)调查了在添加亚麻籽的日粮中,使用维生素 E 作为抗氧化剂的情况。他们发现,补饲维生素 E 的牛的零售肉色分数与不喂亚麻籽的牛相比,其牛肉更鲜艳。Drouillard 等(2004)报道,饲喂亚麻籽的牛和饲喂不含亚麻籽的对照日粮的牛,牛肉中脂肪酸的脂肪氧化无差别。通过感官评定表明,与从饲喂玉米日粮的牛获得的牛排相比,从饲喂亚麻籽的牛获得的牛排没有那么多汁(Maddock 等,2003,2004)。Drouillard 等(2004)对饲喂亚麻籽的牛和饲喂不含亚麻籽的对照日粮的牛报道发现,其牛肉多汁性、嫩度或味道的感官评定无差异。

Maddock 等(2004)发现,饲喂亚麻籽的牛其牛排比饲喂以玉米为基础对照日粮的牛的牛排更嫩。具体表现为给肉牛饲喂含有 80 g/kg 亚麻籽的日粮,会导致其牛排具有较低的 Warner-Bratzler 剪切力值。然而,Drouillard 等(2004)报告指出,饲喂亚麻籽的牛和饲喂对照日粮的牛的牛排剪切力值间无差异。

日粮中添加亚麻籽有益于免疫反应。Drouillard 等(2002)对新断奶的犊牛进行了两项试验,以评估日粮中添加亚麻籽对发病率的影响。在试验 1 中,放牧犊牛分别饲喂 0、50 g/kg、100 g/kg、150 g/kg、200 g/kg 亚麻籽或 40 g/kg 牛脂饲料 36~40 d。在牛呼吸道疾病(BRD)病例中没有发现差异。在试验 2 中,饲喂不含亚麻籽、亚麻籽 40 g/kg、亚麻籽油 100 g/kg、亚麻籽油 40 g/kg、亚麻籽粕 40 g/kg 的断奶小母牛 40 d 或 41 d。在饲喂对照日粮的小母牛中,BRD 的发病率最高。与饲喂含有牛脂的日粮相比,饲喂含有亚麻籽和亚麻籽油的日粮导致 BRD 的小母牛较少。

Farren 等(2002)饲喂含 40 g/kg 牛脂、129 g/kg 亚麻籽或藻类来源的 DHA 的饲料,以评估对牛免疫反应的影响。在注射脂多糖(LPS)内毒素作为免疫应激物之前,给牛饲喂 14 d 的日粮。与饲喂牛脂和藻类的牛相比,饲喂亚麻的牛在注射内毒素后 3~6 h 的直肠温度较低,而与饲喂牛脂的牛相比,饲喂亚麻籽的牛的血液中结合珠蛋白水平更高,免疫反应呈阳性。

芝麻粕(芝麻)

芝麻作为一种油料作物,主要在中国、印度、非洲、东南亚和墨西哥种植,因其油具有优良的烹饪特性,被誉为"油料作物之王"(Ravindran 和 Blair,1992)。榨油后的芝麻粕可用于动物饲养,然而,研究发现芝麻粕对牛的饲养并无太大意义。

一些援助机构正在为冈比亚等国的农村地区提供小型榨油机,这会促进芝麻生产地区小反刍动物饲养的发展。

营养特征

Chiba（2001）对芝麻籽和芝麻粕的营养特性进行综述，芝麻籽平均含有粗蛋白 250 g/kg、油脂 500 g/kg、粗纤维 40 g/kg、灰分 50 g/kg、水分 50 g/kg。脱皮膨化后的芝麻粕营养成分与豆粕相似，平均粗蛋白含量为 400 g/kg，粗纤维值为 65 g/kg（Ravindran 和 Blair，1992）。芝麻粕是蛋氨酸、胱氨酸和色氨酸的优良来源，但其赖氨酸含量较低。虽然芝麻粉也是钙等矿物质的良好来源，但由于芝麻壳中草酸和植酸含量较高，其利用率可能较低（Ravindran，1991）。芝麻粕中的维生素水平与豆粕和大多数其他油籽粕中维生素含量相当（Ravindran，1991）。

抗营养因子

虽然芝麻不含任何蛋白酶抑制剂或其他抗营养因子，但高浓度的草酸和植酸可能会对芝麻的适口性以及矿物质和蛋白质的利用率产生不利影响（Ravindran，1991）。芝麻种子脱皮几乎可以去除草酸盐，但对植酸的去除效果有限，此外，由于芝麻种子较小，完全脱皮较为困难（Ravindran，1991）。

牛的日粮

芝麻粕在牛饲养的应用中公开发表的信息有限。Shultz 等（1970）用玉米青贮饲料饲喂体重为 255 kg 的青年公牛，每天饲喂 1.5 kg 精料，每千克精料中添加 250 g 芝麻粕，用尿素中的等量氮代替一半或全部芝麻粉，并添加额外的淀粉。试验牛日增重分别为 541 g、429 g 和 304 g，青贮饲料消耗量分别为 6.49 kg、6.37 kg 和 6.30 kg。氮的日损失量为 1.03 g、10.85 g 和 17.42 g，但各组间干物质、氮的表观消化率、血液尿素氮和瘤胃脂肪酸的表观消化率均无显著性差异。结果表明，用尿素替代芝麻粕会产生不利影响。

Obeidat 等（2009）报道了饲喂芝麻粕对阿瓦西羔羊生长性能、养分消化率和屠宰性能的影响。结果表明，芝麻粕可以替代日粮中 8% 的豆粕，对羔羊生长和肉品质无不良影响。

Shrivastava 和 Kendall（1961）研究了日粮中添加芝麻油和花生油对幼龄奶公牛的影响，日粮处理为：（i）全脂牛奶；（ii）添加维生素 A、维生素 D 和抗生素的脱脂牛奶；（iii）添加维生素 A、维生素 D 和抗生素的脱脂牛奶，另外添加 150 g/kg 或 200 g/kg 芝麻油，20 g/kg 卵磷脂；（iv）添加维生素 A、维生素 D 和抗生素脱脂牛奶，加 150 g/kg 或 200 g/kg 芝麻油和 20 g/kg 卵磷脂。所有犊牛均自由采食犊牛开食料和干草。42 d 时，各日粮组的总牛奶消耗量和活体重量增加分别为：（i）656 kg 和 21.6 kg；（ii）235 kg 和 17.8 kg；（iii）236.8 kg 和 17.0 kg；（iv）217.7 kg 和 15.1 kg，研究结果却显示并无有益影响。

米糠品质不稳定，储存时容易发生酸败。在使用米糠的小规模农牧饲料中，芝麻粕可作为一种天然抗氧化剂。例如，越南湄公河三角洲地区小规模养殖户重要的收入来源是生猪生产，那里生猪饲料主要是米糠、碎米、浓缩蛋白和蔬菜等。在这种环境下，米糠是主要的区域饲料资源，米糠一般不会进行脱脂处理，就必须在生产后几周内使用（Yamasaki 等，2003）。米糠中的油脂容易发生过氧化反应，失去适口性。Yamasaki 等（2003）在生长猪的日粮中添加 10~35 g/kg 磨碎的白芝麻，提高了猪的采食量和饲料转化效率。这些研究人员建议使用少量的芝麻粕作为天然抗氧化剂与米糠日粮一起使用，但仅在芝麻粕新鲜时使用。据推测，芝麻粕中含有维生素 E，可能抑制米糠中的油脂过氧化。

棕榈仁

棕榈仁饼粕是从油棕果实中机械榨油的副产品，其含量为 80～110 g/kg 油，具体取决于提取效率。

马来西亚是棕榈仁饼粕的主要生产国和出口国，澳大利亚部分地区也生产棕榈仁饼粕，棕榈仁饼粕是反刍动物饲料的重要成分。

棕榈仁饼粕是由棕榈果实经过两阶段榨油得到的。第一阶段是从果实的果皮部分初步提取棕榈油，剩余的部分则产生棕榈仁、副产物棕榈油渣（POS）和棕榈压榨纤维（PPF）。从粉碎的果仁中提取油，余下的副产物则可生产棕榈仁饼粕（PKC）。从压碎的果仁中榨油的方法有两种。传统的是机械螺旋压榨法，另外一种为溶剂（通常是正己烷）萃取法，前者可产生排出式棕榈仁饼，后者可萃取出溶剂棕榈仁饼。目前，棕榈仁饼存在的主要问题是产品的质量控制，以及它在进口的过程中是否可以控制害虫的风险。

营养特性

棕榈仁饼粕中约 60% 为细胞壁成分，约由 580 g/kg 的甘露聚糖、120 g/kg 纤维素及 40 g/kg 木聚糖组成（Jaafar 和 Jarvis，1992）。因此，该产品具有较高的纤维含量，为 550～600 g/kg NDF。纤维在牛体内似乎得到了很好的消化，虽然没有净能的估计，但据报道反刍动物的代谢能值为 10.5～12.5 MJ/kg（Alimon，2005），类似于谷物。然而，棕榈仁饼几乎不含淀粉。棕榈仁饼粕的粗蛋白含量通常为 160～180 g/kg（风干基础）。矿物质含量如下：钙 4.5 g/kg、磷 8.0 g/kg、镁 4.6 g/kg。棕榈仁饼被认为是微量元素铜、锌、锰的良好来源。压榨饼的含油量（80～100 g/kg）高于溶剂萃取的油籽饼，例如澳大利亚生产的油籽饼。

已发表的关于棕榈仁饼或棕榈仁粕的研究成果大部分都与溶剂萃取产品有关，虽然很有用，但并不一定能为压榨产品的应用提供准确的信息。

Miyashige 等（1987）研究了 Kedah-Kelantan 品种牛对溶剂提取棕榈仁饼的消化率，结果分别为：干物质 651 g/kg、有机物 727 g/kg、粗蛋白 697 g/kg 和 NEF 867 g/kg。绵羊对脱脂棕榈仁饼的消化率分别为干物质 700 g/kg、粗蛋白 630 g/kg、ADF 520 g/kg、NDF 530 g/kg 和总能 880 g/kg（Suparjo 和 Rahman，1987）。在此基础上，产品含可消化粗蛋白 110 g/kg、ADF 210 g/kg、NDF 400 g/kg 和 14.89 MJ/kg。

Hindle 等（1995）使用 15 个代表荷兰进口的棕榈仁饼样品获得了有关消化率的进一步数据。这些饼的原产地是马来西亚、印度尼西亚和尼日利亚。实验室分析证实，两个样品是溶剂萃取产品（12 g/kg 油干物质），其他样品来自压榨产品（89～144 g/kg 油干物质）。压榨样品的粗蛋白含量范围为 158～217 g/kg 无脂有机物。研究发现，溶剂萃取产品的消化率（64.6%）低于压榨产品（67%～83%）。所有样品都含有高水平的细胞壁成分（700～800 g/kg 无脂有机物）。NDF 的瘤胃不可降解部分为 23%～37%。溶剂萃取产品含有的瘤胃不可降解蛋白质比压榨产品更多。计算表明，棕榈仁副产物中的细胞壁和蛋白质成分从瘤胃中流出的速度很慢。

Dias 等（2008）研究了奶牛对棕榈饼的消化率。发现棕榈饼的可溶性蛋白质含量（258 g/kg 和 355 g/kg）显著低于牧草（414 g/kg 和 523 g/kg），可降解蛋白质含量（610 g/kg 和 602 g/kg）显著高于牧草（545 g/kg 和 465 g/kg）。也有证据表明，适量使用棕榈仁饼才能发挥其作为放牧奶牛饲料补充剂的潜力。

牛的日粮

饲喂棕榈仁饼的奶牛产的奶中往往会有坚硬的黄油，据报道，成年牛每天食用 2～3 kg 的棕榈仁饼可以满足能量需求（Gohl，1981）。据报道，棕榈仁饼是德国和荷兰奶牛日粮中的常见成分，奶牛日粮中的棕榈仁饼含量约为 100 g/kg，而在马来西亚，奶牛日粮中的棕榈仁饼含量超过 500 g/kg（Osman 和 Hisamuddin，1999）。

研究表明，在以糖蜜草为基础的日粮中添加棕榈仁饼可以提高生长中的瘤牛 - 荷斯坦奶牛的日增重（Camoens，1979）。

Carvalho 等（2006）试验了在玉米青贮饲料中提高溶剂提取棕榈仁粕（0、50 g/kg、100 g/kg、150 g/kg）水平对荷斯坦奶牛采食量和产奶量的影响。在为期 3 周的预试期中，平均产奶 100 d 的奶牛饲喂标准日粮。对照日粮包括玉米青贮饲料 400 g/kg、粗切小麦秸秆 50 g/kg 和精料 550 g/kg（干物质基础）。棕榈仁粕日粮水平的提高是通过棕榈产品和尿素部分替代蛋白质来源和柑橘渣实现的。各处理组对干物质采食量、产奶量和乳成分均无显著影响。然而，添加棕榈仁粕有提高牛奶中蛋白质和乳糖含量的趋势，不含棕榈仁粕的对照日粮导致了奶牛体重的下降。

据报道，在马来西亚，棕榈仁饼被广泛用作肉牛和水牛日粮的主要成分，其用量高达 800 g/kg，为当地黄牛（Kedah-Kelantan）提高 0.6～0.8 kg/d 的日增重，为杂交牛（Zahari 和 Alimon，2005）提高 1～1.2 kg/d 的日增重。作者提供的肉牛日粮配方为：棕榈仁饼 800 g/kg、草/干草 175 g/kg、石灰石粉 15 g/kg、矿物质和维生素预混料 10 g/kg。根据这份报告，棕榈仁饼作为几乎全部的日粮被喂给了饲养场的牛，没有产生负面影响，前提是维持足够的钙和维生素 A、维生素 D 和维生素 E 的供应。胴体分析表明，与牛肉相比，牛肉切块具有更好的品质。在奶牛日粮中，棕榈仁饼作为能量和纤维来源，其添加水平为 300～500 g/kg，其余为牧草和其他精料。以奶牛饲料配方为例，棕榈仁饼 500 g/kg、糖蜜 50 g/kg、草/干草 420 g/kg、石灰石粉 15 g/kg、矿物质和维生素预混料 10 g/kg、食盐（NaCl）5 g/kg，在马来西亚当地条件下，产奶量可达 10～12 L/（头·d）（Zahari 和 Alimon，2005）。

橄榄（欧洲油橄榄）

世界上大部分橄榄油都产自南欧、中东和北非国家，这些国家有着几百年的橄榄种植历史。澳大利亚也种植该作物。世界橄榄产量约为 300 万 t，西班牙是最大的橄榄油生产国。由于橄榄树种植量持续增长，西班牙的橄榄油产量可能会进一步增加。

按照总重量计算，橄榄果实包括果肉（70%～90%）、果核（9%～27%）和种子（2%～3%）。果肉的含油量约为 17 g/kg，具体取决于种植品种和采摘阶段。

通常将橄榄果实压碎榨油,剩下的粗橄榄饼可以作为动物饲料。通过溶剂萃取,橄榄饼还可以进一步重新提炼,以获取更多的橄榄油。离心分离法是从果实中分离橄榄油。

除了橄榄饼,橄榄叶也能作为动物饲料。橄榄叶是修剪橄榄树以及在榨油之前收获和清洗橄榄果时产生的叶子和树枝的混合物。据估计,每棵橄榄树的橄榄叶产量约为 25 kg。

营养特征

橄榄饼由果肉、果皮、果核、剩余的油和水组成。表 4.8 列出了橄榄叶和橄榄饼的化学成分(Hadjipanayiotou,1994;Molina-Alcaide 和 Yáñez-Ruiz,2008)。表 4.9 列出了橄榄叶和橄榄饼的消化率数据(Molina-Alcaide 和 Yáñez-Ruiz,2008)。

Rowghani 等(2008)报道了添加添加剂青贮橄榄饼的化学成分、瘤胃降解率、体外产气量、能量含量和消化率。试验样品为:(i)未处理的橄榄饼青贮饲料;(ii)橄榄饼青贮饲料,添加 80 g/kg 糖蜜和 4 g/kg 甲酸(干物质基础);(iii)橄榄饼青贮饲料,添加 80 g/kg 糖蜜、4 g/kg 甲酸和 5 g/kg 尿素(干物质基础)。添加糖蜜、甲酸和尿素能够提高橄榄饼青贮饲料的干物质、粗蛋白、pH 值和氨氮含量。处理组(iii)的干物质和粗蛋白的瘤胃降解率和有效降解率均较高。随着体外有机物消化率的提高以及代谢能含量的不显著增加,处理组(ii)和处理组(iii)的总产气量增加。只有粗蛋白消化率受到处理方式的显著影响,且处理组(iii)的粗蛋白消化率最高。处理组(ii)和处理组(iii)的体外干物质消化率和体外有机物消化率均有所改善。结果表明,在青贮前用糖蜜、甲酸和尿素处理橄榄饼,可将其转化为一种令人满意且经济的反刍动物非常规饲料来源。然而,这些结果在有机生产中是否适用值得商榷:必须找到尿素的替代品。

抗营养因子和污染物

众所周知,橄榄含有多酚和单宁,因此橄榄在作为饲料使用时对蛋白质的利用有影响。然而,没有关于该问题的数据,这些化合物可能在破碎过程中被去除或减少。Nefzaoui(1978)对橄榄饼的分析表明,橄榄饼中的单宁浓度低于 10 g/kg,不足以抑制瘤胃微生物区系的数量;研究还表明,橄榄饼中的多酚浓度在 1.5～7.5 g/kg 干物质,不足以抑制瘤胃发酵和降低蛋白质的消化率。

铜污染是另一个可能与橄榄叶饲喂有关的问题。为防止真菌(孔雀斑)和细菌(橄榄结)感染,传统的橄榄作物在收获后可能会使用化学物质进行处理,如铜化合物。关于这一潜在问题的数据似乎尚未公布。有机种植的橄榄树应该不存在这个问题。

牛的日粮

在已发表的文献中,在奶牛或肉牛日粮中使用橄榄饼的较少。Raimondi(1937)基于一项试验发表了一份报告,在该试验中,奶牛日粮中 30% 的精料被橄榄果肉替换;果肉易被奶牛吃掉;当添加额外的精料以补偿其较低的可消化蛋白和高纤维素含量时,果肉日粮饲养的奶牛产奶量保持在对照日粮的水平;不影响牛奶的脂肪含量。

大多数研究都与山羊和绵羊有关,这表明橄榄副产品主要或仅用于这些物种。这些结果可能会为奶牛和肉牛饲养中添加利用橄榄副产品提供有用的数据。

基础日粮中添加粗橄榄饼或橄榄叶对山羊和绵羊采食量和产奶量的影响见表 4.10

（Molina-Alcaide 和 Yáñez-Ruiz，2008）。

Hadjipanayiotou（1999）报道了橄榄饼青贮饲料在哺乳期 Chios 母羊、大马士革山羊和弗里斯兰奶牛中的利用。根据其香气、色泽、pH 值（4.7）和没有发霉的特点，青贮饲料保存良好。用橄榄饼青贮饲料部分替代常规粗饲料（大麦干草和大麦秸秆）对产奶量没有影响。然而，饲喂橄榄青贮饲料的奶牛体重有所减轻，饲喂对照日粮的奶牛日增重为 34 g，而饲喂青贮日粮的奶牛日增重为 312 g。乳脂含量增加了 3.1～5.8 g/kg。虽然橄榄饼青贮饲料只占总日粮的 15%，但它使总日粮中的脂肪提高了 65%。其他研究人员也报告了类似的效果。Chiofalo 等（2004）在泌乳母羊的日粮中加入了粗橄榄饼（200 g/kg 精料干物质），并观察到总产奶量的增加。橄榄饼还能增加乳脂和乳蛋白含量。饲喂含橄榄饼的日粮的母羊乳汁中油酸、亚油酸和总单不饱和脂肪酸含量较高，饱和脂肪酸含量较低。Hadjipanayiotou（1999）推测肉质也可能受到类似的影响。

Molina-Alcaide 等（2005）研究了在哺乳山羊的日粮中使用包括粗橄榄饼在内的多种营养块代替 50% 的精料，其中，产奶量没有差异。但日粮中含有橄榄饼的动物乳汁中油酸、亚油酸、顺 9- 反 11- CLA 和不饱和脂肪酸的含量会增加。

在这些研究之后，Molina-Alcaide 和 Yáñez-Ruiz（2008）总结了有关在反刍动物饲养中使用橄榄副产品的现有研究结果。他们得出结论，橄榄叶纤维多，消化率低（表4.9），尤其是 CP 的消化率，而且对瘤胃发酵的促进作用很差。不过，如果补充足够的营养，橄榄叶可以成功地用于动物饲料。新鲜橄榄叶的营养价值更高，尽管饲料中可能含有干叶。当橄榄叶富含油脂时，瘤胃原虫数量减少，这可以提高瘤胃微生物蛋白质合成的效率。在哺乳动物身上也观察到，与基于常规饲料的日粮相比，橄榄叶可以改善乳脂质量。在反刍动物日粮中添加橄榄饼取决于给药方法和在日粮中的比例，会对瘤胃发酵产生不同的影响。事实证明，橄榄饼作为青贮饲料饲喂和加入饲料块饲喂的效果都比较好。作者得出结论，橄榄饼是反刍动物饲料中能源和纤维的廉价来源，而且高脂肪橄榄饼可用于提高动物产品中的脂肪质量。该评估主要基于绵羊的研究结果。

表 4.8 橄榄叶和橄榄饼的化学成分（g/kg 干物质）

	来源		
	Molina-Alcaide 和 Yáñez-Ruiz（2008）		Hadjipanayiotou（1994）
	橄榄叶	橄榄饼	橄榄饼
干物质（g/kg 新鲜物质）	777	805	470
有机物	880	901	
粗脂肪	56.4	54.5	104
总能量（MJ/kg DM）	19.7	19.7	
体外消化率			114
粗蛋白	100	72.6	48
氨态氮含量（g/kg N）	887	846	
酸洗涤剂不溶性 N	8.16	10.7	

续表

	来源		
	Molina-Alcaide 和 Yáñez-Ruiz（2008）		Hadjipanayiotou（1994）
	橄榄叶	橄榄饼	橄榄饼
粗纤维			443
中性洗涤纤维	406	676	691
酸性洗涤纤维	302	544	551
酸性洗涤木质素	199	289	278
总可提取多酚	25.3	13.9	
可提取单宁总量	1.0	9.78	
总可提取的缩合单宁酸	2.28	0.81	
总缩合单宁	9.49	12.4	
游离缩合单宁	2.98	1.64	
纤维结合缩合单宁	2.30	4.00	
蛋白质结合缩合单宁	3.65	5.87	

表4.9 绵羊和山羊对橄榄叶和橄榄饼的消化率（Molina-Alcaide 和 Yáñez-Ruiz，2008）

	橄榄叶	橄榄饼
体外表观消化率		
干物质	0.46	0.27
有机物	0.43	0.21
粗蛋白	0.13	0.10
中性洗涤纤维	0.20	0.15
瘤胃降解率		
干物质（估算值1）	0.28	0.19
粗蛋白（估计值1）	0.11	0.13
干物质（估计值2）	0.41	0.31
粗蛋白（估计值2）	0.27	0.34
干物质（估计值3）	0.024	0.076
粗蛋白（估计值3）	0.088	0.075
潜在的降解率		
干物质	0.69	0.50
粗蛋白	0.38	0.47
有效降解率		
干物质	0.46	0.42
粗蛋白	0.33	0.44

续表

	橄榄叶	橄榄饼
有机物		0.51
酸性洗涤纤维		0.37
氨基酸氮瘤胃降解率	0.75	0.91
瘤胃未降解蛋白		
氨态氮含量（g/kg N）	612	431
总氮（g/kg DM）	10.8	7.30
瘤胃未降解蛋白的表观肠道消化率	0.42	0.37
日粮中粗蛋白的表观肠道消化率	0.71	0.78
瘤胃未降解氨态氮	0.28	

表 4.10 不同饲料中添加粗橄榄饼或橄榄叶对山羊和绵羊采食量和产奶量的影响（Molina-Alcaide 和 Yáñez-Ruiz，2008）

基础饲料	动物	干物质摄入量			产奶量（g/d）
		粮草	橄榄饼	增长率（g/d）	
禾本科干草	山羊	206	293	46	—
野豌豆干草	母羊	1 500	140	—	772
苜蓿干草	山羊	1 000	23	—	1 031
冠状岩黄蓍干草	羔羊	—	—	191	—
橄榄叶	羔羊	—	—	77	—
小麦秸秆	母羊	1 450	1 200	—	1 021

花生

花生（也称为落花生），不在欧盟或新西兰批准的饲料清单中，但如果进行有机种植，则可被用作有机牛食用的日粮。花生是为人类市场而种植的，因此不在批准的饲料清单中。花生广泛种植在热带和亚热带地区，可以作为饲料用于有机牛的饲养。但这一问题应由当地机构予以明确规定。中国和印度是世界两大花生生产国。不适合人类食用的花生则可用于生产花生油。花生粕是油脂提取的副产品，广泛用作畜禽日粮中的蛋白质补充剂。油脂传统的加工方法是溶剂萃取，得到的副产品不适合饲喂有机动物。

营养特征

Chiba（2001）对花生和花生粕的营养成分进行了综述。发现生花生含油量为 400～550 g/kg。花生粕是花生脱壳后的磨碎产物，主要由种仁组成，在榨油后还残留一些果壳（纤维）和油脂。机械提取的饼粕含油量可达 50～70 g/kg；因此，在储存期间，尤其是在夏季，它会产生腐臭。在美国，通常用花生壳调整传统膳食中的蛋白质水平。在美国，通常用花生壳调整传统膳食中的蛋白质水平。根据美国贸易标准，花生粕的粗纤维含量不得超过 70 g/kg，即便是高质量的加工产品，仍可能含有部分外壳。花生提取粕的 CP 含量范围为 410～500 g/kg。花生缺乏赖氨酸，其蛋氨酸和色氨酸含量低。钙、钠、氯含量低，磷大部分以植酸盐形式存在。

抗营养因子

Chiba（2001）报道了花生仁中存在的抗营养因子。而花生含有蛋白酶抑制剂和单宁，但含量较低。易受到霉菌的污染。产黄曲霉毒素的黄曲霉（*Aspergillus flavus*）可以在花生中生长，也可能出现在花生粕中。黄曲霉毒素对动物和人类具有致癌性和急性毒性，具体毒性取决于污染程度。

Mc Donald 等（1995）研究了有毒花生粕对牛的影响，结果显示 6 个月以下的小犊牛死亡，年龄较大的牛表现出更强的抵抗力。给 6 月龄肉牛饲喂含 1 mg/kg 黄曲霉毒素 B_1 的日粮，肉牛在 133 d 后出现死亡，活重增重显著降低。在爱尔兰犊牛日粮中添加 0.2 mg/kg 黄曲霉毒素 B_1 显著降低了活重增重。在每千克奶牛日粮中添加 130～200 g 有毒花生，奶牛产奶量显著降低。

黄曲霉毒素在高温时相对稳定，难以清除。最好的控制方法是适当储存以防止霉菌生长，但是生长中的作物可能会产生黄曲霉毒素。目前，大多数国家都规定了动物饲料中黄曲霉毒素的最高限量，通常为 20 ng/g。

牛的日粮

犊牛日粮中需要优质蛋白质。因此，Sahoo 和 Pathak（1998）对植物性蛋白质来源（花生粕）与动物性蛋白质来源（鱼粉）的价值进行了对比研究。在 13 周的反刍前期，给犊牛饲喂含有鱼粉或花生粕的犊牛开食料。干物质平均摄入量分别为 2.26 kg/d 和 2.19 kg/d。平均日增重分别为 212 g 和 206 g，料重比分别为 3.91 和 3.93（kg 饲料 / kg 增重）。粗蛋白摄入量分别为 493 g/kg 和 506 g/kg 增益。鱼粉显示出的益处并不显著，作者认为没有鱼粉的犊牛开食料也可以单独地用于犊牛。

其他关于花生饼粕的研究很少，表明该产品在牛饲料中并不常见，至少在花生进口国是这样。然而，热带国家仍然在使用花生饼粕，这是一种本土作物。例如，Little 等（1991）在冈比亚乡村饲养条件下，研究了旱季补充花生饼粕对奶牛生产力特征的影响。在旱季的最后 3 个月或 5 个月，泌乳牛每天分别补饲 0、425 g 或 850 g 的花生饼粕。结果表明，补饲显著提高了产奶量和哺乳期犊牛的生长速度，并显著降低了哺乳期母犊活重的损失。产后恢复生殖活动仅在饲喂 5 个月补饲组有显著改善。因此，补饲有利于撒哈拉以南的非洲苏丹 - 萨赫勒地区的村庄畜牧业的发展。

在美国种植花生的地区，花生产业的各种副产品被用作牛的饲料。花生副产品，包括花生粕和生花生、花生皮和外壳、花生干草和青贮饲料，在花生生产地区是牛的重要饲料来源。花生副产物可以被添加到牛群、生长肥育牛和奶牛的各种补充剂和日粮中。残留的花生干草是肉牛饲养最广泛的副产品，如果收割和储存得当，其营养成分与优质饲草相当。花生经漂白后产生的花生皮在牛日粮中可作为蛋白质和能量来源，但花生皮含有 160～230 g/kg 单宁，如果日粮中没有足够高的蛋白质含量（150 g/kg CP 以上），则会导致蛋白质缺乏，并严重降低肉牛的生产性能。花生皮因其固有的低蛋白质和高纤维含量而价格低廉。它们可以作为肉牛日粮中粗饲料来源。

Myer 等（2009）进行了两项试验，以评估全株花生作为肉牛能量和蛋白质补充饲料的适用性。一项消化试验采用 18 头平均体重为 265 kg 的阉牛，阉牛分别饲喂百慕大干草加三种补充剂中的一种：（i）玉米和棉籽粕（50∶50）；（ii）玉米和全株花生（50∶50）；（iii）全株花生。这些补充剂的饲喂量为 1.4 kg/（头·d）。与其他两种补充剂相似，全株花生补充剂降低了干草日粮干物质的摄入量以及干物质、ADF 和 NDF 的表观消化率，含花生的两种补充剂对 CP 的消化率相似。另一项试验选用体重 573 kg 的成年母牛，研究饲喂整株花生对母牛及其后代生产性能的影响。奶牛自由采食百慕大干草，并每周补充 3 次玉米和全株花生组合（50∶50）或全花生，平均提供 1.1 kg/（头·d）。发现补充来源不影响母牛体况评分，但随着全花生的补充，活体增重有降低的趋势。后续犊牛初生重、成活率和断奶重以及后续母牛人工授精受胎率均不受处理影响。奶牛试验所用花生产品平均干物质 930 g/kg、CP 220 g/kg、EE 410 g/kg、ADF 250 g/kg 和 NDF 340 g/kg。因此，整株花生可能有潜力作为成熟肉牛的能量和蛋白质补充剂。

红花粉（红花）

红花是一种种植在热带地区的油料作物。红花油富含多不饱和脂肪酸，特别是亚油酸，使其成为如菜籽油和橄榄油一样的人类使用的重要油料。印度、美国和墨西哥是红花的主要生产国。然而，它也可以生长（种植）在较冷的地区。作为一种生长期较长的作物，红花比谷类作物吸收土壤水分的时间更长，其深根系统能从底层土壤中汲取水分。这些特性可以帮助防止旱地盐碱化在加拿大大草原等地区的蔓延，消耗来自其他地区的多余水，否则这些水会导致盐碱化的发展或扩大。上述批准的饲料清单中不包括红花粉，但如果是有机生产，则可被接受。

营养特征

Chiba（2001）综述了红花种子和红花粕的营养成分。红花种子由较难去除的厚纤维外壳包围，包含约 400 g/kg 外壳、约 170 g/kg 粗蛋白和 350 g/kg 粗脂肪。因此，许多红花粕是由未去皮的种子制成的，只适合饲喂反刍动物。澳大利亚研究人员（Ashs 和 Peck，1978）介绍了一种简单的碾磨和筛选装置，用于脱皮红花草种子和其他种子和谷物。该装置通过"鼠笼式"转子和波纹板之间种子的弹跳来运行，使外壳脱离内核，与传统的碾磨或轧制不同。在通过磨机和筛分过程中，可以为 13 种种子和谷物脱皮。红花种子可以通过该装置有效脱皮，但需要通过两次磨机。其他种子和谷物通过一次性脱皮的效率不同，但葵花籽和棉籽的脱皮效率分别为 90% 和 95%。脱皮程度与转子尖端的速度成正比，可以随时改变。结果表明，该磨坊能够加工各种各样种子和其他成分，如苜蓿干草。

从油脂中提取产生未去皮（去壳）红花粕，其蛋白质含量为 200～220 g/kg、粗纤维 400 g/kg。未去皮的红花粕也被称为全压榨种子粕，而去皮的粕被称为红花粉。脱皮后得到高蛋白（420～450 g/kg），低纤维（150～160 g/kg）的粗粕。

红花粕中赖氨酸、蛋氨酸和异亮氨酸含量较低，矿物质含量通常低于豆粕，但是钙和磷含量较高。同时红花粕也是一种富含铁的植物源。

第4章 有机日粮原料

抗营养因子

红花粉中含有两种酚性葡萄糖苷，一种是苦味的马他林醇 $-\beta-$ 葡萄糖苷，另一种是 2- 羟基牛蒡子苷 $-\beta-$ 葡萄糖苷，具有泻药性质（Darroch，1990）。这两种葡萄糖苷都与日粮的蛋白质部分有关，可以通过用水或甲醇萃取或添加 $\beta-$ 葡萄糖苷酶来去除。

牛的日粮

正如 Lennerts（1989）所说，红花粉的营养成分因脱皮程度不同而有较大差异。因此，建议在分析保证的基础上购买。根据作者的说法，考虑到红花粉的能量含量较低，对日粮进行配制时，红花粉在混合牛饲料中的添加量为 50～100 g/kg。含有未去皮红花种子的饲料混合物不适合用于高质量精饲料中。

Rode 和 Schaalje（1989）对在泌乳期荷斯坦 – 弗里斯兰奶牛日粮中添加全棉籽、全红花和挤压大豆后奶牛的生产性能进行了比较。这些来源分别在日粮中提供 0、8 g/kg、16 g/kg 和 25 g/kg 脂肪。棉籽粕和挤压大豆对 4% 脂肪校正乳产量、乳蛋白含量、乳脂产量和干物质摄入量的影响通常不显著。然而，脂肪校正乳、乳脂和乳蛋白的提高与日粮中红花粉水平的增加有关。获得最佳脂肪校正生产和乳脂率的添加油籽水平约为 8 g/kg。

Juknevicius 等（2005）对奶牛日粮中添加红花油粉进行了研究。选用三组立陶宛黑白花牛，日粮处理为：（i）对照；（ii）补充 1 kg 红花油粉；（iii）用 1 kg 红花油粉代替 1 kg 精饲料。与第一个处理相比，第二个处理的产奶量和乳脂分别增加了 1.4% 和 0.37%，第三个处理显示出相同的趋势，与第一个处理相比，乳脂含量增加了 0.20%，而产奶量的增加不显著。

Voicu 等（2009）还研究了在肉牛日粮中添加红花粉的效果。以初始体重为 285 kg 的阉牛为试验对象，并将其分为三组：对照组、2 组和 3 组，日粮为小麦青贮饲料，2 组和 3 组分别添加红花粉 180 g/kg 和 350 g/kg。三组的采食量相似，平均日增重超过 1400 g。2 组，日粮中添加 180 g/kg 红花粉的日增重最高。

作为饲料，高亚油酸红花籽因其多不饱和脂肪酸的含量可能对繁殖和犊牛生长有益而受到关注。Encinias 等（2001）研究了添加红花对产前奶牛耐寒性和犊牛生产性能的影响。在第一个试验中，初始体重为 601.4 kg 的杂交奶牛在产犊前 45 d 开始饲喂能量和粗蛋白含量相似、每千克含 25 g 或 51 g 脂肪的饲料。高脂肪日粮中加入红花籽（粗提物 320 g/kg、亚油酸 800 g/kg）。在低脂日粮中添加红花粉，最初和断奶时的体重和体况相似，最终体重也相似。低脂肪日粮组奶牛在补充期结束时的身体状况得分较高。两种处理的犊牛出生体重和断奶体重无显著差异。在第二个试验中，奶牛的初始体重为 729.4 kg、在产前 56 d，随机分配到与第一个试验中使用的类似日粮处理中。饲喂高脂肪饲料的奶牛往往有较高的饲料摄入量；然而，所有试验组的体重和体况评分都相似。犊牛出生体重和断奶体重均不受不同处理的影响。基于这些结果，研究人员发现，在繁殖奶牛的日粮中补充红花种子并不能改善奶牛或犊牛的生产性能。

Scholljegerdes 等（2009）进一步研究了红花种子中所含脂质是否对肉牛繁殖产生有益影响的可能性。所使用的红花种子类型为高亚油酸种子。在第一个试验中，活重 411 kg 的杂交肉牛从产后 1 d 开始饲喂谷子干草和低脂对照精饲料（637 g 碎玉米、334 g 红花籽粕和 29 g 液体糖蜜；干物质基础）或高亚油酸精饲料［含 953 g 高亚油酸（790 g/kg

18:2 n–6 脂肪酸）红花籽和 47 g 液体糖蜜；干物质基础]。产后 37 d 屠宰奶牛，采集下丘脑、垂体前叶、肝脏、卵泡和子宫组织。不同日粮处理不影响卵巢卵泡发育、垂体 LH 浓度或肝脏 IGF–I 浓度。相比之下，亚油酸组奶牛的垂体前叶含有比对照奶牛更多的卵泡刺激素（FSH），亚油酸组奶牛的下丘脑内侧基底区和视前区以及直径小于 15 mm 的卵泡液中的 IGF–I 更少。在第二个试验中，从产后 1 d 开始，给初始体重为 473.9 kg 的 3 岁经产肉牛饲喂切碎的雀麦干草，并在产后 80 d 喂食低脂（对照）精饲料或高亚油酸精饲料（亚油酸）。从产后 30～80 d，每天观察两次奶牛发情情况，并在产后 40～45 d 给予 GnRH 治疗。GnRH 给药后第 7 天给予 PGF2α，检查其发情情况并进行人工授精，直至产后 80 d。GnRH 诱导的 LH 或 FSH 释放量在不同处理组之间没有差异。然而，经 PGF2 处理的亚油酸奶牛发情前血清雌二醇峰值浓度低于对照组奶牛。结果表明，高亚油酸红花种子的脂质补充并没有改善卵泡的发育，对产后早期生育能力有不利影响，这可能由于生殖至关重要的组织中 IGF–I 浓度的降低造成的。

这些数据表明，红花种子和粉末可以根据其营养特性用于牛的日粮中，而不需要将任何特殊价值归因于脂质特征。

从红花种子中可以获得用于犊牛的蛋白质精饲料。Madrigal 和 Ortega（2002）通过等电沉淀法从红花膏中分离出浓缩物。浓缩物含有 78.6 g/kg 水分、629.8 g/kg 粗蛋白、10.4 g/kg 粗纤维和 43.7 g/kg 灰分。浓缩物缺乏赖氨酸（21.9 g/kg 粗蛋白），其他必需氨基酸的含量比牛奶高。对照组和酪蛋白日粮的蛋白质效率和蛋白质净利用率（3.07、60.44）高于红花膏浓缩物（分别为 1.00、16.95）。浓缩物不含抗营养因子，如胰蛋白酶抑制剂、血凝素、氰苷和皂苷。基于这些发现，研究人员发现，红花蛋白浓缩物可以在犊牛代乳料中添加，以补充赖氨酸的缺乏。

● 豆类种子及其产品和副产品（新西兰和欧盟 1.3 类）

豌豆

豌豆的种植主要是为人类食用，但现在在一些国家将其广泛用于动物饲喂。因豌豆可以在农场上种植和使用而受到关注。对于不适合种植大豆的地区来说，豌豆是一种很好的冷季替代作物，特别适合在缺乏蓄水能力的土壤上进行早期种植，而且成熟得早。豌豆有绿色和黄色的品种，其营养成分相似。生长在北美和欧洲的绿色和黄色植物都来自白花品种。棕色豌豆是从有色花卉品种中衍生出来的。与绿豌豆和黄豌豆相比，它们的单宁含量更高、淀粉含量更低、蛋白质和纤维含量更高。营养成分不同的主要原因是品种差异。生产淀粉的豌豆蛋白浓缩物也可作为饲料原料。

营养特征

豌豆的能量含量与玉米和小麦等高能谷物相似，但其粗蛋白含量（约 230 g/kg）高于谷物，因此可作为蛋白质来源。与大多数作物一样，环境条件会影响蛋白质含量。炎热、干燥的生长条件往往会增加豌豆的粗蛋白含量。豌豆蛋白尤其富含赖氨酸，但相对缺乏色氨酸和含硫氨基酸。与豆粕相比，豌豆的瘤胃不可降解蛋白质含量较低（豌豆和豆粕分别为 200 g/kg 和 346 g/kg），ADF 含量较高。豌豆含有大量淀粉，易于消化，淀粉的种类与谷物中的相似。豌豆淀粉含量与粗蛋白含量呈负相关。豌豆的乙醚提取物（含油量）约为 14 g/kg。组成豌豆油的主要是多不饱和脂肪酸，与谷类类似。主要不饱和脂肪酸的比例为亚油酸（50%）、油酸（20%）和亚麻酸（12%）（Carroue 和 Gatel，1995）。饲料豌豆和谷物一样，钙含量低，但磷含量略高（约 4 g/kg）。它们的植酸含量约为 12 g/kg，与大豆中的植酸含量相似（Reddy 等，1982）。豌豆中微量矿物质和维生素的含量与谷物中的含量相似。

综上所述，豌豆蛋白具有较高的瘤胃降解率和较低的过瘤胃蛋白值。Pol 等（2009）研究了添加豌豆作为部分替代豆粕对奶牛瘤胃发酵、消化率和氮损失的影响。处理方法为：（i）控制日粮；（ii）日粮中每千克含 150 g 干轧豌豆；（iii）日粮中含有 150 g/kg 豌豆粉，通过锤式粉碎机粗磨。日粮对瘤胃 pH 值、总挥发性脂肪酸和单个挥发性脂肪酸均无影响。与其他日粮相比，含有干轧豌豆的日粮提高了醋酸盐和丙酸的比例。与对照组相比，饲喂含有豌豆的饲料的牛的瘤胃氨浓度更高。对照组和豌豆日粮对干物质和有机物质、氮、NDF 和淀粉的全消化道表观消化率没有差异。与对照组和豌豆日粮相比，干轧豌豆日粮降低了干物质、有机物和氮的总消化率。豌豆在瘤胃中的氮溶解度高于豆粕（分别为 290 g/kg 和 135 g/kg）。与对照日粮相比，豌豆日粮降低了产奶量，主要是因为干物质摄入量减少。结果表明，豌豆蛋白比大豆蛋白更易在瘤胃中溶解，在奶牛日粮中加入 150 g/kg 豌豆会导致瘤胃氨浓度升高。因此，研究人员建议将豌豆粗磨后加入奶牛饲料中，以防止营养物质总消化率的降低。

抗营养因子

豌豆含有淀粉酶、胰蛋白酶和糜蛋白酶抑制剂、单宁（原花青素）、植酸、皂苷、血凝素（凝集素）和低聚糖。然而，目前还没有关于它们对犊牛和成年牛影响的报道。

牛的日粮

人们发现豌豆在奶牛的日粮中的适口性好。当给奶牛喂食豌豆来代替大麦粒时，泌乳期弗里斯兰奶牛对燕麦干草和精料的干物质摄入显著增加（8.6 kg/d 和 6.6 kg/d）（Valentine 和 Bartsch，1987）。几位研究者研究了在日粮中添加豌豆对产奶量的影响，进行了泌乳期日粮中添加豌豆的相关研究。由于豌豆蛋白具有较高的瘤胃降解率和较低的过瘤胃蛋白值，因此可以假设，当对瘤胃未降解蛋白（RUP）的需求较高时，泌乳早期以豌豆为基础的日粮可能会降低产奶量。另一个需要考虑的问题是，犊牛生长需要蛋白质。这一假设已在一些研究中得到证实。给第一次哺乳的奶牛喂食含有豌豆的饲料时产奶量减少 17%（Khasan 等，1989）。然而用豌豆替代豆粕，对泌乳后期奶牛的生产没有影响（Khorasani 等，1992）。豌豆添加量增加，对每日产奶量、4% 脂肪校正乳（FCM）产量和干物质摄入量没有影响。

进一步的研究表明，豌豆可以有效地替代豆粕和菜籽油粕的组合，作为高产奶牛的蛋白质来源。例如，Corbett 等（1995）比较了两种混合物对高产荷斯坦奶牛的影响，奶牛处于不同的哺乳期，试验持续 6 个月。这些混合物的添加是为了补充饲草中蛋白质的缺乏，其每千克含有 185 g 粗蛋白。对照组含有标准蛋白质来源（主要是豆粕和菜籽油），而试验组的配方含有 250 g/kg 豌豆，作为主要蛋白质来源（作为饲料）。这两种混合物均按相同的营养规格配制,并平衡为 6.8 g/kg RUP。根据泌乳各阶段产奶量调整混合日粮水平,并单独饲喂。奶牛泌乳量和蛋白质含量不受任何泌乳阶段日粮的影响(表 4.11)。然而,豌豆精料的乳脂含量较高。

Christensen 等(1998)报告称,以生豌豆、豆粕或豌豆粉为基础的浓缩饲料饲喂高产奶牛(41 kg/d)的产奶量无差异,乳脂含量也相似。

Pol 等(2008)对豌豆能否替代奶牛日粮中的豆粕和玉米谷物进行了研究。奶牛被分成两组,一组饲喂对照饲料,另一组饲喂营养水平相同但含有豌豆的饲料。对照日粮中约 45% 的玉米谷物和 78% 的豆粕被 15%(干物质基础)的豌豆所替代。试验豌豆的 CP 含量为 250 g/kg,泌乳净能(NEL)为 1.98 Mcal/kg。试验期 70 d。干物质采食量(对照和豌豆日粮分别为 25.9 kg/d 和 26.3 kg/d)、产奶量(35.4 kg/d 和 35.6 kg/d)、4% 脂肪校正乳产量(33.0 kg/d 和 34.6 kg/d)、乳脂量(35.4 g/kg 和 37.6 g/kg)和蛋白质含量(30.0 g/kg 和 29.9 g/kg)和产量均不受日粮的影响。日粮对有机物和蛋白质的摄入量无影响,但对照组日粮中 NDF 的摄入量较低,淀粉的摄入量较高。与对照组相比,豌豆日粮的淀粉总消化率较低(分别为 92.1% 和 88.3%),干物质和有机物的总消化率有降低趋势。对饲喂这两种日粮的奶牛所产的牛奶进行评估发现,牛奶的感官特征没有差异。所以以 150 g/kg 的添加率,豌豆可以成功地替代豆粕和玉米谷物饲喂高产奶牛。

豌豆是高产奶牛的有效蛋白质补充剂,可以将其用于饲喂对过瘤胃蛋白质需求较低的奶牛,如泌乳后期的奶牛或产奶量适中的奶牛,作为唯一的蛋白质来源。澳大利亚的 Bartsch 和 Valentine(1986)以及 Valentine 和 Bartsch(1987)的相关研究证实了这一点。

结果表明,豌豆可以替代犊牛饲料中的其他蛋白质和大麦来源(Boer 等,1991)。试验开始时犊牛平均年龄为 95 日龄,断奶后 1~4 周。对照组和以豌豆为基础的日粮的平均日增重、精料和干草的干物质采食量以及饲料转化效率没有显著差异。在另一项研究中,以 400 g/kg 的干物质为基础,断奶前犊牛和断奶犊牛被喂食含有 400 g/kg 豌豆的谷物日粮(Marx,2000)。饲喂含豌豆的开食料犊牛与饲喂含玉米粒的开食料犊牛生长良好。根据 Lalles(1993),豌豆可以作为年轻反刍犊牛的唯一补充蛋白质来源。

豌豆非常适合所有种类的牛。这表明豌豆在用于配制高营养密度和适口性好的饲料中起重要的作用,如多功能饲料。Anderson(1999)进行了一项研究,将豌豆添加到肉牛的育肥饲料中,发现每千克含有 330~670 g 豌豆的饲料可以达到最佳的动物生产性能。

其他报告表明,豌豆可以为断奶小牛和年老肉牛提供日粮中所需的大部分或全部补充蛋白质。例如,西门塔尔牛犊(29 日龄)可以使用传统的玉米-大豆日粮和育肥饲料(Pichler,1990)。豌豆取代豆粕的比例分别为 0、50%、75% 和 100%。125 d 时平均活重无差异,365 d 时平均活重分别为 472 kg、466 kg、417 kg 和 442 kg。胴体特征相似,不受处理影响。

Birkelo 等(1999)对肥育肉牛日粮效果进行了研究,在该日粮中,用整粒或干轧豌豆替代豆粕提供的所有补充蛋白质。结果表明,豌豆可替代日粮中的豆粕,且对豌豆进行碾压是有益的(表 4.12)。

Lardy 等(2009)进行了关于育肥肉牛在日粮中使用豌豆的更详细的试验。共进行了三个试验。在第一个试验中，初始体重为 418 kg 的一岁小母牛平均分配到 4 个处理（0、100 g/kg、200 g/kg 和 300 g/kg 干轧豌豆，干物质基础）。添加豌豆降低了日采食量，但日增重和料重比不受影响。日粮中 NEG 水平随豌豆水平的增加而增加。添加量为 200 g/kg 处理组的小母牛的胴体脂肪厚度最大。添加量为 300 g/kg 的处理组小母牛胴体脂肪厚度最低。随着日粮中豌豆含量的增加，胴体大理石纹有增加趋势。其他胴体测量结果无差异。

在第二个试验中，初始重量为 433 kg 的肉牛被分配到与第一个试验一致的处理中。本试验中日采食量、日增重、增重与料重比、日粮 NEG 和所有胴体测量值均不受日粮处理的影响。

在第三个试验中，将初始重量为 372.4 kg 的肉牛分配到四种处理（0、180 g/kg、270 g/kg 和 360 g/kg 碎豌豆，干物质基础）中的一种。结果表明，随着日粮中碎豌豆含量的增加，胴体大理石纹评分增加，脂肪厚度会增加，美国农业部产量等级也有增加的趋势。所以，豌豆含量不影响日采食量、日增重、料重比、日粮 NEG、价值或其他胴体测量指标。

上述结果表明，在肉牛日粮中添加高达 36% 干物质水平的豌豆，不会对育肥肉牛的生长性能和大部分胴体性状产生负面影响。对大理石纹评分的影响可能是可变的。数据还表明，在高精料育肥猪日粮中，豌豆的能量含量与玉米和大麦等谷类相似。

表 4.11　饲喂豌豆或豆粕/菜籽粕/豆粕精料的奶牛牛奶产量和乳成分（来自 Corbett 等，1995）

	日粮组成	
	豆粕/菜籽粕	豌豆
所有牛		
产量（kg/d）		
产乳量	32.1	30.5
脂肪	0.97	1.03
蛋白质	0.96	0.94
脂肪校正乳	27.4	27.8
乳成分（g/kg）		
脂肪	31.3	34.8
蛋白质	30.1	31.1
泌乳早期奶牛		
产量（kg/d）		
产乳量	34.8	34.5
脂肪	1.05	1.17
蛋白质	1.04	1.06
脂肪校正乳	29.7	31.3
乳成分（g/kg）		
脂肪	31.3	34.7

续表

	日粮组成	
	豆粕/菜籽粕	豌豆
蛋白质	29.9	31.0
泌乳中期奶牛		
产量（kg/d）		
产乳量	35.6	32.1
脂肪	1.0	1.05
蛋白质	1.04	0.97
脂肪校正乳	29.2	28.2
乳成分（g/kg）		
脂肪	28.1	33.1
蛋白质	29.1	30.4
泌乳后期奶牛		
产量（kg/d）		
产乳量	25.8	24.9
脂肪	0.87	0.9
蛋白质	0.8	0.78
脂肪校正乳	23.4	23.4
乳成分（g/kg）		
脂肪	34.5	36.7
蛋白质	31.4	31.7

表 4.12 豌豆替代豆粕对育肥牛日粮的影响（Birkelo 等，1999）

	日粮处理		
	对照组	全豌豆	压缩豌豆
日粮组成（g/kg）			
玉米粒	728	666	666
全棵玉米青贮饲料	200	200	200
豌豆	0	100	100
豆粕	40	0	0
营养物质（g/kg）			
干物质	656	656	656
粗蛋白（DM 基础）	125	125	125
动物性能			
初始体重（kg）	416	414	415

续表

	日粮处理		
	对照组	全豌豆	压缩豌豆
最终体重（kg）	605	600	604
日增重（kg）	1.79	1.77	1.81
干物质采食量（kg/d）	11.01	10.78	10.84
摄入量（kg DM/kg）	6.18	6.09	5.00
屠宰率	59.0	59.1	58.1
特优级和优选择占比（%）	76.5	82.5	84.3

蚕豆

蚕豆，也名田豆、马豆，是一年生的豆科植物，在凉爽的气候下生长良好。蚕豆的一个优点是，它像豌豆一样，可以在农场种植和使用。另一个优点和豌豆一样，能够将大气中的氮固定在土壤中，减少肥料需求。蚕豆是公认的马和反刍动物的饲料来源，作为各类农场动物的饲料受到了越来越多的关注，尤其是在蛋白质生产不足的欧洲。2010年，欧盟每年使用超过2 000万t的蛋白饲料，但产量仅为600万t。当地最合适的扩展生产的蛋白质饲料中可能是豆类作物（豆类、豌豆、羽扇豆和大豆）。田间豆类在冬季温和、夏季降水量充足的地区生长良好，将这些豆子很好储存起来，可以在农场使用。

营养特征

菜豆（蚕豆）是一种营养丰富的高蛋白谷物。它含有240～300 g/kg CP，赖氨酸含量高，（像大多数豆科植物种子一样）含硫氨基酸含量低。其能量值与大麦相似。总淀粉含量（干物质基础）为350～390 g/kg。粗纤维含量约为80 g/kg（风干基础）。大豆的含油量相对较低（10 g/kg 干物质），其中亚油酸和亚麻酸的比例较高。在研磨后储存超过1周，很容易变质。新鲜的时候非常可口。与主要的谷物一样，蚕豆的钙含量相对较低，铁和锰含量也较低。磷含量高于菜籽粕。

研究人员对蚕豆进行了多种热处理试验，以评估其作为动物饲料的可行性。例如，Aguilera等（1992）在120℃下对豆类进行高压灭菌30 min，然后测量其在绵羊瘤胃中的消化情况。在24 h内未经处理的豆类超过88%的蛋白质从袋子中消化。热处理显著减少了蛋白质含量，表明对瘤胃降解率有有利影响。

Yu（2005）对奶牛进行了类似的研究。本研究以蚕豆为研究对象，分别在100℃、118℃和136℃下压力烘烤3 min、7 min、15 min和30 min，除最高温处理外，其他处理均提高了蚕豆的过瘤胃蛋白值和总代谢蛋白质供应值。这些结果与高产奶牛饲养相关的饲料行业有关，但对有机牛行业的影响较小。

有些学者研究了其他的加工方法。Larsen等（2009）发现，研磨可以提高豆类淀粉在瘤胃和小肠中的消化率。但碾压并不能充分降低颗粒大小，从而无法在淀粉到达后肠之前具有较高的消化率。

研究表明，在牛日粮中添加蚕豆前，应先将其研磨，以提高消化率。

抗营养因子

蚕豆中含有多种抗营养因子，如单宁酸、蛋白酶抑制剂和凝集素。这些在猪和家禽的饲喂上具有一定的意义；因此，对其在牛饲养方面的重要性进行了验证。Melicharová 等（2009）对饲喂含有不同水平抗营养因子的欧洲蚕豆品种的奶牛的生产和代谢进行了研究。在母牛产犊后 3~6 周进行测试。在精饲料中分别加入了抗营养因子含量低、高和较低的三个品种的蚕豆，浓度为 200 g/kg。结果表明，奶牛在采食量、能量利用、氮或矿物质代谢、产奶量和乳成分组成及动物健康状况均无显著差异。因此，蚕豆中存在的抗营养因素对牛的饲喂影响不大。

牛的日粮

已有研究报道使用蚕豆饲喂奶牛的试验，结果表明蚕豆可能无法作为奶牛日粮的主要成分。

Ingalls 和 McKirdy（1974）对蚕豆作为豆粕或菜籽粕的替代品进行了研究。选用产后 1~3 个月的荷斯坦-弗里斯奶牛。每头奶牛每天饲喂 2.5 kg 苜蓿干草和 16 kg 以下精饲料之一：(i)：蚕豆 170 g/kg、大麦 493 g/kg、燕麦 200 g/kg、豆粉 75 g/kg、糖蜜 25 g/kg 和矿物质 37 g/kg；(ii) 大麦 350 g/kg、蚕豆 390 g/kg、燕麦 200 g/kg、糖蜜 25 g/kg 和矿物质 35 g/kg；(iii) 大麦 591 g/kg、燕麦 200 g/kg、大豆粕 145 g/kg、矿物质 25 g/kg；(iv) 油菜籽 190 g/kg、大麦 547 g/kg、燕麦 200 g/kg、糖蜜 25 g/kg 和矿物质 38 g/kg。蚕豆在加入浓缩混合物之前被粗磨碎。结果表明，不同处理对干物质摄入量、日产奶量、乳蛋白含量、非脂乳固体含量和瘤胃挥发性脂肪酸含量均无显著影响。饲喂 350 g/kg 蚕豆的奶牛乳脂含量最高（分别为 28.7 g/kg 和 24.5 g/kg、23.3 g/kg 和 23.9 g/kg）。结果表明，在日粮中添加蚕豆可获得较高的产奶量。

Brunschwig 和 Lamy（2002）研究表明，在奶牛精饲料中加入 300 g/kg 磨碎蚕豆不会改变自由采食量、产奶量 [超过 30 kg/（头·d）] 或牛奶的脂肪或蛋白质含量。试验中记录每头牛平均每天采食消耗 3.5 kg 蚕豆。据报道，每天摄入 4.5 kg 蚕豆后，牛奶中的蛋白质含量有所下降（Trommenschlager 等，2003）。Brunschwig 等（2004）解释了这种效应，因为蚕豆蛋白在瘤胃中的溶解度高，所以牛奶中尿素含量较高。

含有片状蚕豆的浓缩混合物已成功用于奶牛产奶。Comellini 等（2009）进行了两项试验，以研究片状蚕豆在雷吉亚纳奶牛日粮中部分替代豆粕的效果。在两个试验中，对照组（120 g/kg 脱皮豆粕）与蚕豆精饲料（75 g/kg 脱皮豆粕和 100 g/kg 片状蚕豆）进行比较。试验 1 饲喂干草（混合草和苜蓿）加鲜草，试验 2 只饲喂干草。两个处理组的精饲料摄入量、产奶量和品质基本一致。蚕豆组的乳尿素氮含量较低。

Leitgeb 和 Lettner（1992）进行了一项关于生长肉牛（西门塔尔公牛）的研究。研究结果表明，在生长初期，饲料中添加蚕豆会导致日增重较低。经过适应期后，提高蚕豆比例以增加日粮蛋白质含量，并不会对饲喂效果产生负面影响。在该阶段，蚕豆蛋白可达到精料蛋白质的 90%，且对照组精料可以含有 42% 的豆粕和 50% 的大麦。精料允许饲喂量为 1.5 kg/（头·d）。

羽扇豆（羽扇豆属）

羽扇豆作为一种饲料原料变得越来越重要。澳大利亚是世界领先的羽扇豆生产国和出口国，占世界产量的 80%～85%，占世界出口量的 90%～95%。

羽扇豆是澳大利亚谷物轮作的重要组成部分，尤其是在澳大利亚的西部地区。对于有机生产者而言，羽扇豆作为固氮豆科作物，与豌豆和蚕豆类似，可在农场种植和利用，且加工需求较低。羽扇豆的另一个优点是种子储存得很好。欧洲有机蛋白质饲料的短缺激发了人们对其作为替代蛋白质来源的兴趣。

20 世纪 20 年代，德国开发了低生物碱（甜）品种，使其种子可以用作动物饲料。在此之前，由于种子中含有高水平的生物碱，该作物无法用于动物饲养。澳大利亚学者对羽扇豆作为饲料进行了大量的研究，用于动物饲料的羽扇豆的主要种类是狭叶羽扇豆、黄体羽扇豆和白背羽扇豆。

营养特征

羽扇豆有一层厚厚的种皮，大约 250 g/kg（风干基础）。这导致黄花羽扇豆和狭叶羽扇豆中的粗纤维含量为 130～150 g/kg，而黄花羽扇豆中的粗纤维含量略低（Gdala 等，1996）。据报道，黄花羽扇豆品种"Amulet"的中性洗涤纤维（227 g/kg）和酸性洗涤纤维（186 g/kg）含量最高，而在黄花羽扇豆品种"Cybis"和白羽扇豆（*Lupinus albus*）品种"*Hetman*"中检测值最低（NDF 和 ADF 分别为 201 g/kg 和 146 g/kg）。酸性洗涤纤维含量在白羽扇豆为 146 g/kg，在黄花羽扇豆为 249 g/kg。

羽扇豆的碳水化合物组成不同于大多数豆类，其淀粉含量可忽略不计，可溶性和不溶性非淀粉多糖和低聚糖含量较高（高达 500 g/kg 种子；Barneveld，1999）。羽扇豆含有果胶物质，主要的多糖是半乳聚糖。与其他豆类（如豌豆和蚕豆）相比，粗纤维成分中含有更多的半纤维素，这些豆类的主要成分是纤维素。而羽扇豆的木质素含量也较低，与豌豆相当。这些特征影响羽扇豆能量的利用，并可能解释羽扇豆能量值范围。Petterson 等（1997）认为，牛的 ME 值为 13.3 MJ/kg（狭叶羽扇豆）和 13.2 MJ/kg（*L. albus*）。White 等（2002）根据对绵羊的研究，报告了狭叶羽扇豆的能值大于 14 MJ/kg。英国 AFRC（1993）采用了羽扇豆的 ME 值为 14.2 MJ/kg 干物质，瘤胃可发酵 ME 为 10.2 MJ/kg 干物质。法国 INRA 对反刍动物采用的 ME 值为狭叶羽扇豆 14 MJ/kg 干物质，*L. albus* 14.9 MJ/kg 干物质（Sauvant 等，2004）。因此，White 等（2007）建议，澳大利亚反刍动物饲料表中引用的 ME 值应接近 14 MJ/kg。

据报道，羽扇豆的粗蛋白含量为 272～372 g/kg，白羽扇豆的粗蛋白含量为 291～403 g/kg（干基）（Petterson 等，1997；Barneveld，1999）。黄花羽扇豆的粗蛋白含量（380 g/kg，干基）高于狭叶羽扇豆（320 g/kg，干基）或白羽扇豆（360 g/kg，干基）（Petterson 等，1997），在低育性的酸性土壤上，产量优于狭叶羽扇豆。作为牲畜饲料，这些品种显示出巨大潜力，如果脱皮，其蛋白质水平与豆粕相当（Barneveld，1999）。

羽扇豆属植物的粗脂肪含量似乎在物种间和品种间有所不同。据报道，澳大利亚种植的常见羽扇豆的粗脂肪含量为 49.4～130.0 g/kg（Barneveld，1999），主要脂肪酸中亚油酸含量为 483 g/kg、油酸 312 g/kg、棕榈酸 76 g/kg 和亚麻酸 54 g/kg。Petterson（1998）

报告称，在51℃条件下，狭叶羽扇豆提取物可稳定3个月，由此表明该物质具有较高的抗氧化活性，这有助于解释羽扇豆良好的贮藏特性。Gdala等（1996）报告称，白羽扇豆的含油量几乎是狭叶羽扇豆的两倍（104 g/kg），是黄花羽扇豆的两倍多。

羽扇豆的大多数矿物质含量都很低，锰除外。已知白芸豆是一种锰积累剂，有人认为高锰含量可能是这种芸豆在日粮中自由采食量减少的原因。然而，羽扇豆中过量的锰水平似乎并不是导致采食量减少的原因。

几项研究表明，与破碎或磨碎的谷物相比，将整粒羽扇豆饲喂奶牛会降低能量和蛋白质的消化率。例如，Valentine和Bartsch（1986）报告，当种子被磨碎而不是整粒时，干物质消化率增加了11%～18%。May等（1993）发现饲喂3.5 kg/d白乳清粉的奶牛产奶量比饲喂全谷物的奶牛多2 kg/d，乳脂和蛋白质含量无显著差异。建议粗磨、加热或甲醛处理羽扇豆颗粒可降低瘤胃中羽扇豆蛋白质的降解性，但在增加产奶量方面，与未经处理的羽扇豆籽粒相比没有显示出相似的效果（White等，2007）。Robinson和McNiven（1993）在一项比较高产奶牛的产奶量和乳成分的试验中发现，加热羽扇豆没有益处，这些奶牛的日粮中含有豆粕或羽扇豆（生的或烤的）。将羽扇豆磨碎后烘焙至115℃可将瘤胃未消化蛋白质（过瘤胃）值从70 g/kg CP增加至330 g/kg CP，但在奶牛日粮中添加两种来源的羽扇豆粉时，其乳产量和蛋白质产量没有差异。

抗营养因子

澳大利亚选择和培育了商业化狭叶羽扇豆和黄花羽扇豆品种，其抗营养因子水平非常低，例如生物碱（<0.2 g/kg 干物质）、单宁（3.2 g/kg 干物质总单宁）、胰蛋白酶抑制剂活性（0.14 mg/kg 干物质）和凝集素（Petterson等，1997）。但没有证据表明会因为这些化合物而限制奶牛的羽扇豆饲喂量（White等，2007）。

然而，Lorenzini等（2007）报告称，奶牛拒绝采食含有苦味羽扇豆的饲料（未指定物种）。通过将苦羽扇豆种子与其他蛋白质饲料混合，该问题得到缓解。这一结果证实了将甜羽扇豆（含有极低水平的抗营养因子）可以用于动物饲养的建议。

羽扇豆中毒病是食用一种被赤霉病菌污染的羽扇豆种子或茎有关的家畜肝病。在潮湿的天气条件或恶劣的储存条件下，羽扇豆可能会发生拟茎点霉属的污染。虽然有证据表明羽扇豆中毒对绵羊实际生产有影响，但没有证据表明，至少在澳大利亚，拟茎点霉属对奶牛具有切实影响（White等，2007）。

牛的日粮

在一篇关于影响奶牛日粮中羽扇豆营养价值的综述文章中（White等，2007）指出，对于以放牧草地或以保育草地以及谷类干草为饲喂基础的奶牛，每千克羽扇豆可转化为0.53 kg牛奶（干物质基础），其转化效率在0～0.97 kg 牛奶/kg 羽扇豆。在其他试验中饲喂了能量和蛋白质含量相似的日粮时，用羽扇豆籽实代替豆粕等油籽蛋白质，对牛奶、脂肪和蛋白质的产量均无显著影响，但降低了牛奶蛋白质含量，对牛奶脂肪含量的影响复杂。当使用羽扇豆代替蚕豆或豌豆等其他豆类谷物时，牛奶产量和脂肪或蛋白质含量不受影响。在奶牛精料中利用等量的羽扇豆替代谷物时，通常会提高牛奶、脂肪和蛋白质的产量，以及获得更高的脂肪浓度。给奶牛饲喂白羽扇豆能够显著增加牛奶中C18:1的浓度，降低C12:0～C16:0的浓度，从而改变了牛奶的脂肪酸组成。从膳食指南角度而言,这将更加有利于改善人类心血管健康。

Robinson 和 McNiven(1993)对比了在奶牛精料中添加羽扇豆籽实和豆粕的研究,发现牛奶和蛋白质的产量没有差异,但是添加羽扇豆日粮降低了牛奶蛋白质浓度。在这项研究中,奶牛饲喂以苜蓿青贮饲料作为基础日粮,精料中含有豆粕或未加工以及热处理且粉碎的甜味白羽扇豆籽实。热处理羽扇豆籽实可以将过瘤胃蛋白占日粮总蛋白的比例由 7.2% 增加到 33.3%。给奶牛饲喂添加了羽扇豆的日粮时,其干物质和有机物摄入量降低,但是 NDF 的摄入量保持不变。虽然羽扇豆油仅占日粮干物质摄入量的 1.1%～1.2%,但牛奶成分尤其是与日粮脂肪相关的部分发生了显著变化。例如,$C10～C16$ 碳链的脂肪酸的合成受到抑制,而长链脂肪酸的合成增加。牛奶蛋白质含量的下降同时受到乳制品生产商和牛奶定价机构的关注,因为相较乳脂而言,牛奶蛋白质具有更高的价值。

其他研究人员报道了很多对乳蛋白含量造成影响的研究,但研究结果并不一致(White 等,2007)。另外,Mogensen 等(2005)发现对奶牛饲喂蓝羽扇豆籽实不会对牛奶蛋白质含量造成影响。这些研究人员使用了经热处理的羽扇豆籽实,因为热处理可以增加十二指肠中的过瘤胃蛋白质和可代谢蛋白数量。理论上而言,这也会提高奶产量。当给奶牛饲喂禾草-三叶草为基础的青贮饲料时,补饲蛋白质含量相近的未经热处理的羽扇豆籽实和谷物,或者经热处理的羽扇豆种子加谷类,或是仅仅补饲谷类时,牛奶产量、蛋白质含量、乳脂含量和能量校正乳产量均不受补饲处理的影响。三种补饲策略下的产奶量(能量校正)分别为 24.4 kg、25.6 kg 和 24.7 kg。这些研究结果表明,羽扇豆籽实可以在奶牛饲料中高效利用,即使不经过热处理也不会影响牛奶的产量与质量。

Froidmont 和 Bartiaux-Thill(2004)研究了在荷斯坦奶牛的精料中使用粉碎的羽扇豆籽实或豌豆部分替代豆粕的作用效果。对照组日粮由 500 g/kg 玉米青贮饲料、110 g/kg 禾草青贮饲料和 360 g/kg 精料(干物质基础)所组成。精料中 75% 的豆粕分别由羽扇豆籽实、豌豆或两者按干物质 1∶1 的混合物所替代。豌豆替代组奶牛的产奶量较低,羽扇豆籽实-豌豆混合组奶牛的产奶量居中,羽扇豆籽实组和对照组奶牛的产奶量最高。与豌豆替代组相比,乳脂含量随着日粮中羽扇豆籽实添加水平升高而增加,因为羽扇豆籽实替代豆粕导致牛奶中链脂肪酸比例降低,而长链脂肪酸的比例增加。在后续的研究中,又分别进行了奶牛饲喂对照日粮或者豆粕完全被羽扇豆籽实以及羽扇豆籽实-豌豆按 1∶1 混合的日粮试验,结果表明,奶牛产奶量不受日粮蛋白质来源的影响,但羽扇豆籽实添加组降低了牛奶乳脂含量,这可能与该日粮的脂质含量有关。这几个不同蛋白质来源的处理组奶牛在氮利用效率上无差异。基于这些发现,研究人员得出结论,即在高产奶牛的日粮中可以利用粉碎羽扇豆籽实来有效地替代豆粕。

White 等(2007)从理论上进行了解释,认为羽扇豆籽实对牛奶蛋白质含量的负面影响可能是羽扇豆替代会导致奶牛淀粉摄入量减少,之前的研究表明奶牛日粮淀粉水平提高可以增加牛奶蛋白质含量。

给奶牛饲喂羽扇豆会导致牛奶中乳脂含量降低,从而减弱制作奶酪的适用性。关于这一问题的数据报道非常有限(White 等,2007)。在荷斯坦-弗里斯兰奶牛的一系列试验结果表明,以青贮饲料和干草作为奶牛基础日粮时,利用 2.5 kg/d 羽扇豆替代等量棉籽粕或菜籽油粕（干物质基础）不会影响奶酪的产量。当用羽扇豆籽实替代精料中的小麦（总干物质是 6 kg）时，奶酪的产量会增加。其他研究表明，当给奶牛饲喂草地干草和青贮饲料时，精料中利用羽扇豆籽实来替代油籽粉或小麦时，牛奶中的酪蛋白组分或奶酪的加工特性均不受影响。英国的工作人员发现，利用羽扇豆籽实替代豆粕来饲喂奶牛会导致牛奶中 CP 含量降低，这与牛奶中酪蛋白组分下降显著相关，但与乳清蛋白含量无关。对牛奶蛋白质含量的作用效果预期会影响奶酪产量，因为在奶酪制作过程中牛奶的加工质量通常随着酪蛋白含量以及酪蛋白与总蛋白或酪蛋白与乳清蛋白的比率的升高而增加。另一项研究对泌乳中期奶牛饲喂整粒羽扇豆和大豆进行比较，发现牛奶中蛋白质（31.5～32.4 g/kg）和酪蛋白（38～40 g/kg）含量在两组间并无差异。另外，牛奶中非蛋白氮含量却显著增加（从 0.31 g/kg 提高到 0.34 g/kg），而乳清蛋白含量不受影响。尽管有这些发现，但目前的数据表明，将羽扇豆籽实饲喂奶牛并没有明确对用于奶酪制作的牛奶质量造成不利影响，事实上在某些情况下可能还会提高牛奶质量（White 等，2007）。

研究羽扇豆的一个一致结论是，在给奶牛饲喂牧草加精料组成的日粮时，用羽扇豆籽实替代豆粕会导致牛奶中的中链饱和脂肪酸含量降低，而长链单不饱和脂肪酸和多不饱和脂肪酸含量增加（White 等，2007）。这些变化与羽扇豆籽实中的脂肪酸组成相一致，表明有一部分不饱和脂肪酸没有在瘤胃中被生物氢化，而是直接用来乳脂合成。

已经开展了很多将羽扇豆籽实添加进肉牛日粮的研究。选取初始体重为 247 kg 的韩国本地公牛，用于测定饲料中添加 0 g/kg、150 g/kg 和 300 g/kg 的压片羽扇豆籽实的作用效果（Kwak 和 Kim，2001）。压片制作饲料原料在韩国是常见的。该试验研究持续了 150 d。结果表明平均日增重和料重比在 3 个处理组间均无显著差异。然而，精料采食量和总采食量都随着羽扇豆籽实添加量的增加而提高，稻草采食量随之减少。随着羽扇豆添加水平的提高，这些作用效果更加显著。在动物健康方面并未发现一些显著的变化。

Vashchekin 和 Gagarina（2005）研究了将粉碎的低生物碱羽扇豆籽实（*L.angustifolius* cv 'Kristall'）添加到俄罗斯黑斑种公牛的饲料中的作用效果。该试验在牛 6～7 月龄时开始，到 16～17 月龄时结束。羽扇豆籽实粉的最初添加量为 65 g/kg，随着公牛月龄的增加，其添加量逐渐提高至 200 g/kg。以豌豆籽粕作为对照组日粮。在整个试验过程中，监测了公牛的生长、发育、消化和生理状态。结果表明，羽扇豆籽实可以完全替代豌豆。得到的结论是，日粮中羽扇豆籽实添加量在 65～200 g/kg 时对公牛生长、发育和繁育功能具有积极影响。

Vicenti 等（2009）研究了在日粮中利用甜羽扇豆籽实（*L.albus* L.var.*multitalia*）替代豆粕，评估其对波多利亚青年公牛生产性能和肉品质的影响。将试验肉牛分为两组，饲喂的基础日粮是硬质麦秸，处理因素分别是 200 g/kg 的羽扇豆籽实或 165 g/kg 豆粕的颗粒饲料。两组试验牛的生产指标基本相似。屠宰后 24 h 测量的腰最长肌和半腱肌上的 pH 值相似。两个处理组间牛肉的颜色特征或熟肉的嫩度无差异。就牛肉的脂肪酸组成而言，除了豆粕组肉牛具有更高的亚油酸之外，其余脂肪酸指标在两处理组间无显著性差异。

上述研究结果表明，在肉牛养殖中，其精料中常用的蛋白原料可以用羽扇豆籽实进

第4章 有机日粮原料

行全部或部分替代。然而，在奶牛日粮中使用羽扇豆籽实替代常规蛋白原料时需谨慎。

● 块根（块茎）及其产品和副产物（新西兰和欧盟1.4类）

获批可以添加到有机日粮中的块根（块茎）及其副产物包括甜菜渣、干甜菜、马铃薯、甘薯、木薯（树薯粉或木薯粉）、马铃薯渣（提取马铃薯淀粉的副产品）、马铃薯淀粉和马铃薯蛋白粉。主要块根是木薯和甘薯，主要块茎是马铃薯。

块根和块茎作物应该也适合有机牛的饲养，虽然表4.6列出了甜菜渣和干甜菜，但未列出其他块根作物。因此，应向当地有机认证机构确认是否可以在有机日粮中添加。

动物饲养中最重要的块根作物有芜菁、甜菜和饲料甜菜。制糖业中的两个副产品，甜菜渣和糖蜜（源自甜菜和甘蔗）也是营养价值较高的饲料原料。

块茎作物不同于块根类作物，前者含有丰富的淀粉和果聚糖，后者通常以蔗糖或葡萄糖的形式来储存碳水化合物。与块根作物相比，它们的干物质含量较高，纤维含量较低。

营养特征

块根作物的主要特征是水分含量高（750～940 g/kg）和粗纤维含量低（40～130 g/kg干物质）（McDonald等，1995）。有机物主要由糖组成（500～750 g/kg干物质），具有很高的消化率（0.80～0.87）。CP含量通常较低，与大多数作物一样，这一成分可能会受到氮肥施用的影响，但块根蛋白质在瘤胃中的降解率很高，为0.80～0.85。营养成分受气候条件的影响，也因大小而异，块根的干物质和纤维含量较低，消化率较高。抗寒性与较高的干物质含量和贮藏品质有关。

蕉青甘蓝（欧洲油菜）和芜菁甘蓝（油菜）营养成分相似，但后者干物质含量更少。芜菁甘蓝的代谢能值通常高于蕉青甘蓝，分别约为13 MJ/kg和11 MJ/kg干物质。

饲用甜菜（Mangolds）、饲料甜菜（Fodder beet）和糖用甜菜（Sugarbeet）同属藜科甜菜种（Beta vulgaris）。为便于区分，通常根据其干物质（DM）含量进行分类（McDonald等，1995）。食用甜菜（Mangolds）在三者中干物质含量最低，粗蛋白（CP）含量最高，但含糖量最低。饲料甜菜的干物质和含糖量介于饲用甜菜与糖用甜菜之间。糖用甜菜的干物质和含糖量最高，但粗蛋白含量最低。基于干物质计算，三类甜菜的代谢能值为12～14 MJ/kg，其中糖用甜菜的能值最高。饲用甜菜收获后通常需储存数周，因新鲜采挖的块根可能具有轻微泻下作用（McDonald等，1995）。这种毒性与其所含的硝酸盐有关，硝酸盐在储存过程中会转化为天冬酰胺（一种氨基酸）。此外，与芜菁和瑞典芜菁不同，饲用甜菜饲喂奶牛时不会导致乳汁异味。

除受品种影响外，饲用甜菜的干物质含量还受到收获期和环境条件的影响。饲用甜菜的蛋白含量低。在一些欧洲国家，它是奶牛和反刍幼畜的常用饲料。在给牛饲喂高干物质饲用甜菜时需要谨慎，过量可能导致消化紊乱或低钙血症，甚至死亡（McDonald等，1995），可能与根的高糖含量有关。

在过去，块根作物被认为是反刍动物青贮饲料的替代品，但现在其可以作为谷物替代品。

甜菜渣

甜菜副产品的初始含水量为 800 ~ 850 g/kg，可在新鲜或青贮状态下用于饲料。然而，由于其体积和运输费用的原因，通常将其干燥至含水量为 100 g/kg。干燥提取过程会去除水溶性营养素，留下主要是细胞壁多糖组成的残留物。粗纤维含量较高（约 200 g/kg 干物质），粗蛋白含量较低（约为 100 g/kg 干物质）。与淀粉含量高的饲料相比，甜菜渣含有大量果胶，可以降低患瘤胃疾病的风险（Boguhn 等，2010）。大多数甜菜渣在干燥和添加糖蜜后出售。糖蜜提供约 20% 的干物质，并将水溶性碳水化合物（即糖）含量从 200 g/kg 干物质提高到 300 g/kg 干物质。奶牛饲喂通常添加糖蜜的甜菜渣作其饲料，也用于肥育牛。甜菜渣也可与其他副产品（如酒糟）混合使用。

牛的日粮

Castro 等（2008）研究了甜菜渣纤维对奶牛氮利用的影响。早期泌乳奶牛饲喂以青贮紫花苜蓿和高水分去壳玉米为基础的日粮，或以不含糖蜜的甜菜渣替代 50% 玉米的相同日粮。结果表明，用甜菜渣替代部分玉米，会降低产奶量，因为奶牛的干物质采食量减少。同时，甜菜渣的部分替代对瘤胃微生物蛋白的合成无影响。研究还发现，用甜菜渣替代部分玉米可降低干物质、有机物和能量摄入量，但对消化率无影响。在奶牛日粮中添加相当水平的甜菜渣也观察到对摄入量的类似影响。甜菜渣的这种作用可能与网状瘤胃的扩张有关，因为使含有甜菜渣的日粮的通过率降低。

Boguhn 等（2010）研究了在优质玉米基础日粮中加入压榨甜菜渣青贮对高产奶牛生产性能的影响。试验采用两种日粮，一种青贮水平为 0 g/kg，另一种甜菜渣青贮饲料为 200 g/kg（干物质基础）。甜菜渣青贮主要取代玉米青贮和玉米芯青贮。两种日粮中十二指肠的能量和可利用 CP 浓度相当。试验周期为 118 d。平均日产奶量约为 43 kg/d。尽管甜菜渣青贮饲料显著降低了干物质的摄入量（23.0 kg/d vs 24.5 kg/d），但产奶量、乳脂或乳蛋白含量均无显著差异。绵羊消化率研究结果可解释这些看似矛盾的发现。结果表明，添加甜菜渣青贮饲料能够显著提高日粮的有机物消化率和代谢能浓度。体外产气动力学研究表明，添加甜菜渣青贮饲料的发酵程度较低。尽管不同日粮的体外短链脂肪酸产量无显著差异，但甜菜渣青贮的添加显著降低了微生物蛋白合成效率，且其氨基酸组成保持不变。由此可见，甜菜渣青贮对瘤胃发酵有一定的影响，可降低奶牛采食量，提高消化率。基于这些发现，建议在高产奶牛日粮中加入 200 g/kg 干物质的甜菜渣青贮饲料，对产奶量、乳蛋白或乳脂均无显著影响。

甜菜渣青贮饲料在肉牛饲养中同样表现出良好效果。Bendikas 等（2007）进行了相关研究，对立陶宛黑白肥育公牛饲喂对照组日粮，其中包括 1.0 kg 干草、青草和玉米青贮、3.0 kg 小麦和大麦粉（1:1）混合物，以及 0.1 kg 矿物质 - 维生素预混料。试验组公牛饲喂相同量的基础日粮，将草料和玉米青贮自由替换为甜菜渣青贮。甜菜渣青贮饲料乳酸含量高（57.5 g/kg 干物质基础），体外干物质消化率为 90.5%。代谢能和 CP 值分别为 11.12 MJ/kg 和 116.3 g/kg 干物质。结果表明，日粮中添加甜菜渣青贮饲料可使公牛增重 1 440 g/d，比饲草和玉米青贮饲料提高了 33.9%。胴体重量、屠宰率、胴体脂肪和腹部脂肪的比例也较高。饲喂甜菜渣青贮饲料的公牛，其肉质与对照组相近，甚至更优。

马铃薯（土豆）

在全世界范围内，马铃薯作物每公顷干物质和蛋白质产量方面优于其他主要谷物作物。由于接受了化学处理，马铃薯特别容易受到疾病和昆虫问题的影响。因此，任何马铃薯都应该符合有机准则，包括来自非转基因品种的马铃薯。

马铃薯起源于安第斯山脉，除了潮湿的热带地区，现在世界各地都有种植。在一些国家马铃薯作为饲料作物，而在另外一些国家，人类市场消费后剩余的马铃薯则作为动物饲料。除了新鲜马铃薯外，加工马铃薯作为人类食品也变得越来越普遍。马铃薯也用于淀粉和酒精的工业生产，副产品也是有用的饲料，其营养价值取决工业加工方式。马铃薯蛋白浓缩物是高质量的蛋白质来源，而马铃薯渣（淀粉加工行业的总残留物）或来自人类食品加工业的马铃薯皮，由于其高粗纤维含量和低淀粉含量，提供了较低质量的动物饲料产品。

营养特征

与块根作物一样，其主要缺点是相对较低的干物质含量和低营养物质密度。马铃薯的营养成分因品种、土壤类型、生长和储存条件及加工方式而不同。

新鲜马铃薯的干物质含量为180～250 g/kg。当饲喂新鲜马铃薯时，低干物质含量导致每单位重量的营养物质浓度非常低。以干物质为基础表示，全马铃薯含有60～120 g/kg粗蛋白、2～6 g/kg粗脂肪、20～50 g/kg粗纤维和40～70 g/kg灰分。

干物质中约70%为淀粉，粗蛋白含量与玉米相似。因此，马铃薯是一种重要的能量饲料，可作为谷物的替代品。储存过程中，部分淀粉可能会转化为糖。

在马铃薯中总氮的30%～50%以可溶性蛋白质的形式存在，10%为不溶性蛋白质（主要位于表皮中），其余为非蛋白氮（Edwards和Livingstone，1990）。马铃薯蛋白质具有很高的生物学价值，是植物蛋白质中含量最高的，与大豆相似。但纤维和矿物质含量均很低（钾元素含量除外）。

抗营养因子

马铃薯含有一种蛋白酶抑制剂，不仅可以降低马铃薯蛋白质的消化率，还可以降低日粮中其他成分的蛋白质消化率。该抑制剂可以通过加热被破坏，在煮熟的马铃薯中便不存在（Livingstone等，1979）。对于猪和家禽来说，煮马铃薯是正常的做法，但由于这种抑制剂在瘤胃中可以被破坏，但是饲喂反刍动物不需要对马铃薯进行烹煮。

马铃薯可能含有茄碱，特别是绿色和发芽的马铃薯，可能会导致胃肠炎和中毒。因此，应避免饲用此类马铃薯。烹煮后的汤水应丢弃，因为其中可能含有水溶性茄碱，不得喂给动物。青贮也会破坏一些毒素，因此可以接受将略带绿色的马铃薯与草混在一起使用，这可能是因为部分毒素在瘤胃中会被破坏（McDonald等，1995）。

牛的日粮

关于马铃薯在牛饲料中应用的研究比较缺乏。这可能是因为它们主要用于其他家畜，如猪。然而，在奶牛和肉牛饲料中马铃薯作为谷物替代品使用历史悠久。

Eriksson等（2004）提供了一些关于给奶牛饲喂马铃薯的研究。使用的基础日粮包括苜蓿/青草青贮、1 kg干草和1 kg热处理菜籽饼，并补充5 kg干物质：(ⅰ)大麦片/生马铃薯80:20；(ii) 饲用甜菜/生马铃薯80:20；(iii) 大麦片。日粮 (i) 和 (iii) 之间的采食量和奶产量没有差异（表4.13）。在随后的一项研究中，Eriksson 等（2009）报告称，与马铃薯相比，奶牛更容易接受饲用甜菜，即使此前都未饲喂过。

这些发现证实，马铃薯可以替代大麦等谷物，用于奶牛日粮。他们还建议应在奶牛的日粮中逐渐加入马铃薯。

马铃薯也可以作为谷物替代品，用于肉牛的日粮（Murphy，1997）。

关于饲用马铃薯需要提醒的是，牛可能会因摄入整个马铃薯而窒息。一些农民认为这是个神话，但事实表明，这是有可能会发生的（例如，Murphy，1997）。常识告诉我们，给牛饲喂整个马铃薯的农民应该意识到这个问题，并及时采取行动来挽救受影响动物的生命。避免这个问题的一种方法是，饲喂之前将马铃薯切片或剁碎。

表 4.13　苜蓿/青草青贮添加饲用甜菜、马铃薯和大麦的奶牛采食量和奶产量（Erickoon 等，2004）

	日粮组成		
	大麦片+生马铃薯（80:20）	饲用甜菜+生马铃薯（80:20）	大麦片
饲料采食量（kg DM/d）			
青贮饲料	13.6	12.7	13.5
干草	0.65	0.68	0.68
菜籽饼	0.91	0.90	0.90
饲用甜菜	—	3.72	—
生马铃薯	0.86	0.87	—
大麦	3.81	—	4.85
总干物质（DM）	20.0	19.1	20.1
摄入的营养			
OM（kg/d）	18.35	17.25	18.43
CP（g/d）	3 539	3 204	3 556
RDP（g/d）	2 488	2 269	2 487
NDF（kg/d）	7.02	6.72	7.06
ADF（kg/d）	4.81	4.69	4.78
淀粉（kg/d）	2.93	0.7	2.99
糖（kg/d）	0.58	2.77	0.54
ME（MJ）	221	206	223
牛奶产量			
产奶量（kg/d）	23.2	21.8	23.4
能量校正乳（kg/d）	24.7	23.0	25.3
脂肪（%）	4.63	4.58	4.72
蛋白质（%）	3.16	3.15	3.21
乳糖（%）	4.79	4.77	4.78

马铃薯副产品

马铃薯加工副产品可用于饲喂牛,包括马铃薯粉、马铃薯薄片、马铃薯切片和马铃薯泥。这些副产品的营养价值因加工方法不同而变化很大。尤其是马铃薯泥,其蛋白质和纤维含量取决于所添加饲料中马铃薯可溶性物质的比例。因此,购买这些原料喂牛之前,要对其进行化学分析。

脱水马铃薯渣:该产品(AAFCO 将其定义为脱水马铃薯渣)由全马铃薯(碎马铃薯)、马铃薯皮、马铃薯泥、薯片和脱色薯条脱水磨碎副产品组成,这些副产品是从加工马铃薯产品的生产中获得的,供人类食用。它可能含有高达 30 g/kg $CaCO_3$ 的添加剂,作为加工辅助剂。在市场上,一般会保证最低粗蛋白、最低粗脂肪、最高粗纤维、最高灰分和最高水分。该产品可有效用于肉牛日粮中。

马铃薯泥:该副产物是马铃薯去除淀粉后剩余的残渣。脱水产品的成分可能会因马铃薯可溶物的含量而变化很大(Edwards 和 Livingstone,1990)。

马铃薯·浓缩蛋白:马铃薯浓缩蛋白是一种优质产品,因其高消化率和高生物价值而广泛应用于人类食品工业。它是一种优质的蛋白质来源,适用于所有牛的日粮中。然而,它的高成本使其最适合用于犊牛的饲料。

甘薯

甘薯是一种非常重要的热带植物,其块根被广泛供人类食用,并作为淀粉的商业来源。略带红色的品种通常被称为红薯。甘薯在亚洲国家、拉丁美洲、非洲和美国部分地区广泛种植,但中国是主要生产国。

营养特征

甘薯根茎的营养价值与普通马铃薯相似,但干物质含量较高,粗蛋白含量较低。每千克含有约 300 g 干物质,主要是淀粉和糖。CP 含量为 50～70 g/kg(干重)。因为甘薯的储藏性不如马铃薯,所以有时会把它们切成薄片并晒干。干燥不会破坏其中存在的胰蛋白酶抑制剂,限制了农场动物日粮中的使用。

抗营养因子

据报道,牛饲料中使用甘薯出现了一些问题。Mawhinney 等(2008)调查了英国 15 头牛中的一例疑似甘薯中毒病例,与因破损而未被人食用的甘薯有关。饲喂 8 d 后,发现一头牛死亡,另外两头出现急性呼吸窘迫的症状,尽管通过马波沙星和地塞米松的药物治疗,仍于当天死亡,立即停止饲喂。在接下来的 4 d 里,又有 3 头牛死亡。对两头牛进行了尸检,组织病理学证实为间质性肺炎,甘薯块根的真菌培养结果显示存在多种真菌,包括枯萎镰刀菌,是一类可以定植于受损块根组织的真菌。这些真菌可以产生甘薯黑斑霉醇,这是一种毒素,可被牛吸收,并在肺细胞中转化为肺水肿因子,进而引起肺炎。

其他类似的报告也有记录。Liu(1982)报告了中国台湾一个奶牛群中的呼吸道问题,其症状与上述病例相似。在一次与食用甘薯有关的中毒事件暴发后,90 头奶牛中有 15 头在 1 周内死亡。在另一起案件中,9 头奶牛中有 2 头死亡。这种疾病的特点是出现严重的呼吸窘迫。尸检时,其肺部有气肿、潮湿、坚硬和沉重症状。试验表明,甘薯中存在几种霉菌属，包括角囊藻属。结论是，发霉的甘薯中毒不是由真菌毒素引起的，而是由马铃薯中霉菌和破损产生的代谢产物导致的。

这些报告表明，只有完好无损的甘薯块根或由其制成的干燥产品才能喂牛，储存条件也应确保防止发霉。

牛的日粮

关于将甘薯纳入牛饲料中的研究结果主要在生产甘薯这种作物的国家中发表，尽管在进口国也发表了研究结果。将甘薯纳入牛的日粮中的主要挑战是需要额外的蛋白质来抵消这种作物的低粗蛋白含量。

在古巴，甘薯粉被成功地纳入犊牛日粮（Plaza 和 Fernández，1997）。该研究选用 21~180 日龄的荷斯坦犊牛。所有犊牛在前 48 h 内吮吸母乳，然后在 3~20 日龄期间接受 4 L 初乳和桶装牛奶喂养。在 21~180 日龄期间，每只动物可自由采食浓缩料，最高可达 1.5 kg/d。比较了两种日粮处理：（i）21~70 d，每天 4 L 全脂牛奶；21~30 d，4 L 牛奶加 300 g 代乳粉［含 570 酵母、240 甘薯粉、100 原糖、50 牛脂和 40 矿物质和维生素预混料（g/kg）］；（ii）31~70 d，1 L 牛奶加 500 g 相同的代乳粉加 2.5 L 水。不同处理间犊牛生长无差异，处理组（i）和（ii）的体重在 70 d 时体重分别为 68.97 kg 和 69.54 kg，在 180 d 时体重分别为 137.18 kg 和 138.64 kg。

日本研究人员研究了含甘薯干的全混合日粮对泌乳奶牛的干物质采食量、瘤胃发酵和产奶量的影响（Yokoyama 等，2008）。比较了两种日粮混合物：（i）含干甘薯 86 g/kg（干物质基础）；（ii）含有片状大麦 100 g/kg 的水平（干物质基础）。日平均干物质采食量、瘤胃 pH 值和原生数或瘤胃液中挥发性脂肪酸的摩尔百分比均无统计学差异。虽然在产奶量和乳脂含量上无统计学差异，但大麦日粮的乳蛋白含量往往高于含甘薯粉的日粮。这些结果表明，在对每日干物质采食量、产奶量和乳脂含量以及瘤胃发酵模式的影响方面上，甘薯干粉与大麦片相似。然而，根据对牛奶蛋白质含量的影响，甘薯粉日粮提供的蛋白质可能对牛奶蛋白质含量的影响略有不足。

美国的一项研究比较了玉米和甘薯粉在肉牛日粮中的作用（Louis 等，1988）。试验周期 140 d，选用初始活重 250 kg 的安格斯和海福特杂交阉牛。以玉米（对照）或甘薯粉为主要能量来源的两种日粮的配方，具有相同的能量和蛋白质水平。这些试验动物自由采食。在给予玉米和甘薯粉日粮的情况下，肉牛的平均日增重分别为 1.1 kg 和 0.9 kg，料重比分别为 7.8 和 7.1［每增重 1 kg 消耗饭饲料干物质（kg）］。饲喂甘薯粉日粮的动物对干物质、粗脂肪、细胞壁成分和能量的消化率较高，但对纤维素或 CP 的消化率无显著差异。两组的瘤胃 pH 值和挥发性脂肪酸浓度相同。饲喂含甘薯粉日粮的阉牛胴体屠宰率较高。

木薯

木薯，也被称为树薯，是一种多年生木本灌木，几乎完全生长在热带地区。当用作人类食物时也被称为木薯淀粉或西米。巴西和印度尼西亚是主要生产国，还有几个热带非洲国家，特别是扎伊尔和尼日利亚，它是世界上产量最高的作物之一，每公顷木薯块根产量可为 20~30 t。在许多国家，木薯是一种非本地生产的进口产品，但它是被批准的有机牛饲料成分。

营养特征

Oke（1990）综述了木薯的营养特征。每千克新鲜木薯含水量约 650 g。干物质中淀粉含量高，蛋白质含量低（20～30 g/kg，其中只有约 50% 为真蛋白质）。由于果皮的存在，其具有高的粗纤维含量（约 270 g/kg，干物质基础）。可以饲喂新鲜的、煮熟的、青贮的或干薯片或（通常）干木薯粉。当含量较高时，日粮也是粉状、多尘。木薯是一种极好的能量饲料，含有高度易消化的碳水化合物（700～800 g/kg），主要以淀粉的形式存在。它的能值与马铃薯相似。木薯可用于替代牛日粮中的部分谷物，前提是该饲料的配方可以适应木薯提供的可忽略不计的蛋白质和微量营养素。

抗营养因子

新鲜木薯含有氰苷（主要是亚麻苦苷），摄入后被水解成氢氰酸，对动物有毒。在木薯生产国，采用煮沸、焙烧、浸泡、青贮或晒干，来降低这些化合物的含量（Oke，1990）。动物机体需要用硫来解毒氰化物；因此，日粮中需要有足够的含硫化合物。新鲜木薯中氰化物的正常范围为每千克鲜重的 15～500 mg/kg。

北美传统饲料行业的木薯质量控制规范将该产品定义为木薯的块根通过机械切成小块并晒干。它必须没有沙子和其他碎屑，除非由于良好的收割方法而不可避免地发生的情况除外。在整个饲料中，氢氰酸的含量水平（氢氰酸、亚麻苦苷和氰醇混合物）不得超过 50 mg/kg。

牛的日粮

许多关于木薯营养价值及其作为谷物替代潜力的研究是在近几年开展的，集中在种植木薯的发展中国家。

尼日利亚开展的研究表明，木薯粉可以替代玉米加入生长犊牛的日粮中（Aregheore，1992）。这项研究包括生长性能和消化率试验。在生长性能方面，12～16 月龄的棕牛 × 白富拉尼杂交犊牛以木薯粉或玉米为主要精料，并添加 1.5 kg 精饲料，每天饲喂 2 次，饲喂 90 d。采食量（精料加饲草）在饲喂不同碳水化合物来源的犊牛之间无差异，但木薯饲喂组的犊牛的日增重更高。两种处理的血清总蛋白和血液尿素氮水平无差异，但木薯饲喂组的犊牛血糖水平较高。木薯饲喂组对日粮干物质、粗纤维、无氮浸出物和能量的消化率较高，对粗脂肪和粗蛋白的消化率较低。

Mello 等（1981）比较了玉米、高粱和木薯干作为棕牛 × 瘤牛杂交犊牛饲喂全脂奶和脱脂奶的能量补充剂。发现饲喂全脂奶时，不同能量来源对奶牛的生长无影响。与其他脱脂奶组合相比，脱脂奶与玉米粉组合组的增重效果最好。从出生到 161 d，与全脂牛奶结合使用，使增重最好。

Holzer 等（1997）报告说，当日粮中 40% 的谷物被木薯替代时，生长育肥牛的增重无显著差异。然而，用木薯替代 20% 和 40% 的谷物，并添加豆粕以维持蛋白质水平的日粮，会导致能量转化为增重的效率降低。

Holzer 等（1997）报道，木薯粉的粉末状性质可能导致采食量减少。在越南的一项研究中也报道了类似的结果。Nguyen 等（2008）进行了一项试验，在生长肥育期莱辛德牛（越南地方黄牛品种，通常体型小，耐湿热，奶肉兼用）的日粮中添加木薯粉，木薯粉每天添加量为其体重的2%（干物质基础），将增加可消化有机物的摄入量和体重。基础日粮由象草和稻草组成，自由采食。试验日粮中添加木薯粉和20 g 尿素/kg，分别为活重的0.3%、0.7%、1.3%或2.0%。饲喂最高水平木薯的牛并没有消耗全部的补充剂，实际摄入量与使用1.3%活重处理的牛相似。根据研究结果，研究人员得出结论，为生长期肉牛提供的木薯粉量应限制在活重的0.7%~1.0%。从结果来看，尚不清楚采食量的下降程度是否受日粮中添加尿素的水平的影响。

木薯是非洲和其他热带地区牧场放牧牛群补充饲料中一种重要的能量来源。Abate（1988）比较了白天在肯尼亚牧场放牧的波仑牛和波仑牛×海福特杂家犊牛的生长速度。日粮处理为无补充剂（对照组），每头1 kg木薯或玉米为基础的补充剂。在补饲过程中，饲喂玉米或木薯的犊牛增重速率大约是对照组的两倍。使用玉米、木薯或仅放牧的平均日增重分别为575 g/d、495 g/d和261 g/d。在20个月大时，对照组犊牛的体重分别比补充木薯或玉米的犊牛少4 kg和14 kg。

Campero（1994）研究了在玻利维亚热带放牧条件下，香蕉和木薯粉作为奶牛日粮中玉米替代品的潜力。纯种荷斯坦奶牛和荷斯坦×克里奥洛杂交奶牛以2.0 /hm² 的载畜强度在禾本科和豆科牧草（俯仰臂形草与毛蔓豆或卵叶山蚂蝗混种）为主的草地上放牧。奶牛以每2 kg产奶量补充1 kg的比例补充黄玉米、香蕉或木薯粉。产奶量（平均8.3 kg/d）和日粮摄入量（平均3.4 kg/d，干物质基础）不受补饲日粮类型的影响。添加木薯粉的奶牛体重下降了140 g/d，而添加香蕉粉和玉米的奶牛体重分别增加了100 g/d和400 g/d。补充剂的量约为每2.44 kg牛奶产量补充1 kg。

提供充足的蛋白质是牛日粮中使用木薯粉必须解决的问题之一。Tudor等（1985）研究了3种蛋白质来源（花生、肉骨粉和鱼粉）对饲喂木薯的牛生长和饲料利用率的影响。结果表明，饲喂以干木薯块茎为基础的高能量日粮的牛生长良好，木薯可以替代谷物。鱼粉是一种很好的蛋白质补充来源，比花生粉更好。肉骨粉、鱼粉和尿素被禁止用于有机牛的饲料中。

避免木薯粉状的一种方法是使用干燥的木薯片。Sommart等（2000）将该产品作为泌乳奶牛的能量来源。泌乳中期的杂交奶牛（主要是荷斯坦-弗里斯奶牛）在饲喂稻草的同时，从四种精饲料中选择一种。精饲料中每千克含有135 g、270 g、405 g和540 g的木薯，以替代玉米粉。日粮处理不影响瘤胃pH值、氨、挥发性脂肪酸浓度或血糖浓度。木薯和玉米以50:50的比例可以最大限度地提高有机物和代谢能的摄入量、产奶量以及乳蛋白和乳糖的产量。乳脂产量不受添加水平的影响。根据结果计算，当与稻草混合饲喂时，奶牛日粮中木薯干的适宜添加水平为200~300 g/kg。

Brigstocke等（1981）在英国进行的一项研究提供了在进口国发现木薯结果的一个例子。这项研究涉及将木薯与青贮饲料一起添加到弗里斯兰奶牛的浓缩饲料中。精饲料中木薯含量分别为0 g/kg或400 g/kg，大麦含量分别为600 g/kg和103 g/kg。添加木薯对青贮饲料和精料的日平均采食量无显著影响。无木薯组和添加木薯组的平均日产奶量分别为21.14 kg和22.27 kg，乳脂含量分别为41.4 g/kg和40.4 g/kg。这些指标和乳固形物含量的差异在统计学上差异不显著。

芜菁

芜菁通常用于延长放牧季节或冬季补饲。澳大利亚和新西兰研究较多。

牛的日粮

芜菁被看作是谷物的替代品。例如，芜菁和高粱以三种水平（0 kg 干物质 /d、4 kg 干物质 /d 和 8 kg 干物质 /d）饲喂，并补饲一定量的牧草（Harris 等，1998）。与单独放牧相比，每天饲喂 4 kg 干物质 /d 或 8 kg 干物质 /d 的芜菁使每头奶牛的乳固体含量分别提高了 29% 和 36%，饲喂高粱提高了 26% 和 32%。对于这两种作物，将日摄入量从 4 kg 增加到 8 kg，进一步提高了乳固体的含量。

Moate 等（1998）研究了泌乳中期奶牛对添加芜菁的反应。共有 5 个处理组。对照组饲喂基础牧草干草加牧草青贮。其他组（干物质基础）分别饲喂 6 kg 大麦，6 kg 50∶50 大麦/芜菁混合物，6 kg 芜菁，或大麦加芜菁各 4 kg。通过这些处理产生的牛奶增加量分别为 0.62 L/kg、0.59 L/kg、0.49 L/kg 和 0.49 L/kg（干物质基础）。各组的牛奶组成相似。

McFerran 等（1997）计算出，干物质基础上，当与夏季牧场同时饲喂，芜菁的最佳比例为日粮摄入量的 21%。对于 500 kg 活重的奶牛来说，每天产奶量为 17 L 时相当于每天饲喂 3～5 kg 芜菁（干物质）。

瑞士研究人员（Thomet 等，2003）发现，芜菁的平均产量为 6.5 t/ha 干物质，高于草–三叶草（2.9 t/ha）或其他芸薹属植物。放牧损失平均为 33%，净产量为 4.3 t/ha 干物质。尽管有踩踏破坏，但没有发现对土壤有长期影响的迹象。对动物健康、牛奶质量和牛奶口味均无负面影响。奶牛会增加牛奶被厌氧孢子污染的风险。根据研究结果和对 32 名种植芜菁的农民进行的调查，我们得出结论，芜菁是延长秋季放牧期的适宜作物。

其他研究也在调查补充蛋白质是否可以提高饲喂芜菁的奶牛的产奶量。在 Moate 等（1999）的一项研究中，泌乳中期的奶牛被饲喂 5 种日粮当中的一种。对照组日粮为 10 kg/d 的基础日粮，由天然牧草、牧草干草和牧草青贮饲料组成（干物质基础）。试验日粮的基础日粮，每头奶牛每天添加 5 kg 大麦或 5 kg 芜菁，或每头奶牛添加 3 kg 芜菁加 2 kg 羽扇豆碎，或每头奶牛添加 3 kg 芜菁加 2 kg 棉籽粕。日粮添加后可使产奶量分别增加 0.80 L/kg、0.92 L/kg、1.15 L/kg 和 1.00 L/kg（以干物质为基础）。芜菁和压碎大麦蛋白质的瘤胃降解速率和程度相似。

用芜菁代替谷物已被证明会改变牛奶的成分（Thomson 等，2000）。饲喂 25 kg 干物质/（头·d）的奶牛分别以芜菁或高粱的形式补充 0、4 kg/（头·d）或 8 kg/（头·d）干物质。化学分析表明，高粱的纤维（NDF，650 g/kg vs 230 g/kg）和总脂肪含量（35 g/kg vs 15 g/kg）高于芜菁，粗蛋白（96 g/kg vs 120 g/kg）低于芜菁。不同作物的脂质组成不同，与高粱相比，芜菁中含有更多的月桂酸（C12:0）和更少的亚麻酸（C18:3）等脂肪酸。这些差异反映在奶成分的差异上。饲喂芜菁的奶牛的乳脂含量低于饲喂高粱的奶牛，随着芜菁添加量的增加，对乳脂含量的影响更大［添加量 0、4 kg/（头·d）和 8 kg/（头·d）分别为 55 g/kg、51 g/kg 和 50 g/kg］。喂食芜菁的奶牛的乳脂组成也有所不同。随着日粮中芜菁添加量的增加，短、中、长链脂肪酸含量增加，总不饱和脂肪酸含量减少。因此，固体脂肪含量（SFC）（乳脂硬度的一种指标）也有所增加。共轭亚油酸（顺式 9 反式 11-C18:2）的含量随着添加水平的增加而下降。且芜菁的影响大于高粱。但这些处理对牛奶蛋白质和氮组分的影响最小。

瑞典芜菁和普通芜菁（萝卜）若在挤奶时或挤奶前喂给奶牛，均可能导致牛奶产生异味。这种异味是由挥发性物质引起的，该物质从空气中被牛奶吸收，而并非来自奶牛体内（McDonald 等，1995）。然而，饲喂芜菁产生这种影响的情况却并非总是出现。

饲用甜菜

饲用甜菜替代大麦可能会降低采食量和产奶量（Ericoon 等，2004）。用饲用甜菜（干物质基础）每取代 1 kg 大麦，青贮采食量减少约 0.24 kg。产奶量的降低与代谢能摄入量的减少成正比。一些早期研究中注意到了这种影响，但在其他研究中没有注意到。这些差异可能是因为饲喂奶牛的饲料类型的不同。Dulphy 等（1990）报道，只有低干物质含量（120 g/kg）的饲用甜菜对青贮饲料采食量有不利影响，而含有 210 g 干物质 /kg 的饲用甜菜则无影响。可能的原因是饲用甜菜的高糖含量（表 4.13）降低了其适口性，从而影响了瘤胃发酵模式。饲用甜菜的瘤胃乙酸比例略有降低，而丙酸和丁酸的比例均有增加的趋势。Eriksson 等（2004）饲喂的基础日粮包括苜蓿 / 青贮饲料、1 kg 干草和 1 kg 热处理的菜籽饼，并补充 5 kg 的大麦片 / 生马铃薯 80：20、饲用甜菜 / 生马铃薯 80：20 或大麦片（干物质基础）。日粮 1 和日粮 3 之间的采食量和产奶量无显著差异（表 4.13）。饲用甜菜适度降低了瘤胃 VFAs 中的乙酸比例，而丙酸和丁酸的比例均有上升趋势。结果表明，应逐步将饲用甜菜添加至奶牛饲料中。

在随后的一项研究中，Eriksson 等（2009）报告称，饲用甜菜比马铃薯更容易被以前没有喂过这些饲料的奶牛接受。

● 其他饲料原料来源

卷心菜（甘蓝）

每公顷卷心菜的营养物质含量很高，作为粗饲料的来源，是有机饲料潜在的饲料原料。然而，这种作物作为牛饲料的研究似乎很少。Livingstone 等（1980）报道，卷心菜（cv 'Drumhead'）含有 100 g/kg 干物质和（每千克干物质）18 MJ/kg 总能量、230 g/kg 粗蛋白、79 g/kg 真蛋白、7.6 g/kg 总赖氨酸、4.7 g/kg 蛋氨酸和胱氨酸、142 g/kg 酸性洗涤纤维和 132 g/kg 灰分。

● 其他植物及其产品和副产品（欧盟第 1.7 类）

糖蜜

糖蜜通常在有机日粮中作颗粒黏合剂，含量为 25～50 g/kg。它能够使饲料颗粒在制粒过程中黏结在一起,并生产出用于牛的颗粒和压缩饲料块,在运输或通过进料设备时不易分解。添加糖蜜的其他好处是增加日粮适口性,减少混合日粮的粉尘。

甜菜糖蜜是从压碎的甜菜水提取物中结晶分离后的产物。由于它的糖含量高,经常被用作青贮饲料生产的添加剂。

甘蔗糖蜜是甘蔗生产的副产品,在种植甘蔗的热带和亚热带国家广泛用于动物饲喂。除了用作上述目的饲料添加剂外,甘蔗糖蜜还用作以饲料为基础的日粮的能量补充来源。在某些情况下,高浓度的糖蜜被用作玉米的替代品。

营养特性

糖蜜一般含有 670～780 g 干物质/kg,土壤、生长和加工条件不同,其成分差异很大。碳水化合物含量高,主要由易消化的糖(主要是蔗糖、果糖和葡萄糖)组成。CP 含量较低(为 30～60 g/kg)。糖蜜富含矿物元素,由于在加工过程中加入了氢氧化钙,蔗糖蜜的钙含量很高(高达 10 g/kg),但磷含量较低。甘蔗糖蜜也富含钠、钾和镁。甜菜糖蜜的钾和钠含量均较高,但钙含量较低。糖蜜中还含有大量的铜、锌、铁和锰。

牛的日粮

虽然高糖蜜水平的日粮对动物有通便作用,但在一些国家中糖蜜被用作牛基础饲料。古巴在这方面处于领先地位,以糖蜜作为肉牛的基础日粮,其中甘蔗糖蜜的摄入量不受限制,使肉牛的总干物质摄取量为 500～800 g/kg。其他饲料通常是饲草和蛋白质的补充。据报道,这种日粮可以使活体体重每天增加约 1 kg。

给牛喂糖蜜以满足食欲,并限制粗饲料量,可能会出现糖蜜中毒(Rowe 等,1977)。其特点是由大脑退化引起的不协调和失明,类似于大脑皮质坏死或脊髓灰质炎脑软化症(由于硫胺素的缺乏而在鸡上发生)。这种情况最可能的解释是,饲喂含粗饲料较少的糖蜜饲料导致动物瘤胃异常发酵模式,挥发性脂肪酸混合物中丁酸含量高,而丙酸含量低。这种情况可以通过提供足够数量的优质粗饲料来预防。事实证明,补充硫胺素对糖蜜中毒的动物无效。

海藻

海藻(海带)含有大量的矿物质,但其他营养成分含量往往较低。其成分因品种和收获阶段的不同而不同。在一些地区,如中国和印度,海藻被收获用作沿海地区农场牲畜的干饲料。中国是海藻生产大国,种植了超过 250 万 t 的褐藻海带。在增加海带产量方面的潜力很大,特别是在北美太平洋海岸等地区。加拿大拥有世界上最长的海岸线,可以更好地利用这种植物资源。此外,加拿大的海洋环境可能比其他地方的污染更少。北美最近的一项发现是将海藻用作沼气(甲烷)生产的基质。

牛羊喜欢吃海藻,可能是因为它的咸味,一些动物适应了海藻为主要成分的日粮。苏格兰北海岸奥克尼群岛上的两个新石器时代遗址对使用海藻作为家畜饲料的古代研究表明了这个观点(Balasse 等,2006)。这项研究是利用绵羊和牛牙齿釉质的碳氧年代测定法进行的。其中在一个地点(Howar 的 Knap,约公元前 3600 年),研究表明羊和牛全年都以陆生植物为食,而不包括海藻。另一个遗址(帕帕·西特雷北部的霍尔姆,约公元前 3000 年)表明,冬季海藻对绵羊的日粮有重大贡献,可能归因于冬季牧场牧草数量的严重减少。结果表明，绵羊直接在岸边进食了新鲜海藻。这两个种群之间的一个显著差异是北罗纳尔德赛羊完全依赖海藻。

北罗纳尔德赛羊是一种一直生活在奥克尼群岛最北端的北罗纳尔德赛的一种绵羊。不幸的是，羊群的情况不太好。这种绵羊属于北欧短尾羊品种。除了一个短暂的产羔季节外，该品种在一年中的几个月内几乎完全以海藻为食。北罗纳尔德赛的半野生羊群一年中的大部分时间都被限制在前海岸，以保护在内陆有限的放牧。

在中国和印度等大量生产海藻的国家，也有将海藻用作牛饲料的研究。例如，Ma 和 Tian（1998）以每天 0 g、150 g、200 g 和 250 g 的剂量给泌乳奶牛饲料中添加海带。饲喂补充日粮的奶牛日产奶量分别为 18.5 kg、19.4 kg 和 19.5 kg；活增重分别为 1.73 kg、1.78 kg 和 1.79 kg；乳脂含量分别为 3.52%、3.52% 和 3.51%；饲料转化率分别为 2.20%、2.31% 和 2.32%。对照组奶牛的相应值分别为 18.0 kg、1.64 kg、3.52% 和 2.14%。以上结果表明，海藻的最佳添加量为 200 ~ 250 g/d。

在印度的一项研究中，Prabhu 等（1978）在饲喂奶牛的精饲料中添加了加工过的马尾藻，替代 20% 的麦麸。海藻含 127 g/kg 粗纤维、95.7 g/kg 粗蛋白和 49 g/kg 钙（干物质基础）。19 周内，对照组和海藻日粮组的平均产奶量分别为 5 798 kg 和 6 263 kg，差异不显著。研究发现，日粮中添加马尾藻对干物质、可消化粗蛋白和总可消化营养素的摄入量及乳成分均无显著影响。氮和矿物质平衡研究以及血液分析表明，给奶牛食用马尾藻不会产生不良影响。

北美的几项研究揭示了海藻或海藻提取物作为日粮补充剂改善牛机体健康或肉质的潜力。有机生产者对这方面很感兴趣。例如，Bach 等（2008）研究了饲喂晒干海藻（子囊藻，也称为泡叶藻）对饲养场牛粪中大肠杆菌细菌群落的影响。这种海藻生长在北大西洋，也被称为挪威海带、结海带、结皮或蛋海带，常见于欧洲西北海岸和北美东北海岸。在这项研究中，肉牛口服接种耐萘啶酸的大肠杆菌 O157:H7 的四种菌株混合物。将晒干的塔斯科海藻（Tasco-14TM）添加到日粮中，其中包括 860 g/kg 大麦粒和 90 g/kg 全株大麦青贮（干物质基础）。将阉牛分为四组，并在日粮中使用泡叶藻代替大麦，其水平（作为日粮）如下：0 g/kg（对照组）；10 g/kg，持续 14 d；20 g/kg，持续 7 d；20 g/kg，持续 14 d。接种大肠杆菌 7 d 后开始日粮饲喂。14 周内检查粪便脱落模式。结果表明，添加泡叶藻可减少大肠杆菌的脱落。在不同的处理中，其脱落率下降的速度相似，但与其他组相比，饲喂低水平补充物 14 d 或高水平补充物 7 d 时牛的大肠杆菌最终数量显著降低。说明添加泡叶藻可有效缩短牛排泄大肠杆菌 O157:H7 的时间和强度。此外，研究还表明，羔羊的平均日增重、采食量、饲料转化效率和胴体性状未受日粮中泡叶藻的影响。

Bach 等（2008）及其他人员进行的类似研究基本原理是，大肠杆菌 O157:H7 引起的食物中毒案例通常可追溯到牛的肉制品或生产系统。2005 年，加拿大疾病监测系统记录了 100 多例大肠杆菌 O157:H7 感染病例。许多最近暴发的 O157:H7 大肠杆菌事件都与环境有关，而非直接食用被污染的肉类。因此，如果要降低暴发风险，就必须制定策略，在牛生产和肉类加工过程中降低或消除这种细菌的存在。各种措施试图降低牛肉生产系统中大肠杆菌 O157:H7 的流行率，包括接种疫苗、使用氯酸盐杀菌剂及向牛接种细

第 4 章 有机日粮原料

菌，旨在防止牛消化道中产生 O157:H7 大肠杆菌。这些措施并非完全有效。有机生产中可能需要替代方法，如使用经批准的添加剂进行日粮补充。

目前，控制肉制品微生物污染的主要方法是屠宰前后的干预法。主要包括：(i) 尽量减少到达屠宰场的微生物的来源和含量；(ii) 尽量减少微生物从动物的外部和屠宰环境进入或转移到肉类；(iii) 减少接触肉类的污染；(iv) 灭活肉类和肉制品上的微生物；(v) 抑制或延缓已进入肉类和肉制品且未灭活的污染物的生长。

北美也进行了其他关于野曲霉补充剂的研究，以测试其对肉质的影响。例如，Braden 等（2007）在育肥杂交牛（瘤牛×黄牛）的日粮中补充了 20 g/kg 野曲霉，并报告了对胴体大理石花纹评分、美国农业部质量等级、感官特征和零售陈列货架保质期的影响。试验组动物从育肥期的第 45 天和屠宰前的第 14 天开始，饲喂含有 20 g/kg 野曲霉粉（干物质基础）的蒸汽玉米，为期 14 d。对照组饲喂不含野曲霉的以玉米为基础的日粮。研究结果表明，短期添加野曲霉粉可提高肉牛胴体品质，提高零售货架保质期，而增长率不受影响。Anderson 等（2006）也报道了类似的结果。

在这种情况下，野曲霉（Tasco）的作用机制是海藻含有酚类和多酚类化合物，这些化合物包括有效的抗氧化剂。海藻也是植物生长调节剂的来源，并提高了抗氧化剂超氧化物歧化酶和特定维生素前体的活性（Allen 等，2001）。

海藻可有效控制寄生虫害的发生。Jensen（1972）报告说，在猪的日粮中加入海藻，可显著降低屠宰时蛔虫损伤造成的肝脏病变的发生率。有机农场主对海藻在此方面的功能很感兴趣，但尚未在牛上开展进一步研究。

牛奶及奶制品（新西兰和欧盟第 2.1 类）

牛奶及各种奶制品常用于犊牛的日粮。需要对所有乳制品进行适当的热处理（巴氏杀菌），以确保不含任何致病微生物。一般来说，乳制品的蛋白质品质很高，但易因过热而受损。

奶粉产品包括全脂奶粉、脱脂奶粉和乳清粉。从全脂牛奶和脱脂牛奶中提取的产品适口性很好，这是高消化率的氨基酸平衡的蛋白质补充剂。除了脂溶性维生素、铁和铜外，牛奶及奶制品还是维生素和矿物质元素的良好来源。干脱脂牛奶用作饲料原料成本较高，但如果经济允许，它可替代牛奶。

牛奶替代品中牛奶固形物的最佳浓度已经有过研究。通常以 0.44 kg/d 的量饲喂含有 210 g/kg 蛋白质、210 g/kg 脂肪的牛奶替代品或 3.8 L 牛奶。一些研究表明，固体浓度越高，犊牛的生长速度越快。

乳清是奶酪生产后剩余的液体副产品，主要成分为 90% 的乳糖、20% 的蛋白质、40% 的钙和 43% 的磷。干物质含量较低，约为 70 g/kg。加工过程中大部分的脂肪和蛋白质被去除，留下大量的乳糖和矿物元素。乳清可以液体乳清、浓缩乳清或干产品方式加入犊牛日粮中，但由于乳糖含量高，其浓度较低。干乳清含有约 650 g/kg 乳糖。乳清粉的营养成分和品质比其他乳制品变化更大，因此使用高质量的产品很重要。

乳清在猪上的研究发现，可以减少粪便中的蛔虫卵数量（Alfredsen，1980），这表明乳清可能是一种有效的天然驱虫剂。

Lammers等（1998）比较了乳清蛋白精饲料和干脱脂牛奶替代牛奶的研究。对比了4种处理（100%脱脂牛奶；67%脱脂牛奶加33%乳清蛋白精饲料；33%脱脂牛奶加67%乳清蛋白精饲料；100%乳清蛋白精饲料）。在第1次试验中，犊牛从出生到6周龄只喂代乳粉。在第2次试验中，犊牛被喂养代乳粉，并从出生到6周龄不受限制地添加发酵剂。在头2周饲喂初生重10%代乳粉，之后以出生体重的12%喂养。在第1次试验中，与食用含有100%脱脂牛奶的乳替代品相比，食用含有67%和100%乳清蛋白浓缩乳替代品的犊牛的平均日增重和饲料效率显著提高。在第2次试验中，没有发现由处理引起的生长或饲料效率的差异。第2次试验的平均日增重与总发酵剂摄入量相关。在第1次试验中，血糖浓度与生长速率相关，且饲喂含有67%乳清蛋白浓缩乳液替代品的犊牛血糖浓度最高。粪便评分或腹泻发生率均未发现差异。当只喂食代乳粉时，乳清蛋白比例较高的精饲料提高了犊牛的生产性能，但当同时饲喂开食料时，代乳粉的成分则没有影响。

Elliott等（1989）研究了分离的大豆蛋白产品和乳清对5周龄荷斯坦犊牛代乳品中部分替代脱脂乳粉和乳清蛋白精饲料的影响。在16周时，犊牛的体重增加和胴体质量与使用常规牛奶替代品相似。

其他蛋白质来源替代牛奶蛋白质的研究已在本章前面概述。

● 矿物质来源

在详细概述经批准的成分之前，有必要澄清"有机"一词，该词可以与某些类别的成分（如矿物质来源）联系起来。按照标准的化学命名法，有机矿物是含碳矿物质。在这种情况下，"有机"并不意味着来自有机来源。按照标准化学命名法不含碳的矿物质被称为无机物。有机矿物质如硒甲硫氨酸等被用于传统饲料生产，但很少用于有机牛日粮，尽管其中一些是根据美国规定批准的。与无机物相比，这些有机来源可以更具生物利用度的形式提供矿物质。希望使用它们的生产商应向当地认证机构核实其可接受性（表4.14）。

有机食品中可能有其他来源，生产商应向当地认证机构查询详细信息。美国法规（FDA，2001）批准了具有GRAS（公认安全）状态的微量矿质元素清单，添加量与良好饲养规范保持一致，如表4.15所示。

表4.14 常见日粮矿质元素及浓度[a]

来源	干扰素编号	化学式	矿质元素	浓度（%）
石灰石，土地	6-02-632	$CaCO_3$（主要成分）	钙	38
碳酸钙	6-01-069	$CaCO_3$	钙	40
牡蛎壳，土地	6-03-481	$CaCO_3$	钙	38
磷酸二钙	6-01-080	$CaHPO_4 \cdot 2H_2O$	钙	23
			磷	18

续表

来源	干扰素编号	化学式	矿质元素	浓度（%）
脱氟磷酸盐	6-01-780		钙	32
			磷	18
磷酸盐，库拉索	6-5-586		钙	36
			磷	14
盐，普通	6-14-013	NaCl	钠	39.3
			氯	60.7
硫酸铜		$CuSO_4 \cdot 5H_2O$	铜	25.4
碳酸铜		$CuCO_3Cu(OH)_2$	铜	55
氧化铜		CuO	铜	76
碘酸钙		$Ca(IO_3)$	碘	62
碘化钾		KI	碘	70
硫酸亚铁		$FeSO_4 \cdot H_2O$	铁	31
硫酸亚铁		$FeSO_4 \cdot 7H_2O$	铁	21
碳酸亚铁		$FeCO_3$	铁	45
氧化锰		MnO	锰	77
硫酸锰		$MnSO_4 \cdot H_2O$	锰	32
亚硒酸钠		$NaSeO_3$	硒	45
硒酸钠		$NaSeO_4$	硒	41.8
氧化锌		ZnO	锌	80
硫酸锌		$ZnSO_4 \cdot H_2O$	锌	36
碳酸锌		$ZnCO_3$	锌	52

a：上述矿物质的生物利用度高或非常高。浓度因其纯度而变化。上述来源也可能提供微量矿质元素，而不是列出的，如钠、氟化物和硒。钴碘盐常被用作钠、氯、碘和钴的来源。

表4.15　FDA批准的用于动物饲料的微量元素

微量元素	被批准的形式
钴	醋酸钴、碳酸盐、氯化物、氧化物、硫酸盐
铜	碳酸铜、氯化物、葡萄糖酸盐、氢氧化物、正磷酸盐、焦磷酸盐、硫酸盐
碘	碘酸钙、碘山嵛酸、碘化亚铜、3,5-二碘水杨酸、二氢乙二胺、碘酸钾、碘化钾、碘酸钠、碘化钠
铁	柠檬酸铁铵、碳酸铁、氯化物、葡萄糖酸盐、乳酸、氧化物、磷酸盐、焦磷酸盐、硫酸盐、还原铁
锰	乙酸锰、碳酸盐、柠檬酸盐（可溶）、氯化物、葡萄糖酸盐、正磷酸盐、磷酸盐（二元）、硫酸盐、氧化锰
锌	醋酸锌、碳酸盐、氯化物、氧化物、硫酸盐

维生素来源

人工合成的维生素可在牛的有机饲料中使用，脂溶性维生素的效力以国际单位（IUs）表示。

营养学家和饲料生产商在为动物设计日粮中所含维生素时，主要关注其稳定性。一般来说，脂溶性维生素不稳定，必须保护其免受热、氧、金属离子和紫外线的损坏。传统的饲料中常用抗氧化剂保护维生素免于分解。

维生素 A

除视黄酸外，所有天然存在的维生素 A（视黄醇、视网醇和 β- 胡萝卜素）都极不稳定，对紫外线、热、氧、酸和金属离子很敏感。在多不饱和脂肪酸和金属离子加速的过程中，天然存在的维生素 E（主要是生育酚）很容易被过氧化物和氧气氧化、破坏。由于天然维生素不稳定，受生产、加工和储存条件影响，食品和饲料中脂溶性维生素的含量变化很大。因此，较稳定的酯化物（醋酸盐和棕榈酸）是日粮配方的首选。

维生素 D

维生素 D 多以 D_2（麦角钙化醇）和 D_3（胆钙化醇）的形式存在。牛可以利用任何一种形式，但由于家禽只能利用 D_3 形式，并且这种形式在商业上更为广泛。因此，必要时通常以 D_3 形式补充所有饲料。根据加拿大饲料法规，鱼油被允许作为维生素 A 和维生素 D 的来源。

维生素 E

动物饲料中常用的维生素 E 是人工合成 dl-α 生育酚醋酸酯。另一种稳定形式的维生素是 d-α- 生育酚醋酸酯，来自植物油（如大豆、向日葵和玉米油）。与 dl-α- 生育酚醋酸盐相比，这种维生素的相对生物效价超过 136%。

水溶性维生素

水溶性维生素仅包含在犊牛饲料中，核黄素（对光、热和金属离子敏感）、吡哆醇（吡哆醛，对光和热敏感）、生物素（对光和热敏感）、泛酸（对光、氧和碱性条件敏感）和硫胺素（对热、氧、酸碱条件和金属离子敏感）除外，在大多数条件下更稳定。同样，这些维生素以更稳定形式用于常规饲料配方。氯化胆碱具有很强的吸水性（暴露在空气中时会吸收水分），而不吸水的酒石酸胆碱是这种维生素的首选来源。

表 4.16 列出了加拿大饲料法规（第 7 类维生素产品）允许添加到动物饲料中的维生素。所有产品都必须贴上声明效力的标签。

表4.16 根据加拿大饲料法规（第7类维生素产品）允许添加到动物饲料中的维生素

编号	维生素（国际饲料编号）
7.1.1	对氨基苯甲酸（IFN 7-03-513）
7.1.2	抗坏血酸（IFN 7-00-433）
7.1.3	甜菜碱盐酸盐（IFN 7-00-722），甜菜碱的盐酸盐
7.1.4	D-生物素（或生物素，D-）（IFN 7-00-723）
7.1.5	D-泛酸钙（IFN 7-01-079）
7.1.6	DL-泛酸钙（IFN 7-17-904）
7.1.7	氯化胆碱溶液（IFN 7-17-881）
7.1.8	氯化胆碱与载体（IFN 7-17-900）
7.1.9	鱼油（IFN 7-01-965），鱼油，用作维生素A和维生素D的来源
7.1.10	叶酸（或Folacin）（干扰素 7-02-066）
7.1.11	肌醇（干扰素 7-09-354）
7.1.12,7.1.13	几种形式的甲萘醌和甲萘醌（维生素K的来源）
7.1.15	烟酸（或尼克酸）（IFN 7-03-219）
7.1.16	烟酰胺（或尼克酸胺）（IFN 7-03-215），烟酸的酰胺
7.1.17	盐酸吡哆醇（IFN 7-03-822）
7.1.18	核黄素（干扰素 7-03-920）
7.1.19	5'-磷酸核黄素钠（IFN 7-17-901），核黄素磷酸酯的钠盐
7.1.20	盐酸硫胺素（IFN 7-04-828）
7.1.21	硫胺素单硝酸盐（IFN 7-04-829）
7.1.22	维生素 B_{12}（干扰素 7-05-146）、氰钴胺素
7.1.23	抗坏血酸钠（IFN 7-00-433），抗坏血酸钠盐
7.1.26	酒石酸氢胆碱（IFN 7-18-674），一种非吸湿性胆碱来源
7.1.27	甜菜碱（无水）或简称为甜菜碱（IFN 7-32-193）
7.1.31	维生素A（IFN 7-05-142）、醋酸酯、棕榈酸酯、丙酸酯
7.2	β-胡萝卜素（IFN 7-01-134）
7.3	维生素A（IFN 7-05-142），作为乙酸酯、棕榈酸酯、丙酸酯或这些酯的混合物 维生素 D_3（IFN 7-05-699），胆钙化醇 维生素E（IFN 7-05-150），作为乙酸酯，琥珀酸酯或这些酯的混合物

酶

某些酶允许在有机饲料中添加，以提高营养物质的利用率，而不是非自然地刺激生长。主要用于家禽和猪，帮助在消化过程中释放更多的营养素。除了改善消化，猪和家禽饲料中使用酶，还可以减少未消化营养和饲料成分向环境中的排泄，减少环境污染并促进环境可持续性发展。一个主要的问题是动物粪便中的氮和磷含量，过量的氮会产生氮,污染空气。土壤细菌可以将氮转化为硝酸盐,造成土壤和水污染。粪便中未消化的磷会造成磷污染。粪便中高含量的未消化纤维会增加用于土地施用的材料量。

有机生产中允许使用的酶通常是从可食用的、无毒的植物、非致病性真菌或非致病性细菌中提取,并非通过基因工程技术生产,但必须无毒。也被称为外源酶,并非来自动物肠道。

目前,这些酶并未用于成年反刍动物的常规日粮中,因为这些动物的瘤胃中纤维分解率非常高。也有假设认为,外源性酶无法在瘤胃环境中生存和保持其活性。

有机工业面临的问题是,这些产品是否来自转基因生物。

Beauchemin 等(2003)分析了反刍动物使用外源性纤维素分解酶的研究数据。得出结论,奶牛和黄牛日粮中添加外源性纤维素分解酶有助于改善细胞壁消化和饲料利用效率,可能在未来反刍动物生产中发挥重要作用。饲喂某些酶产品的牛的产奶量和生长速度呈正向反应,尽管结果不一致。部分差异可能归因于产品配方、酶活性供应不足或过量、向动物提供酶产品的方法不当以及相关动物的生产力水平。需要进一步研究其作用方式,确保反刍动物酶技术在农场的利用。

欧盟允许在动物饲料中使用的酶及其组合见表4.17。不包括 α- 半乳糖苷酶等,这些酶在国际市场上销售,并且可能得到其他有机机构的许可。使用酶产品的生产商向当地认证机构查询许可名单。

表 4.17 欧盟授权的饲料酶的列表(指令 70/524/EEC 和指令 82/471/EEC 的附件)

编号	酶(单独或组合)[a]
15	β- 葡聚糖酶
2	植酸酶
20	β- 木聚糖酶
21	β- 木聚糖酶
25	β- 葡聚糖酶和内切 -β- 木聚糖酶
25=E1601	β- 葡聚糖酶和 β- 木聚糖酶
26	β- 葡聚糖酶
27	β- 木聚糖酶和 β- 葡聚糖酶
28	植酸酶
30	β- 葡聚糖酶和 β- 木聚糖酶
31	β- 木聚糖酶
34	β- 葡聚糖酶,β- 木聚糖酶和 α- 淀粉酶
43	β- 木聚糖酶,β- 葡聚糖酶和 α- 淀粉酶
46	β- 葡聚糖酶,β- 木聚糖酶和多聚半乳糖醛酸酶
48	α- 淀粉酶和 β- 葡聚糖酶
52	β- 葡聚糖酶,β- 葡聚糖酶(不同来源),α- 淀粉酶 -
53	β- 葡聚糖酶,β- 葡聚糖酶(不同来源),α- 淀粉酶和杆菌溶素
54	β- 葡聚糖酶,β- 葡聚糖酶(不同来源),α- 淀粉酶和 β- 木聚糖酶

续表

编号	酶（单独或组合）[a]
55	β-葡聚糖酶，β-葡聚糖酶（不同来源），α-淀粉酶和杆菌溶素
56	β-葡聚糖酶，β-葡聚糖酶（不同来源），α-淀粉酶和杆菌溶素
57	β-葡聚糖酶，β-葡聚糖酶（不同来源），α-淀粉酶和杆菌溶素
58	β-葡聚糖酶，β-葡聚糖酶（不同来源），α-淀粉酶和杆菌溶素
61	β-木聚糖酶和β-葡聚糖酶
E 1601	β-葡聚糖酶和β-木聚糖酶
E 1602	β-葡聚糖酶，β-葡聚糖酶（不同来源）和β-木聚糖酶
E 1603	β-木聚糖酶
E 1604	β-木聚糖酶和β-葡聚糖酶
E 1605	β-木聚糖酶
E 1607	β-木聚糖酶
E 1608	β-木聚糖酶和β-葡聚糖酶
E 1613	β-木聚糖酶

[a] 部分为固态或液态。

微生物

欧盟法规批准用于饲料的微生物包括粪肠球菌（各种形式）和酿酒酵母。因其可促进乳酸杆菌增殖，并抑制肠道致病菌生长，常作为益生菌（抗生素的替代品）用于饲料添加。有时这一原则被称为竞争性排斥。益生菌与犊牛关系最密切，犊牛对肠道疾病的抵抗力较弱，需要时间来形成功能性平衡的肠道菌群，以有效利用营养物质并抑制大肠菌群。

啤酒酵母

啤酒酵母（*Saccharomyces cerevisiae*）作为有机饲料的饲料成分。传统上，这种副产品在动物日粮中是小牛和奶牛日粮中微量营养素的来源，但这些营养素已被其他来源所取代。目前在牛饲料中使用酵母作为一种可能的益生菌替代抗生素，以及作为一种添加剂以有益的方式改变瘤胃发酵模式，目前已在饲料中应用活酵母、水解酵母及酵母提取物，但研究结果尚不一致。

大多数关于酵母的研究都涉及由商业公司开发的酿酒酵母的活酵母培养物或活酵母细胞菌株。据推测，这些是能够被各种有机认证机构接受的，但计划在有机生产中使用酵母产品的生产商应检查这一方面。其他研究涉及尚未批准用于有机生产的酵母，以下是酵母的使用示例。

Hucˇko等（2009）研究断奶前荷斯坦公犊牛饲喂来自酿酒酵母（菌株1026：Sacc®

1026）或来自克鲁维酵母（*Kluyveromyces fragilis*，Jürgensen菌株：Vitex）培养物的商业补充剂时的瘤胃发酵模式。从4日龄开始，一直持续到56日龄，犊牛被分配到3种日粮处理组的一种。每天2次给小牛喂食4 L全脂牛奶和基础浓缩精料混合物以增加食欲。对照处理没有补充酵母培养物。酵母培养补充剂 Yea-Sacc® 1026 和 Vitex 以 10 g/（头·d）在基础浓缩精料混合物上进行饲喂。试验结束时，屠宰所有犊牛并分析瘤胃液。给犊牛饲喂 Yea-Sacc® 1026 或 Vitex 对末体重、增重量、干物质采食量、饲料转化率、瘤胃 pH 值、乳酸浓度或丙酸的摩尔比例均没有影响，但降低了 VFA 总浓度和丁酸的摩尔比，增加了乙酸的摩尔比和乙酸与丙酸的比值。此外，接受任一酵母培养物的犊牛的微生物纤维素分解活性更高。这项研究的结果表明，添加酵母培养补充剂的犊牛瘤胃发酵模式更加稳定。

另外，Titi 等（2008）发现在犊牛日粮中添加 20 kg 酵母培养物/t 饲料对生长速度、饲料转化率、胴体特征和肉品质没有影响。Possenti 等（2009）报道，在日粮中添加 10 g 酵母（酿酒酵母）/（头·d），可以提高日粮中海岸杂交草和棘球藻的杂交阉牛的干物质消化率。Thrune 等（2009）研究了在日粮中添加酿酒酵母对奶牛瘤胃 pH 值和微生物发酵的影响。在这项研究中，奶牛被分成两组，在泌乳后期的荷斯坦奶牛日粮中补充 0.5 g/（头·d）的酿酒酵母，这是一种活性干酵母（CNCM-1077，Levucell SC20），或者不补充酿酒酵母的（对照组）。在整个试验过程中，每天给两组奶牛饲喂由 60% 的饲草和 40% 的精料（以干物质为基础）组成的基础日粮一次。结果发现补充酵母增加了瘤胃的平均、最小和最大 pH 值，减少了亚急性瘤胃酸中毒的时间，并且有降低瘤胃中的 VFA 总浓度的趋势。Lethbridge 等（2007）研究表明，在初产母牛的混合粗饲料日粮中添加活酵母，可显著提高其产奶量，并降低损伤发生率及运动评分。

Vuorenmaa 和 Garcilópez（2009）总结了在不同国家进行的田间试验结果。在赫尔辛基大学进行的一项试验中，发现从产前2周到产后8周，添加水解酵母提高了奶牛的能量利用率并且增加了产奶量。在瑞士进行的另一项试验中，给哺乳奶牛在 15 周内饲喂由玉米和青贮饲料组成的加或不加水解酵母的饲料。在整个试验过程中，添加水解酵母提高了产奶量。血样分析显示，葡萄糖含量增加而游离脂肪酸含量减少。由此可见，补充水解酵母可以改善瘤胃功能并增加瘤胃微生物的数量、瘤胃发酵速率及挥发性脂肪酸的产量。

Robinson 和 Erasmus（2009）回顾了大量已发表的关于泌乳奶牛对饲喂酿酒酵母产品的反应的报告，试图用实际发现去合理化与酵母补充剂有关的看法。正如他们所指出的，在对照研究中经过评估的酵母产品数量有限。然而，乳制品和牛肉生产商以及反刍动物营养学家普遍认为，酵母产品能够提高干物质采食量和生长性能，因此被认为具有积极作用。人们已经提出了各种机制来解释这些作用，一是短时间内酵母能够在瘤胃中生长，直接促进纤维消化或产生刺激瘤胃纤维素分解细菌生长的营养物质，这些细菌主要负责纤维素的消化。也有人认为酵母利用乳酸等营养物质，如果乳酸在瘤胃中积累，就可以通过降低瘤胃 pH 值来抑制细菌生长和/或抑制干物质摄入。另一种看法认为可能是酵母在瘤胃中的生长利用了微量的溶解氧，特别是纤维素分解细菌和纤维的界面处，刺激了厌氧瘤胃细菌的生长，而氧气对厌氧菌是有毒的。Robinson 和 Erasmus

（2009）认为，这些机制的前提是，酵母必须存活且在瘤胃中生长。另一种机制认为，酵母培养物在发酵过程中释放微量营养素，可刺激瘤胃微生物生长，促进纤维降解及其终产物的代谢利用，防止代谢产物在瘤胃中过度积累。他们分析了22项已发表的涉及酿酒酵母产品的泌乳试验，导致干物质摄入量、产奶量、乳脂肪产量、乳蛋白产量和乳中输出的能量小幅增加（2%～5%）。这些发现被解释为支持基于酿酒酵母的产品普遍提出的作用模式，即它们起到刺激瘤胃微生物的作用，增加纤维的可发酵性。

● 饲料营养成分表

表 4.18（a-i）列出了可用于有机牛饲养的饲料能量和营养的平均值。每种饲料都有国际饲料编号（International Feed Number，IFN）（Harris，1980），以便正确识别，可作为生产者选择或购买饲料指南。

饲料成分的变化可能很大，尤其是在施肥土地上种植的有机饲料。因此，这些数值只能用作日粮配方的指导。有报道称，部分有机饲料比传统饲料的蛋白质含量低、纤维含量高（Jacob，2007；Grela 和 Semeniuk，2008；Kyntäjä 等，2014），但有关此问题的数据还不完整。建议有机生产商先对本地生产的饲料进行成分分析，并据此选择合适的饲料原料进行日粮配方设计。

表中数值基于本系列前几本出版物（Blair，2007，2008），NRC 关于肉牛（NRC，2000）和奶牛（NRC，2001）营养需要量的出版物，以及本书中提及的出版物中提供的数据，空白表明数据不完整。

表 4.18a 牛饲料的典型组成（干物质基础）

组成	饲料/饲料产品						
	巴伊亚草干草 百喜草干草 2-00-464	百慕大草干草 100-703	雀麦草干草 开花前 1-0-890	羊茅干草 1-01-912	羊茅干草盛花期	羊茅干草成熟期	青贮玉米 3-02-8232
干物质（g/kg）	900	910	880	910	910	910	341
能量							
DE（kcal/kg）	2 240	2 120	2 530	2 730			3 090
DE（MJ/kg）	9.38	8.87	10.6	11.42			12.93
ME（kcal/kg）	1 840	1 550	2 170	2 310	2 100	1 590	2 670
ME（MJ/kg）	7.70	6.49	9.09	9.67	8.79	6.66	11.18
NEM（kcal/kg）	1 000	930	1 310	1 340	1 240	750	1 630
NEM（MJ/kg）	4.19	3.89	5.48	5.61	5.19	3.14	6.82
NEG（kcal/kg）	450	390	740	770	680	220	1 030
NEG（MJ/kg）	1.88	1.63	3.1	3.22	2.85	0.92	4.31
NEL（kcal/kg）	1 130	960	1 220	1 400			1 600
NEL（MJ/kg）	4.73	4.02	5.11	5.86			6.7

续表

组成	饲料/饲料产品						
	巴伊亚草干草 百喜草干草 2-00-464	百慕大草干草 100-703	雀麦草干草 开花前 1-0-890	羊茅干草 1-01-912	羊茅干草盛花期	羊茅干草成熟期	青贮玉米 3-02-8232
纤维							
CF（g/kg）	312	313	329	320			217
NDF（g/kg）	720	766	550	622	670	700	460
ADF（g/kg）	377	391	349	500			270
脂肪							
粗脂肪（g/kg）	16.0	27	26	55	53	47	31
蛋白质							
CP（g/kg）	82	98	160	150	129	108	81
过瘤胃（%）	63	85	79	82	77	86	28
常量元素（g/kg）							
钙	4.4	4.9	4.3	3.7			2.7
磷	3.0	2.7	2.1	2.9			2.0
钾	15.3	1.8	18.9	18.4			10.5
氯化物		6.7					
镁	2.5	1.9	1.9	5.0			2.8
硫		0.8	0.3				0.1
微量元素（mg/kg）							
钴		0.12		0.14			0.06
铜	2.44	26.7					13.2
碘		0.12					
铁		290	200				640
锰	40.2	109		24.5			34.4
硒							
锌	8.45	58.1					20.9
维生素							
β-胡萝卜素（mg/kg）							
维生素 A（IU/kg）							
维生素 E（IU/kg）			135.6				

第4章 有机日粮原料

表 4.18b 牛饲料的典型组成（干物质基础）

组成	果园草干草开花早期	果园草/高羊茅混合青贮饲料	草芦干草	黑麦草干草1-04-077	提摩西草干草开花中期1-04-883	提摩西草干草盛花期1-04-885	提摩西草干草种子期	大麦秸秆1-00-498	燕麦秸秆1-03-283	小麦秸秆1-05-175
干物质（g/kg）	890	598	890	880	890	890	890	914	922	911
能量										
DE（kcal/kg）	2 530			2 450	2 910	2 530		1 970	2 290	2 130
DE（MJ/kg）	10.6			10.26	12.18	10.6		8.25	9.58	8.91
ME（kcal/kg）	2 350		1 990	2 310	2 060	2 020	1 700	1 540	1 860	1 710
ME（MJ/kg）	9.84		8.33	9.67	8.62	8.46	7.12	6.45	7.79	7.16
NEm（kcal/kg）	1 470		1 140	1 440	1 210	1 180	860	700	1 020	880
NEm（MJ/kg）	6.15		4.77	6.03	5.07	4.94	3.6	2.93	4.27	3.68
NEg（kcal/kg）	880		580	860	640	610	320	160	470	330
NEg（MJ/kg）	3.68		2.43	3.6	2.68	2.55	1.34	0.67	1.96	1.38
NEL（kcal/kg）	1 250	1 430		1 240	1 300	1 250		1 000	1 150	960
NEL（MJ/kg）	5.23	6.0		5.19	5.44	5.23		4.18	4.81	4.02
纤维										
CF（g/kg）	320			289	338	326		415	404	380
NDF（g/kg）	596	484	640	410	637	642	720	800	700	770
ADF（g/kg）	307	327		300	364	415		462	479	499
脂肪										
粗脂肪（g/kg）	29.0	52	31	22	27	29	20	19.0	22	18.0
蛋白质										
CP（g/kg）	128	179	103	86	97	81	60	44	44	33
过瘤胃（%）	77	41	71	65	69	62	50	70	40	60
矿物质（g/kg）										
钙	4.1	7.6	3.6		3.6	3.8		3.0	2.3	1.7
磷	2.6	3.4	2.4	2.7	2.3	1.5		0.7	0.6	0.5
钾	30.0	26.6	29.1	14.2	18.2	16.1		23.6	25.3	14
氯化物	4.1	1.9								
镁	1.9	2.0	2.2		1.3	1.7				
钠	0.2		0.2		0.1	0.7		1.4	4.2	1.4
微量矿物（mg/kg）										
钴	0.38							0.07		0.05
铜	14.5		12		16			5.4	10.3	3.6

续表

组成	饲料/饲料产品								
	果园草干草开花早期	果园草/高羊茅混合青贮饲料	草芦干草	黑麦草干草 1-04-077	提摩西草干草开花中期 1-04-883	提摩西草干草盛花期 1-04-885	提摩西草干草种子期	大麦秸秆 1-00-498	燕麦秸秆 1-03-283	小麦秸秆 1-05-175
碘										
铁	149		150.0		148.7	230		200.8	164	157.3
锰	182		92.4		56.2			16.6	31.5	40.9
硫	0.05									
锌	33.3				43			7.4	5.9	6.5
维生素										
β-胡萝卜素（mg/kg）										
维生素 A（IU/kg）										
维生素 E（IU/kg）	191.1									

表 4.18c 牛饲料的典型组成（干物质基础）

组成	豆科植物的饲料/饲料产品						
	紫花苜蓿早熟植物 2-00-196	紫花苜蓿干草晚熟植物 1-00-054	紫花苜蓿干草初花期 1-00-059	紫花苜蓿干草盛花期 1-00-063	紫花苜蓿干草开花晚期 1-00-068	紫花苜蓿青贮饲料盛开期 3-06-150	脱水紫花苜蓿 1-00-024
干物质（g/kg）	234	897	905	910	909	400	920
能量							
DE（kcal/kg）	2 730	2 910	2 650	2 560	2 430	2 340	2 730
DE（MJ/kg）	11.43	12.18	11.1	10.72	10.17	9.8	11.43
ME（kcal/kg）	2 240	2 390	2 170	2 100	1 880	1 990	2 240
ME（MJ/kg）	9.38	10	9.1	8.8	7.87	8.33	9.38
NEm（kcal/kg）	1 380	1 510	1 310	1 240	1 040	1 140	1 380
NEm（MJ/kg）	5.78	6.32	5.48	5.19	4.35	4.77	5.78
NEg（kcal/kg）	800	920	740	680	490	580	820
NEg（MJ/kg）	3.35	3.85	3.1	2.85	2.05	2.43	5.43
NEL（kcal/kg）	1 350	1 420	1 330	1 270	1 270	1 180	1 420
NEL（MJ/kg）	5.65	5.94	5.6	5.32	5.32	4.94	5.95
纤维							
CF（g/kg）	265	242	285	280	301	335	227
NDF（g/kg）	471	309	393	471	488	530	510

续表

组成	豆科植物的饲料/饲料产品						
	紫花苜蓿早熟植物 2-00-196	紫花苜蓿干草晚熟植物 1-00-054	紫花苜蓿干草初花期 1-00-059	紫花苜蓿干草盛花期 1-00-063	紫花苜蓿干草开花晚期 1-00-068	紫花苜蓿青贮饲料盛开期 3-06-150	脱水紫花苜蓿 1-00-024
ADF（g/kg）	368	240	319	367	387	151	294
脂肪							
粗脂肪（g/kg）	38	42	29	36	32	26	30
蛋白质							
CP（g/kg）	189	222	199	187	170	169	190
过瘤胃（%）	20	20	20	23	25	91	60
常量元素（g/kg）							
钙	12.9	17.1	16.3	13.7	11.9	13.2	14.2
磷	2.6	3.0	2.1	2.2	2.4	3.1	2.5
钾	32	25	26	15.6	15.8	22	25
氯化物	4.6	3.4	3.8	3.8			4.5
镁	3.4	2.1	3.4	3.5	2.7	3.0	
钠	1.7	1.2	1.5	1.2	0.7	1.1	0.8
微量元素（mg/kg）							
钴	0.35	0.3	0.29	0.39	0.23		0.28
铜	12.4	11.4	12.6	17.7	9.8	8.5	13.3
碘							0.15
铁	315.4	231.5	226.8	224.6	154.9	273.6	385
锰	92.7	47.2	36.2	28	42.3	50	49.4
硫			0.55				0.31
锌	36.1	37.4	30.2	30.1	26.1	20.5	23.8
维生素							
β-胡萝卜素（mg/kg）			151				176
维生素 A（IU/kg）			263.000				308.000
维生素 E（IU/kg）			226				53

表 4.18d　牛饲料的典型组成（干物质基础）

组成	豆科植物的饲料/饲料产品			
	鸟足三叶草干草 1-05-044	拉丁三叶草干草 1-01-378	红三叶草干草 1-01-328	豌豆干草 1-05-106
干物质（g/kg）	910	890	880	890
能量				
DE（kcal/kg）	2 690	2 800	2 700	2 730
DE（MJ/kg）	11.26	11.72	11.3	11.43
ME（kcal/kg）	2 130	2 170	1 990	2 060
ME（MJ/kg）	8.92	9.1	8.33	8.62
NEm（kcal/kg）	1 340	1 310	1 140	1 210
NEm（MJ/kg）	5.61	5.48	4.77	5.07
NEg（kcal/kg）	770	740	580	640
NEg（MJ/kg）	3.22	3.1	2.43	2.68
NEL（kcal/kg）	1 370	1 440	1 380	1 400
NEL（MJ/kg）	5.74	6.03	5.78	5.86
纤维				
CF（g/kg）	323	208	307	279
NDF（g/kg）	475	360	469	480
ADF（g/kg）	360	320	410	330
脂肪				
粗脂肪（g/kg）	21	27	28	30
蛋白质				
CP（g/kg）	159	224	150	208
过瘤胃（%）	82	86	80	86
常量元素（g/kg）				
钙	17.0	14.5	14.0	13.6
磷	2.3	3.3	2.2	3.4
钾	19.2	24.4	24.0	21.2
氯化物		3.0	6.3	
镁	5.1	4.7	2.8	2.7
钠	0.7	1.3	3.9	5.2
微量元素（mg/kg）				
钴	0.11	0.16		0.35
铜	9.5	9.4		9.9
碘		0.3	0.07	0.49
铁	227.5	470	700	490

续表

组成	豆科植物的饲料/饲料产品			
	鸟足三叶草干草 1-05-044	拉丁三叶草干草 1-01-378	红三叶草干草 1-01-328	豌豆干草 1-05-106
锰	28.7	123.1	208.7	608
硫				
锌	77.2	17		
维生素				
β-胡萝卜素（mg/kg）				
维生素 A（IU/kg）				
维生素 E（IU/kg）				

表 4.18e 牛饲料的典型组成（干物质基础）

组成	粮食谷物/谷物产品							
	大麦谷物 4-00-549	玉米粒 4-02-935	玉米麸饲料 5-02-903	玉米酒糟 5-02-843	玉米青贮 3-02-823	燕麦谷物 4-03-309	大米谷物 4-03-938	米糠 4-03-928
干物质（g/kg）	881	900	899	918	346	892	890	905
能量								
DE（kcal/kg）	3 840	3 920	3 380	3 630	3 170	3 400	3 270	2 660
DE（MJ/kg）	16.08	16.41	14.15	15.2	13.27	14.23	13.69	11.14
ME（kcal/kg）	3 030	3 250	2 960	3 222	2 600	2 780	2 850	2 400
ME（MJ/kg）	12.68	13.61	12.39	13.5	10.88	11.64	11.93	10.04
NEm（kcal/kg）	2 060	2 240	2 000	2 210	1 690	1 850	1 760	1 520
NEm（MJ/kg）	8.62	9.38	8.37	9.25	7.08	7.75	7.37	6.36
NEg（kcal/kg）	1 400	1 550	1 350	1 520	1 080	1 220	1 140	920
NEg（MJ/kg）	5.86	6.49	5.65	6.36	4.52	5.11	4.77	3.85
NEL（kcal/kg）	1 950	2 200	1 910	2 060	1 770.0	1 740	1 690	1 300
NEL（MJ/kg）	8.18	9.1	8.0	8.62	7.41	7.29	7.08	5.44
纤维								
CF（g/kg）	44	23.0	97	99	195	132	97	117
NDF（g/kg）	198	118.0	450	440	460	293	340	300
ADF（g/kg）	77	32.0	120	180	266	140	160	257
脂肪								
粗脂肪（g/kg）	25.6	39.0	25	101	31	52	18.0	136
蛋白质								
CP（g/kg）	129	95.0	255	295	81	136	84	131
过瘤胃（%）	24	58		52	28	18	30	30

续表

组成	粮食谷物/谷物产品							
	大麦谷物 4-00-549	玉米粒 4-02-935	玉米麸饲料 5-02-903	玉米酒糟 5-02-843	玉米青贮 3-02-823	燕麦谷物 4-03-309	大米谷物 4-03-938	米糠 4-03-928
常量元素（g/kg）								
钙	0.6	0.3		2.0	2.8	1.1	0.7	0.7
磷	3.6	3.1		8.0	2.6	4.1	3.2	11.7
钾	5.6	3.8	6.9	5.1	1.2	5.2	4.9	18.9
氯化物	1.3	0.9	2.5	1.8	2.9		0.8	0.8
镁	1.4	1.2	3.7	2.0	1.7	1.6	1.4	9.7
钠	2.0	0.2	1.3	5.2	0.1	0.4	0.7	0.3
微量元素（mg/kg）								
钴	0.19	0.14	0.01	0.17	0.06	0.06		1.53
铜	8.22	3.84	48.8	57.3	13.2	6.7		1.21
碘	0.05		0.07	0.06		0.13		
铁	83.02	35.2	460.2	252.1	640	73.4		229.1
锰	17.85	6.22	25.3	26.1	34.4	40.5	20.2	396
硫	0.2	0.14	0.29	0.36		0.24		
锌	47.14	21.63	76.3	87.9	20.9	39.3	16.9	48.4
维生素								
β-胡萝卜素（mg/kg）	4.5	18.7		4.0		4		
维生素A（IU/kg）	7 635	31 840		6 340		6 840		
维生素E（IU/kg）	26.2	23.8		41		16.8		46

表4.18f 牛饲料的典型组成（干物质基础）

组成	粮食谷物/谷物产品					
	黑麦谷物 4-04-047	高粱谷物 4-04-444	黑小麦谷物 4-20-362	小麦谷物 4-05-211	小麦麦糠 4-05-205	麦麸 4-05-190
干物质（g/kg）	880	900	900	890	890	890
能量						
DE（kcal/kg）	3 570	3 620	3 410	3 880	3 310	3 120
DE（MJ/kg）	14.95	15.16	14.28	16.24	13.85	13.06
ME（kcal/kg）	3 040	2 960	3 000	3 180	2 890	2 510
ME（MJ/kg）	12.73	12.39	12.56	13.26	12.1	10.51
NEm（kcal/kg）	2 060	2 000	1 860	2 180	1 940	1 620

续表

组成	粮食谷物/谷物产品					
	黑麦谷物 4-04-047	高粱谷物 4-04-444	黑小麦谷物 4-20-362	小麦谷物 4-05-211	小麦麦糠 4-05-205	麦麸 4-05-190
NEm（MJ/kg）	8.63	8.37	7.79	9.13	8.12	6.78
NEg（kcal/kg）	1 400	1 350	1 230	1 500	1 290	1 010
NEg（MJ/kg）	5.86	5.65	5.15	6.28	5.4	4.23
NEL（kcal/kg）	1 860	1 830	1 780	2 040	1 950	1 580
NEL（MJ/kg）	7.79	7.66	7.45	8.8	8.16	6.62
纤维						
CF（g/kg）	25	28	33	28	88	113
NDF（g/kg）	135	180	220	118	370	510
ADF（g/kg）	42	40	50	126	118	140
脂肪						
粗脂肪（g/kg）	17.0	32	16.0	24	47	42
蛋白质						
CP（g/kg）	138	126	165	142.0	185	174
过瘤胃（%）	20	55	25	28	22	28
常量元素（g/kg）						
钙	0.7	0.7	0.5	0.5	1.3	1.4
磷	3.6	3.4	3.7	4.3	10.2	12.7
钾	5.1	4.7	5.7	5.0	11.5	13.7
氯化物	0.3	0.6	0.3	1.1	0.4	0.6
镁	1.2	1.7	2.6	1.5	4.5	6.3
钠	0.3	0.1	0.1	0.1	0.6	0.6
微量元素（mg/kg）						
钴		1	0.09	0.4	0.11	0.08
铜	8.63	4.62	9.31	6.51	17.9	14.17
碘		0.07		0.1	0.12	0.07
铁	71.8	54.62	49.3	59.2	100.9	162.7
锰	82.3	18	47.8	47.1	128.4	134.1
硫	32.5	0.23		0.3	0.83	0.57
锌	34	19.2	35.11	34.8	109.1	109.8
维生素						
β-胡萝卜素（mg/kg）				0.46	3.3	
维生素 A（IU/kg）		112		758	5 520	
维生素 E（IU/kg）	16.6	13.8	9.9	16.6	22.2	

表 4.18g 牛饲料的典型组成（干物质基础）

组成	蛋白质饲料/油籽产品					
	压榨菜籽粕 5-03-871	压榨棉籽粕 5-01-617	蚕豆 5-09-262	紫花豌豆 5-03-600	压榨花生粕 5-03-649	压榨亚麻籽（亚麻）粕 5-02-045
干物质（g/kg）	937	926	870	891	924	908
能量						
DE（kcal/kg）	3 380	3 480		3 820	3 870	3 350
DE（MJ/kg）	14.15	14.57		16	16.2	14.02
ME（kcal/kg）	2 980	3 210	3 210	3 310	3 390	3 150
ME（MJ/kg）	12.4	13.4	13.7	14.1	14.2	13.2
NEm（kcal/kg）	1 840	1 720	2 370	2 140	1 850	1 970
NEm（MJ/kg）	7.7	7.2	9.8	8.96	7.74	8.25
NEg（kcal/kg）	2 070	2 000	2 250	2 240	2 350	2 000
NEg（MJ/kg）	8.7	8.4	9.4	6.15	9.8	8.4
NEL（kcal/kg）	2 120	2 010	2 200	2 190	2 350	2 050
NEL（MJ/kg）	8.9	8.7	9.2	9.2	9.8	8.6
纤维						
CF（g/kg）	129	119	81	63	67	96
NDF（g/kg）	269	235	151	146	181	210
ADF（g/kg）	204	150	112	79	101	150
脂肪						
粗脂肪（g/kg）	101	102	15.4	12.0	101	105
蛋白质						
CP（g/kg）	390	455	278	263	480	350
过瘤胃（%）	30	50		22	69	36
常量元素（g/kg）						
钙	8.2	2.0	1.5	1.4	2.2	4.5
磷	12.6	11.7	5.6	4.6	6.0	9.6
钾	11.5	15.4	13.2	11.0	12.4	13.0
氯化物	0.7	0.5	0.8	0.8	1.0	0.4
镁	5.5	6.7	1.7	1.4	2.9	5.3
钠	0.7	0.8	0.3	0.3	0.5	1.0
微量元素（mg/kg）						
钴	0.1	0.4			0.3	0.5
铜	7.4	20	12.0	8.0	16.00	20
碘	0.5	0.2		0.3	0.5	0.07

续表

组成	蛋白质饲料/油籽产品					
	压榨菜籽粕 5-03-871	压榨棉籽粕 5-01-617	蚕豆 5-09-262	紫花豌豆 5-03-600	压榨花生粕 5-03-649	压榨亚麻籽（亚麻）粕 5-02-045
铁	198	184.2	82	72.5	320	194.4
锰	60	14.1	14.5	12.0	37.0	43.00
硫	1.1	0.04	0.02	0.01	0.1	0.8
锌	55.4	66.8	40	35.7	55.0	56.0
维生素						
β-胡萝卜素（mg/kg）				1.1		
维生素 A（IU/kg）				1 875		
维生素 E（IU/kg）	20	38	5.6	4.5	3.22	8.7

表 4.18h 牛饲料的典型组成（干物质基础）

组成	蛋白质饲料/油籽产品					
	白羽扇豆 5-27-717	橄榄果肉	棕榈仁粕	压榨芝麻粕 5-04-220	压榨豆粕 5-04-600	葵花籽粕 5-04-738
干物质（g/kg）	880	805	912	927	900	920
能量						
DE（kcal/kg）			3 200	3 310	4 350	
DE（MJ/kg）			13.4	13.85	18.2	
ME（kcal/kg）	3 344	1 380	2 627	3 500	3 650	2 440
ME（MJ/kg）	14	5.8	11.0	14.5	15	10.2
NEm（kcal/kg）				1 790	2 400	
NEm（MJ/kg）				7.49	10.0	
NEg（kcal/kg）	2 570	580	1 525	2 350	1 430	1 390
NEg（MJ/kg）	10.8	2.4	6.4	9.7	10.0	5.8
NEL（kcal/kg）	2 520	790	1 625	2 300	2 410	1 500
NEL（MJ/kg）	10.5	3.3	6.3	9.7	10.0	6.3
纤维						
CF（g/kg）	137	215	185	62.0	65.0	190
NDF（g/kg）	223	556	726	224	135	350
ADF（g/kg）	183	435	440	110	80	230
脂肪						
粗脂肪（g/kg）	107	55	75	69	80	15.0

续表

组成	蛋白质饲料/油籽产品					
	白羽扇豆 5-27-717	橄榄果肉	棕榈仁粕	压榨芝麻粕 5-04-220	压榨豆粕 5-04-600	葵花籽粕 5-04-738
蛋白质						
CP（g/kg）	387	125	170	492	460	360
过瘤胃（%）	25	56			35	16
常量元素（g/kg）						
钙	3.7	3.0	3.0	2.2	3.6	4.03
磷	4.2		6.0	14.6	6.6	11.5
钾			8.4	12.7	21.2	15.9
氯化物	0.3		1.6	0.7	2.0	1.8
镁	2.0		2.8	5	3.0	7.2
钠	0.2		0.2	0.2	0.4	0.4
微量元素（mg/kg）						
钴	0.2			0.8	0.3	4.03
铜	11.3		24	35	24.1	35.2
碘				0.2	0.2	0.1
铁	59		950	120	180.4	221.6
锰	32		232	52.0	34.8	34.0
硫	0.1		0.3	0.2	0.2	1.9
锌	53		45	120.0	63.6	100.9
维生素						
β-胡萝卜素（mg/kg）				0.2		0.33
维生素 A（IU/kg）				350		550
维生素 E（IU/kg）	8.9			3.2	7.3	13.1

表 4.18i 牛饲料的平均成分（干物质基础）

组成	块根和块茎/副产品						
	木薯（树薯）4-01-152	马铃薯 4-03-787	芜菁甘蓝 4-04-001	干甜菜粕 4-00-669	甘蔗蜜 4-04-696	甜菜蜜 4-00-668	海藻粉 1-08-073
干物质（g/kg）	880	210	103	910	710	770	930
能量							
DE（kcal/kg）		3 490		3 100	3 090	3 380	
DE（MJ/kg）		14.61		13	12.94	14.15	
ME（kcal/kg）		3 080		2 680	2 670	2 940	

续表

组成	块根和块茎/副产品						
	木薯（树薯）4-01-152	马铃薯 4-03-787	芜菁甘蓝 4-04-001	干甜菜粕 4-00-669	甘蔗蜜 4-04-696	甜菜蜜 4-00-668	海藻粉 1-08-073
ME（MJ/kg）		12.9		11.22	11.18	12.31	
NEm（kcal/kg）		1 920		1 760	1 640	1 980	
NEm（MJ/kg）		8.04		7.37	6.87	8.29	
NEg（kcal/kg）		1 280		1 140	1 030	1 333	
NEg（MJ/kg）		5.36		4.77	4.31	5.58	
NEL（kcal/kg）		1 820		1 700	1 600	1 830	
NEL（MJ/kg）		7.61		7.12	7	7.66	
纤维							
CF（g/kg）	49	20	120	210	0	0	70
NDF（g/kg）	93	40	440	460	0	0	
ADF（g/kg）	68	30	340	250	0	0	110
脂肪							
粗脂肪（g/kg）	55	40	18	7.0	43	2.0	33
蛋白质							
CP（g/kg）	33	100	120	100	60	80	70
过瘤胃（%）		0	0	44		0	
常量元素（g/kg）							
钙	2.4	0.7	5.5	9.1	12.4	1.4	27.2
磷	2	3.0	6.8	0.8	1.2	0.3	3.1
钾	8.5	22.0	39.6	9.6	35.8	60	14.2
氯化物	0.22	3.0		1.8	24	16.4	1.3
镁	1.2	1.4	2.7	2.3	5.2	2.9	9.3
钠	0.3	0.9	2.4	3.1	13.5	14.8	0.9
微量元素（mg/kg）							
钴				0.08		0.46	
铜		8.35	4.7	13.8	89	21.55	49
碘		0.25					3 850
铁		64	61	293	255	87.4	484
锰		8.35	20	37.65	63.3	5.78	2.2
硫		0.1	1	0.11			0.44
锌		18.8	35	0.7	20	18.1	13.5

续表

组成	块根和块茎/副产品						
	木薯（树薯）4-01-152	马铃薯 4-03-787	芜菁甘蓝 4-04-001	干甜菜粕 4-00-669	甘蔗蜜 4-04-696	甜菜蜜 4-00-668	海藻粉 1-08-073
维生素							
β-胡萝卜素（mg/kg）		0.05	0.1				
维生素A（IU/kg）		83.5	170				
维生素E（IU/kg）		0.65	30		6.2	5.2	

参考文献

AAFCO (2005) Official Publication. Association of American Feed Control Officials, Oxford, Indiana.Abate, A.N. and Abate, A. (1988) Cassava as a source of energy in supplementary rations for weaner beef calves. East African Agricultural and Forestry Journal 53, 117–121.

Abdel-Aal, E.S.-M., Hucl, P. and Sosulski, F.W. (1995) Compositional and nutritional characteristics of spring einkorn and spelt wheats. Cereal Chemistry 72, 621–624.

Abdelgadir, I.E.O., Morrill, J.L. and Higgins, J.J. (1996) Effect of roasted soybeans and corn on performance and ruminal and blood metabolites of dairy calves. Journal of Dairy Science 79, 465–474.

Abe, M., Iriki, T., Funaba, M. and Onda, S. (1998) Limiting amino acids for a corn and soybean meal diet in weaned calves less than three months of age. Journal of Animal Science 76, 628–636.

ADAS (2005) Final Report on Project BD1415 to DEFRA, EN, CCW and DARDNI. Role of Organic Fertilizers in the Sustainable Management of Semi-natural Grasslands. ADAS, Wolverhampton, UK, 13 pp.

AFRC (1993) Energy and Protein Requirements of Ruminants. CAB International, Wallingford, UK.

Aguilera, J.F., Bustos, M. and Molina, E. (1992) The degradability of legume seed meals in the rumen: effect of heat treatment. Animal Feed Science and Technology 36, 101–112.

Albro, J.D., Weber, D.W. and DelCurto, T. (1993) Comparison of whole, raw soybeans, extruded soybeans, or soy bean meal and barley on digestive characteristics and performance of weaned beef steers consuming mature grass hay. Journal of Animal Science 71, 26–32.

Alfredsen, S.A. (1980) The effect of feeding whey on ascarid infection in pigs. Veterinary Record 107, 179–180.

Alimon, A.R. (2005) The nutritive value of palm kernel cake for animal feed. Available at: http://palmoilis.mpob.gov.my/publications/pod40-alimon.pdf (accessed 1 December 2020).

Allen, M.S. (1991) Carbohydrate nutrition. Veterinary Clinics of North America, Food Animal Practice 7, 327–340.

Allen, V.G., Pond, K.R., Saker, K.E., Fontenot, J.P., Bagley, C.P. et al. (2001) Tasco: influence of a brown seaweed on antioxidants in forages and livestock – a review. Journal of Animal Science 79, E21–E31.

Anderson, M.J., Khoyloo, M. and Walters, J.L. (1982) Effect of feeding whole cottonseed on intake, body weight, and reticulorumen development of young Holstein calves. Journal of Dairy Science 65, 764–772.

Anderson, M.J., Obadiah, Y.E.M., Boman, R.L. and Walters, J.L. (1984) Comparison of whole cottonseed, extruded soybeans, or whole sunflower seeds for lactating dairy cows. Journal of Dairy Science 67, 569–573.

Anderson, M.J., Blanton, J.R. Jr, Gleghorn, J., Kim, S.W. and Johnson, J.W. (2006) Ascophyllum nodosum supplementation strategies that improve overall carcass merit of implanted English crossbred cattle. Asian–Australasian Journal of Animal Sciences 19, 1514–1518.

Anderson, V.L. (1993) Low input drylot beef cow/calf production with alternative crop products. In: Ruminant Production Systems Inter-related with Non-traditional Crop Management. Final report to NC Region Sustainable Agriculture Research and Education, North Dakota Agricultural Experiment Station, Carrington Research Extension Center, pp. 16–23.

Anderson, V.L. (1999) Field peas in creep feed for beef calves. North Dakota Agricultural Experiment Station, Carrington Research Extension Center, Beef and Bison Field Day Proceedings 22, 1–4.

Aregheore, E.M. (1992) Nutritive value of cassava and maize in the diets of dairy calves. Tropical Science 32, 21–26.

Arieli, A. (1998) Whole cottonseed in dairy cattle feeding: a review. Animal Feed Science and Technology 72, 97–110.

Ashes, J.R. and Peck, N.J. (1978) A simple device for dehulling seeds and grain. Animal Feed Science and Technology 3, 109–116.

Awawdeh, M.S., Titgemeyer, E.C., Drouillard, J.S., Beyer, R.S. and Shirley, J.E. (2007) Ruminal degradability and lysine bioavailability of soybean meals and effects on performance of dairy cows. Journal of Dairy Science 90, 4740–4753.

Bach, S.J., Wang, Y. and McAllister, T.A. (2008) Effect of feeding sun-dried seaweed (*Ascophyllum nodosum*) on fecal shedding of Escherichia coli O157:H7 by feedlot cattle and on growth performance of lambs. Animal Feed Science and Technology 142, 17–32.

Balasse, M., Tresset, A. and Ambrose, S.H. (2006) Stable isotope evidence ($\delta 13C$, $\delta 18O$) for winter feeding on seaweed by Neolithic sheep of Scotland. Journal of Zoology 270, 170–176.

Ball, D.M., Lacefield, G.D. and Hoveland, C.S. (1987) The Fescue Endophyte Story. Special publication. Oregon Tall Fescue Commission, Salem, Oregon, USA.

Ball, D.M., Hoveland, C.S. and Lacefield, G.D. (2002) Southern Forages: Modern Concepts for Forage Crop Management, 3rd edn. Potash and Phosphate Institute/Foundation for Agronomic Research, Norcross, Georgia, USA.

Barbehenn, R.V., Chen, Z., Karowe, D.N. and Spickard, A. (2004) C3 grasses have higher nutritional quality than C4 grasses under ambient and elevated atmospheric CO_2 Global Change Biology 10, 1565–1575.

Barneveld, R.J. van (1999) Understanding the nutritional chemistry of lupin (*Lupinus* spp.) seed to improve livestock production efficiency. Nutrition Research Reviews 12, 203–230.

Bartsch, B.D. and Valentine, S.C. (1986) Grain legumes in dairy cow nutrition. Proceedings Australian Society of Animal Production 16, 32–34.

Beauchemin, K.A. and Rode, L.M. (1997) Minimum versus optimum concentrations of fiber in dairy cow diets based on barley silage and concentrates of barley or corn. Journal of Dairy Science 80, 1629–1639.

Beauchemin, K.A., McAllister, T.A., Dong, Y., Farr, B.I. and Cheng, K.-J. (1994) Effects of mastication on digestion of whole cereal grains by cattle. Journal of Animal Science 72, 236–246.

Beauchemin, K.A., Bailey, D.R.C., McAllister, T.A. and Cheng, K.J. (1995) Ligno-sulfonate-treated canola meal for nursing beef calves. Canadian Journal of Animal Science 75, 559–565.

Beauchemin, K.A., Rode, L.M. and Yang, W.Z. (1997) Effects of nonstructural carbohydrates and source of cereal grain in high concentrate diets of dairy cows. Journal of Dairy Science 80, 1640–1650.

Beauchemin, K.A., Colombatto, D., Morgavi, D.P. and Yang, W.Z. (2003) Use of exogenous fibrolytic enzymes to improve feed utilization by ruminants. Journal of Animal Science 81, E37–E47.

Belibasakis, N.G. and Tsirgogianni, D. (1995) Effects of whole cottonseeds on milk yield, milk composition, and blood components of dairy cows in hot weather. Animal Feed Science and Technology 52, 227–235.

Bendikas, P., Uchockis, V., Tarvydas, V. and Bliznikas, S. (2007) The effects of feeding sugar beet pulp silage on the growth, meat production and quality. Mokslo Darbai 50, 67–77.

Berglund, D.R. (2007) Proso Millet in North Dakota. Report A-805 (revised), North Dakota State University, Fargo, USA.

Berthiaume, R., Buchanan-Smith, J.B., Allen, O.B. and Veira, D.M. (1996) Prediction of live weight gain by growing cattle fed silages of contrasting digestibility, supplemented with or without barley. Canadian Journal of Animal Science 76, 113–119.

Bertrand, J.A., Sudduth, T.Q., Condon, A., Jenkins, T.C. and Calhoun, M.C. (2005) Nutrient content of whole cottonseed. Journal of Dairy Science 88, 1470–1477.

Birkelo, C.P., Rops, B.D. and Johnson, B.J. (1999) Field peas in finishing cattle diets and the effect of processing. 39th Annual Progress Report. SE South Dakota Experiment Farm, South Dakota State University, Fargo, USA.

Blair, R. (2007) Nutrition and Feeding of Organic Pigs. CAB International, Wallingford, UK, 322 pp.

Blair, R. (2008) Nutrition and Feeding of Organic Poultry. CAB International, Wallingford, UK, 314 pp.

Blair, R. and Reichert, R.D. (1984) Carbohydrate and phenolic constituents in a comprehensive range of rapeseed and canola fractions: nutritional significance for animals. Journal of the Science of Food and Agriculture 35, 29–35.

Boer, G. de, Corbett, R.R. and Kennelly, J.J. (1991) Inclusion of Peas in Concentrates for Young Calves. 70th Annual Feeders Day Report, University of Alberta, Edmonton, Alberta.

Boguhn, J., Kluth, H., Bulang, M., Engelhard, T. and Rodehutscord, M. (2010) Effects of pressed beet pulp silage inclusion in maize-based rations on performance of high-yielding dairy cows and parameters of rumen fermentation. Animal 4, 30–39.

Bolsen, K.K., Ashbell, G. and Wilkinson, J.M. (1995) Silage additives. In: Wallace, R.J. and Chesson, A. (eds) Biotechnology in Animal Feeds and Animal Feeding. VCH Verlagsgesellschaft mbH, Weinheim, Germany, pp. 33–54.

Braden, K.W., Blanton, J.R. Jr, Montgomery, J.L., Santen, E. van, Allen, V.G. and Miller, M.F. (2007) Tasco supplementation: effects on carcass characteristics, sensory attributes, and retail display shelf-life. Journal of

Animal Science 85, 754-768.

Briggs, K.G. (2002) Western Canadian triticale – re-invented for the forage and feed needs of the 21st century. Proceedings of the 23rd Western Nutrition Conference, University of Saskatchewan, Saskatoon, Canada, pp. 65-78.

Brigstocke, T.D.A., Cuthbert, N.H., Thickett, W.S., Lindeman, M.A. and Wilson, P.N. (1981) A comparison of a dairy cow compound feed with and without cassava given with grass silage. Animal Production 33, 19-24.

Brunschwig, P. and Lamy, J.M. (2002) Utilisation de féverole ou de tourteau de tournesol comme sources protéiques dans l'alimentation des vaches laitières. Rencontres Recherches Ruminants 9, 316.

Brunschwig, P., Lamy, J.M., Peyronnet, C. and Crepon, K. (2004) Faba bean valorisation in complete diet for dairy cows. Rencontres Recherches Ruminants 7, 275.

Camoens, J.K. (1979) Utilization of palm based fibre and palm kernel cake by growing dairy bulls. Proceedings of a Seminar on Integrated Animal and Plant Crops. Malaysian Society of Animal Production, 115-131.

Campero, J.R. (1994) Banana and cassava meals as substitutes for maize in diets for dairy cows under tropical grazing. Archivos Latinoamericanos de Producción Animal 2, 177-186.

Carrouée, B. and Gatel, F. (1995) Peas – Utilization in Animal Feeding. UNIP-ITCF, Paris.

Carvalho, L.P.F., Cabrita, A.R.J., Dewhurst, R.J., Vicente, T.E.J., Lopes, Z.M.C. and Fonseca, A.J.M. (2006) Evaluation of palm kernel meal and corn distillers grains in corn silage-based diets for lactating dairy cows. Journal of Dairy Science 89, 2705-2715.

Casper, D.P. and Schingoethe, D.J. (1989) Lactational response of dairy cows to diets varying in ruminal solubilities of carbohydrates and crude protein. Journal of Dairy Science 72, 928-941.

Castro, S.I.B., Phillip, L.E., Lapierre, H., Jardon, P.W. and Berthiaume, R. (2008) The relative merit of ruminal undegradable protein from soybean meal or soluble fiber from beet pulp to improve nitrogen utilization in dairy cows. Journal of Dairy Science 91, 3947-3957.

Chiba, L.I. (2001) Protein supplements. In: Lewis, A.J. and Southern, L.L. (eds) Swine Nutrition. CRC Press, Boca Raton, Florida, pp. 803-837.

Chiofalo, B., Liotta, L., Zumbo, A. and Chiofalo, V. (2004) Administration of olive cake for ewe feeding: effect on milk yield and composition. Small Ruminant Research 55, 169-176.

Chrenková, M., Cerešnáková, Z., Sommer, A., Gálová, Z. and Král'ová, V. (2000) Assessment of nutritional value in spelt (*Triticum spelta* L.) and winter wheat (*Triticum aestivum* L.) by chemical and biological methods. Czech Journal of Animal Science 45, 133-137.

Christen, S.D., Hill, T.M. and Williams, M.S. (1996) Effects of tempered barley on milk yield, intake, and digestion kinetics of lactating Holstein cows. Journal of Dairy Science 79, 1394-1399.

Christensen, D.A., Mustafa, A.F. and McKinnon, J.J. (1998) Carbohydrate and protein characteristics of peas and canola meal for ruminants. Proceedings of the 19th Western Nutrition Conference, Saskatoon, Saskatchewan, pp. 14-27.

Claypool, D.W., Hoffman, C.H., Oldfield, J.E. and Adams, H.P. (1985) Canola meal, cottonseed meal, and soybean meals as protein supplements for calves. Journal of Dairy Science 68, 67-70.

Cochran, R.C., Adams, D.C., Currie, P.O. and Knapp, B.W. (1986) Cubed alfalfa hay or cottonseed mealbarley as a supplement for beef cows grazing fall–winter range. Journal of Range Management 39, 361–364.

Combs, J.J. and Hinman, D.D. (1985) Energy requirements for rolling barley. University of Idaho, SW Idaho Research and Education Center, Progress Report No. 232.

Comellini, M., Volpelli, L.A., Fiego, D.P. lo. and Scipioni, R. (2009) Faba bean in dairy cow diet: effect on milk production and quality. Italian Journal of Animal Science 8, 396–398.

Coppock, C.E., Lanham, J.K. and Horner, J.I. (1987) A review of the nutritive value and utilization of whole cottonseed, cottonseed meal and associated by-products by dairy cattle. Animal Feed Science and Technology 18, 89–129.

Corbett, R.R., Okine, E.K. and Goonewardene, L.A. (1995) Effects of feeding peas to high-producing dairy cows. Canadian Journal of Animal Science 75, 625–629.

Cosby, N.T., Stanton, T.L. and Koester, D. (1995) Effect of level of roasted soybeans in whole shelled corn diets on finishing steer performance and carcass characteristics. Colorado State University Beef Program Report, p. 29. CSU, Fort Collins, Colorado.

Cranston, J.J., Rivera, J.D., Galyean, M.L., Brashears, M.M., Brooks, J.C. et al. (2006) Effects of feeding whole cottonseed and cottonseed products on performance and carcass characteristics of finishing beef cattle. Journal of Animal Science 84, 2186–2199.

Cromwell, G.L., Stahly, T.S. and Montegue, H.T. (1992) Wheat middlings in diets for growing–finishing pigs. Journal of Animal Science 70 (Suppl. 1), 239.

Cromwell, G.L., Herkelmad, K.L. and Stahly, T.S. (1993) Physical, chemical, and nutritional characteristics of distillers dried grains with solubles for chicks and pigs. Journal of Animal Science 71, 679–686.

Cromwell, G.L., Cline, T.R., Crenshaw, J.D., Crenshaw, T.D., Easter, R.A. et al. (2000) Variability among sources and laboratories in analyses of wheat middlings. Journal of Animal Science 78, 2652–2658.

Cuddeford, D. (1995) Oats for animal feed. In: Welch, R.W. (ed.) The Oat Crop: Production and Utilization. Chapman and Hall, New York, pp. 321–368.

Dalke, B.S., Bolsen, K.K., Sonon, R.N. and Holthaus, D.L. (1993) The feeding value of wheat middlings in high concentrate diets of finishing steers. Journal of Animal Science 71 (Suppl. 1), 291.

Darroch, C.S. (1990) Safflower meal. In: Thacker, P.A. and Kirkwood, R.N. (eds) Nontraditional Feed Sources for Use in Swine Production. Butterworths, Stoneham, Massachusetts, pp. 373–382.

Daun, J.K. and Przybylski, R. (2000) Environmental effects on the composition of four Canadian flax cultivars. Proceedings of 58th Flax Institute, Fargo, North Dakota, 23–25 March, pp. 80–91.

Davenport, G.M., Boling, J.A., Gay, N. and Bunting, L.D. (1987) Effect of soybean lipid on growth and ruminal nitrogen metabolism in cattle fed soybean meal or ground whole soybeans. Journal of Animal Science 65, 1680–1689.

Davenport, G.M., Boling, J.A. and Gay, N. (1990) Performance and plasma amino acids of growing calves fed corn silage supplemented with ground soybeans, fishmeal and rumen-protected lysine. Journal of Animal Science 68, 3773–3779.

DeClercq, D.R. (2006) Quality of Canadian Flax. Canadian Grain Commission, Winnipeg, Canada.

DePeters, E.J. and Bath, D.L. (1986) Canola meal versus cottonseed meal as the protein supplement in dairy diets. Journal of Dairy Science 69, 148–154.

DePeters, E.J. and Taylor, S.J. (1985) Effects of feeding corn or barley on composition of milk and diet digestibility. Journal of Dairy Science 68, 2027–2032.

Dhiman, T.R. (2002) Influence of soybean meal processing techniques on milk yield response of dairy cows. Journal of Dairy Science 85 (Suppl. 1), abstract 978.

Dias, F.N., Burke, J.L., Pacheco, D. and Holmes, C.W. (2008) In sacco digestion kinetics of palm kernel expeller (PKE). Proceedings of the New Zealand Grassland Association 2008, 259–264.

Doepel, L., Cox, A. and Hayirli, A. (2009) Effects of increasing amounts of dietary wheat on performance and ruminal fermentation of Holstein cows. Journal of Dairy Science 92, 3825–3832.

Drouillard, J.S., Good, E.J., Gordon, C.M., Kessen, T.J., Sulpizio, M.J., Montgomery, S.P. and Sindt, J.J. (2002) Flaxseed and flaxseed products for cattle: effects on health, growth performance, carcass quality and sensory attributes. Proceedings of the 59th Flax Institute, 21–23 March 2002, Fargo, North Dakota, pp. 72–87.

Drouillard, J.S., Seyfert, M.A., Good, E.J., Loe, E.R., Depenbusch, B. and Daubert, R. (2004) Flaxseed for finishing beef cattle: effects on animal performance, carcass quality and meat composition. Proceedings of the 60th Flax Institute, 17–19 March 2004, Fargo, North Dakota, pp. 108–117.

Dulphy, J.P., Rouel, J. and Bony, J. (1990) Association de betteraves fourragères à de l'ensilage d'herbe pour des vaches laitières. INRA Productions Animales 3, 195–200.

Economides, S., Koumas, A., Georghiades, E. and Hadjipanayiotou, M. (1990) The effect of barley–sorghum grain processing and form of concentrate mixture on the performance of lambs, kids, and calves. Animal Feed Science and Technology 31, 105–116.

Edwards, S.A. and Livingstone, R.M. (1990) Potato and potato products. In: Thacker, P.A. and Kirkwood, R.N. (eds) Nontraditional Feed Sources for Use in Swine Production. Butterworths, Stoneham, Massachusetts, pp. 305–314.

Elliott, J.G., Black, W.T. and Geurin, H.B. (1989) Effect of an isolated soy protein based product and whey on partial replacement of dried skim milk and whey protein concentrate in a milk replacer for veal calves. Journal of Dairy Science 72 (Suppl. 1), 242–243.

Encinias, H.B., Encinias, A.M., Spickler, J.J., Kreft, B., Bauer, M.L. and Lardy, G.P. (2001) Effects of prepartum high linoleic safflower seed supplementation for gestating cows on performance of cows and calves. Proceedings of the 5th International Safflower Conference, Williston, North Dakota and Sidney, Montana, 23–27 July 2001.

Eriksson, T., Murphy, M., Ciszuk, P. and Burstedt, E. (2004) Nitrogen balance, microbial protein production and milk production in dairy cows fed fodder beets and potatoes, or barley. Journal of Dairy Science 87, 1057–1070.

Eriksson, T., Ciszuk, P. and Burstedt, E. (2009) Proportions of potatoes and fodder beets selected by dairy cows and the effects of feed choice on nitrogen metabolism. Livestock Science 126, 168–175.

Evans, L.T. (1998) Feeding the Ten Billion: Plants and Population Growth. Cambridge University Press, Cambridge.

Farren, T.B., Drouillard, J.S., Blasi, D.A., LaBrune, H.J., Montgomery, S.P. et al. (2002) Evaluation of performance in receiving heifers fed different sources of dietary lipid. In: Proceedings 2002 Cattlemen's Day, Kansas State University, Manhattan, Kansas, pp. 1–4.

FDA (2001) Food and Drug Administration Code of Federal Regulations, Title 21, Vol. 6, revised 1 April 2001. US Government Printing Office, Washington, DC.

Fearon, A.M., Mayne, C.S. and Marsden, S. (1996) The effect of inclusion of naked oats in the concentrate offered to dairy cows on milk production, milk fat composition and properties. Journal of the Science of Food and Agriculture 72, 273–282.

Felix, A., Hill, R.A. and Winchester, W. (1985) A note on nutrient digestibility and nitrogen retention in ewes fed whole grains of triticale, wheat and maize. Animal Production 40, 363–365.

Felton, E.E.D. and Kerley, M.S. (2004) Performance and carcass quality of steers fed whole raw soybeans at increasing inclusion levels. Journal of Animal Science 82, 725–732.

Fiems, L.O., Boucqué, Ch.V., Cottyn, B.G. and Buysse, F.X. (1985) Evaluation of rapeseed meal with low and high glucosinolates as a protein source in calf starters. Livestock Production Science 12, 131–143.

Fiems, L.O., Boucqué, Ch.V., Cottyn, B.G. and Buysse, F.X. (1986) Cottonseed meal and maize gluten feed versus soybean meal as protein supplements in calf starters. Archives of Animal Nutrition 36, 731–740.

Fisher, L.J. and Logan, V.S. (1969) Comparison of corn and oat based concentrates for lactating dairy cows. Canadian Journal of Animal Science 49, 85–90.

Flachowsky, G., Richter, G.H., Wendemuth, M., Möckel, P., Graf, H., Jahreis, G. and Lübbe, F. (1994) Influence of rapeseed in beef cattle feeding on fatty acid composition, vitamin E concentration and oxidative stability of body fat. Zeitschrift für Ernährungswissenschaft 33, 277–285.

Flipot, P.M., Girard, V.M., Bernier-Cardou, M. and Petit, H.V. (1992) Digestibility and performance of dairy bulls fed corn and grass silages with various sequences and levels of barley. Canadian Journal of Animal Science 72, 61–69.

Fredrickson, E.L., Galyean, M.L., Betty, R.G. and Cheema, A.U. (1993) Effects of four cereal grains on intake and ruminal digestion of harvested forages by beef steers. Animal Feed Science and Technology 40, 93–107.

Froidmont, E. and Bartiaux-Thill, N. (2004) Suitability of lupin and pea seeds as a substitute for soybean meal in high-producing dairy cow feed. Animal Research 53, 475–487.

Gdala, J., Jansman, A.J.M., van Leeuwen, P., Huisman, J. and Verstegen, M.W.A. (1996) Lupins (*L. luteus, L. albus, L. angustifolius*) as a protein source for young pigs. Animal Feed Science and Technology 62, 239–249.

Gohl, B. (1981) Tropical Feeds. FAO Animal Production and Health Series, No. 12. Food and Agriculture Organisation, Rome, Italy, 529 pp.

Goodridge, J., Ingalls, J.R. and Crow, G.H. (2001) Transfer of omega-3 linolenic acid and linoleic acid to milk fat from flaxseed or linola protected with formaldehyde. Canadian Journal of Animal Science 81, 525–532.

Graham, K.K., Bader, J.F., Patterson, D.J., Kerley, M.S. and Zumbrunnen, C.N. (2001) Supplementing whole soybeans prepartum increases first service conception rate in postpartum suckled beef cows. Journal of Animal Science 79 (Suppl. 2), 106 (Abstr.).

Grela, E.R. and Semeniuk, V. (2008) Chemical composition and nutritional value of feedingstuffs from organic and conventional farms. In: Bioacademy Proceedings, New Development in Science and Research on Organic Agriculture, Lednice, Czech Republic, 3-5.9.20008, pp. 138-141.

Grings, E.E., Roffler, R.E. and Deitelhoff, D.P. (1992) Evaluation of corn and barley as energy sources for cows in early lactation fed alfalfa-based diets. Journal of Dairy Science 75, 193-200.

Haas, G., Deittert, C. and Köpke, U. (2007) Farm-gate nutrient balance assessment of organic dairy farms at different intensity levels in Germany. Renewable Agriculture and Food Systems 22, 223-232.

Hadjipanayiotou, M. (1994) Laboratory evaluation of ensiled olive cake, tomato pulp and poultry litter. Livestock Research for Rural Development 6, 2.

Hadjipanayiotou, M. (1999) Feeding ensiled crude olive cake to lactating Chios ewes, Damascus goats and Friesian cows. Livestock Production Science 59, 61-66.

Harris, L.E. (ed.) (1980) International Feed Descriptions, International Feed Names, and Country Feed Names. International Network of Feed Information Centers, Logan, Utah.

Harris, S.L., Clark, D.A., Waugh, C.D., Copeman, P.J.A. and Napper, A.R. (1998) Use of 'Barkant' turnips and 'Superchow' sorghum to increase summer-autumn milk production. Proceedings of the New Zealand Society of Animal Production 58, 121-124.

Harrison, J.H., Riley, R.E. and Loney, K.A. (1989) Nutrient replacement value of corn-sunflower silage, alfalfa hay, canola meal, and whole cottonseed for the lactating dairy cow. Journal of Dairy Science 72 (Suppl. 1), 309-310.

Hede, A.R. (2001) A new approach to triticale improvement. Research Highlights of the CIMMYT Wheat Program, 1999-2000. International Maize and Wheat Improvement Center, Oaxaca, Mexico, pp. 21-26.

Hill, G.M. and Hanna, W.W. (1990) Nutritive characteristics of pearl millet grain in beef cattle diets. Journal of Animal Science 68, 2061-2066.

Hill, G.M. and Utley, P.R. (1986) Comparative nutritional value of Beagle 82 triticale for finishing steers. Nutrition Reports International 34, 831-840.

Hill, G.M., Newton, G.L., Streeter, M.N., Hanna, W.W., Utley, P.R. and Mathis, M.J. (1996) Digestibility and utilization of pearl millet diets fed to finishing beef cattle. Journal of Animal Science 74, 1728-1735.

Hill, R. (1991) Rapeseed meal in the diets of ruminants – a review. Nutrition Abstracts and Reviews (Series B) 61, 139-155.

Hill, R., Vincent, I.C. and Thompson, J. (1990) The effects of food intake in weaned calves of low glucosinolate rapeseed meal as the sole protein supplement. Animal Production 50, 586-587.

Hindle, V.A., Steg, A., Vuuren, A.M. van and Vroons-de Bruin, J. (1995) Rumen degradation and post-ruminal digestion of palm kernel by-products in dairy cows. Animal Feed Science and Technology 51, 103-121.

Hodgson, J. (1990) Grazing Management: Science into Practice. Longman Handbooks in Agriculture, Longman Scientific & Technical, Harlow, UK, 203 pp.

Holter, J.E., Hayes, H.H., Urban, W.E. Jr and Duthie, A.H. (1992) Energy balance and lactation response in holstein cows supplemented with cottonseed with or without calcium soap. Journal of Dairy Science75, 1480-1494.

Holzer, Z., Aharoni, Y., Lubimov, V. and Brosh, A. (1997) The feasibility of replacement of grain by tapioca in diets for growing–fattening cattle. Animal Feed Science and Technology 64, 133–141.

Hučko, B., Bampidis, V.A., Kodeš, A., Christodoulou, V., Mudřik, Z., Poláková, K. and Plachý, V. (2009) Rumen fermentation characteristics in pre-weaning calves receiving yeast culture supplements. Czech Journal of Animal Science 54, 435–442.

Ingalls, J.R. and McKirdy, J.A. (1974) Faba bean as a substitute for soybean meal or rapeseed meal in rations for lactating cows. Canadian Journal of Animal Science 54, 87–89.

Ingalls, J.R., Morgan, D.E., Thomas, J.W. and Huffman, C.F. (1963) Nutritive value of spelt (*Triticum sativum* spelta) for dairy cattle. Journal of Dairy Science 46, 1085–1088.

Jaafar, M.D. and Jarvis, M.C. (1992) Mannans of oil palm kernels. Phytochemistry 31, 463–464.

Jacob, J.P. (2007) Nutrient content of organically grown feedstuffs. Journal of Applied Poultry Research 16, 642–651.

Jaikaran, S. (2002) Triticale Performs in Pig Feeds. Department of Agriculture, Food and Rural Development, Alberta Agriculture, Edmonton, Canada.

Jennings, J. (2005) Forage Clovers for Arkansas. Publn FSA2117, University of Arkansas Cooperative Extension Service, Fayetteville, Arkansas, 4 pp.

Jennings, J., West, C. and Phillips, M. (2005) General Traits of Forage Grasses Grown in Arkansas. Publication FSA2139. University of Arkansas Cooperative Extension Service, Fayetteville, Arkansas, 8 pp.

Jensen, A. (1972) The nutritive value of seaweed meal for domestic animals. In: Jensen, A. and Stein, J.R. (eds) Proceedings 7th International Seaweed Symposium. University of Tokyo Press, Tokyo, pp. 7–14.

Juknevičius, S., Baranauskas, S., Būdvytis, S. and Zilinskienė, A. (2005) Possibility to use safflower oilcake for milking cow feeding. Vagos (Lithuania) Research Papers 66, 42–46.

Kendall, E.M., Ingalls, J.R. and Boila, R.J. (1991) Variability in the rumen degradability and postruminal digestion of the dry matter, nitrogen, and amino acids of canola meal. Canadian Journal of Animal Science 71, 739–754.

Kennelly, J.J. and Khorasani, G.R. (1992) Influence of flaxseed feeding on fatty acid composition of cows' milk. Proceedings 54th Flax Institute, 30–31 January 1992, Fargo, North Dakota, pp. 99–105.

Khasan, A.M., Tashev, T.K., Todorov, N.A. and Hasan, A.M. (1989) Lucerne haylage, sunflower meal and peas as protein feeds in diets for dairy cows. Zhivotnov dni–Nauki 26, 30–36.

Khorasani, G.R., Okine, E.K., Corbett, R.R. and Kennelly, J.J. (1992) Peas for Dairy Cattle. 71st Annual Feeders Day Report, Animal Science Department, University of Alberta, Edmonton, Alberta, 28 pp.

Knapp, D.M. and Grummer, R.R. (1991) Response of lactating dairy cows to fat supplementation during heat stress. Journal of Dairy Science 74, 2573–2579.

Kung, L. Jr and Muck, R.E. (1997) Animal response to silage additives. In: Proceedings of the Silage: Field to Feedbunk North American Conference. Natural Resource, Agriculture, and Engineering Service 99, Hershey, Pennsylvania, pp. 200–210.

Kwak, B.O. and Kim, C. (2001) The effect of different flaked lupin seed inclusion levels on the growth of growing Korean native bulls. Asian–Australasian Journal of Animal Sciences 14, 1129–1132.

Kyntäjä, S., Partanen, K., Siljander-Rasi, H. and Jalava, T. (2014) Tables of composition and nutritional values of organically produced feed materials for pigs and poultry. MTT Report 164, Finland. Available at: http://www.mtt.fi/mttraportti/pdf/mttraportti164.pdf (accessed 1 December 2020).

Lacefield, G., Henning, J.C., Collins, M. and Swetnam, L. (1996) Quality Hay Production. Agricultural Communication Service No. AGR-62, University of Kentucky, College of Agriculture, Lexington, Kentucky.

Lalles, J.P. (1993) Nutritional and antinutritional aspects of soybean and field pea proteins used in veal calf production: a review. Livestock Production Science 34, 181-202.

Lalles, J.P., Toullec, R., Branco Pardal, P. and Sissons, J.W. (1995) Hydrolyzed soy protein isolate sustains high nutritional performance in veal calves. Journal of Dairy Science 78, 194-204.

Lammers, B.P., Heinrichs, A.J. and Aydin, A. (1998) The effect of whey protein concentrate or dried skim milk in milk replacer on calf performance and blood metabolites. Journal of Dairy Science 81, 1940-1945.

Lardy, G.P., Loken, B.A., Anderson, V.L., Larson, D.M., Maddock-Carlin, K.R. et al. (2009) Effects of increasing field pea (*Pisum sativum*) level in high-concentrate diets on growth performance and carcass traits in finishing steers and heifers. Animal Science 87, 3335-3341.

Larraín, R.E., Schaefer, D.M., Arp, S.C., Claus, J.R. and Reed, J.D. (2009) Finishing steers with diets based on corn, high-tannin sorghum, or a mix of both: feedlot performance, carcass characteristics, and beef sensory attributes. Journal of Animal Science 87, 2089-2095.

Larsen, M., Lund, P., Weisbjerg, M.R. and Hvelplund, T. (2009) Digestion site of starch from cereals and legumes in lactating dairy cows. Animal Feed Science and Technology 153, 236-248.

Leddin, C.M., Stockdale, C.R., Hill, J., Heard, J.W., Doyle, P.T. and Marx, G.D. (2009) Increasing amounts of crushed wheat fed with pasture hay reduced dietary fibre digestibility in lactating dairy cows. Journal of Dairy Science 92, 2747-2757.

Leitgeb, R. and Lettner, F. (1992) Use of faba beans in growing bulls. In: 1ère Conférence Européenne surles Protéagineux, Angers, AEP (1992), pp. 493-494.

Lennerts, L. (1989) Safflower cake expeller and safflower oilmeal. Mühle und Mischfuttertechnik 126, 182-183.

Lethbridge, L.A., Margerison, J.K. and Parfitt, D. (2007) The effect of live yeast inclusion into mixed forage diets on milk yield, locomotion score, lameness and sole bruising in first lactation Holstein Friesian dairy cattle. Proceedings of the New Zealand Society of Animal Production 67th Conference, Wanaka, New Zealand, 20-22 June 2007, pp. 272-275.

Liener, I.E. (1994) Implications of an Antinutritional Component in Soybean Foods. CRC Critical Reviews in Food Science and Nutrition. CRC Press, Cleveland, Ohio.

Liener, I.E. (2000) Non-nutritive factors and bioactive compounds in soy. In: Drackley, J.K. (ed.) Soy in Animal Nutrition. Federation of Animal Science Societies, Savoy, Illinois, pp. 13-14.

Little, D.A., Riley, J.A., Agyemang, K., Jeannin, P., Grieve, A.S., Badji, B. and Dwinger, R.H. (1991) Effect of groundnut cake supplementation during the dry season on productivity characteristics of N'Dama cows under village husbandry conditions in The Gambia. Tropical Agriculture 68, 259-262.

Liu, C.-I. (1982) Moldy sweet potato related respiratory distress in cattle. Journal of the Chinese Society of Veterinary Science 8, 155-159.

Livingstone, R.M., Baird, B.A., Atkinson, T. and Crofts, R.M.J. (1979) The effect of different patterns of thermal processing of potatoes on their digestibility by growing pigs. Animal Feed Science and Technology 4, 295–306.

Livingstone, R.M., Baird, B.A. and Atkinson, T. (1980) Cabbage (*Brassica oleracea*) in the diet of growingfinishing pigs. Animal Feed Science and Technology 5, 69–75.

Lorenzini, G., Martini, A., Lotti, C., Casini, M., Gemini, S. etal. (2007) Influence of bitter lupin on ingestion and digestibility in organic dairy cattle soya free diets. Italian Journal of Animal Science 6 (Suppl. 1), 657–659.

Louis, S.L., Sidik, A., Cooper, G.E. and Gelaye, S. (1988) A comparison of corn and sweet potato meal in finishing rations for beef steers. Nutrition Reports International 38, 463–475.

Ma, R. and Tian, C. (1998) Effects of supplementing kelp meals on milk production in cows. China Dairy Cattle 1, 20–22.

Maddock, T.D., Anderson, V.L., Berg, P.T., Maddock, R.J. and Marchello, M.J. (2003) Influence of level of flaxseed addition and time fed flaxseed on carcass characteristics, sensory panel evaluation and fatty acid content of fresh beef. Proceedings 56th Reciprocal Meats Conference, American Meat Science Association, Columbia, Missouri.

Maddock, T.D., Bauer, M.L., Koch, K., Anderson, V.L., Maddock, R.J. and Lardy, G.P. (2004) The effect of processing flax in beef feedlot rations on performance, carcass characteristics and trained sensory panel ratings. Proceedings 60th Flax Institute, 17–19 March 2004, Fargo, North Dakota, pp. 118–123.

Maddock, T.D., Anderson, V.L. and Lardy, G.P. (2005) Using Flax in Livestock Diets. Extension Report AS-1283. North Dakota State University, Fargo, North Dakota.

Madrigal, L.V. and Ortega, M.E. (2002) Obtainment of safflower (*Carthamus tinctorius* L.) protein concentrate for its use in milk replacers for calves. Cuban Journal of Agricultural Science 36, 203–207.

Marx, G.D. (2000) Dry field peas as a component in grain starter rations for preweaned and weaned dairy calves. Journal of Dairy Science 83 (Suppl. 1), 260.

Mathis, C.P., Cochran, R.C., Stokka, G.L., Heldt, J.S., Woods, B.C. and Olson, K.C. (1999) Impacts of increasing amounts of supplemental soybean meal on intake and digestion by beef steers and performance by beef cows consuming low-quality tallgrass-prairie forage. Journal of Animal Science 77, 3156–3162.

Mathison, B.W., Hironaka, R., Kerrigan, B.K., Vlach, I., Milligan, L.P. and Weisenburger, R.D. (1991) Rate of starch degradation, apparent digestibility, and rate and efficiency of steer gain as influenced by barley grain volume-weight and processing method. Canadian Journal of Animal Science 71, 867–878.

Mawhinney, I., Woodger, N., Trickey, S. and Payne, J. (2008) Suspected sweet potato poisoning in cattle in the UK. Veterinary Record 162, 62–63.

Mawson, R., Heaney, R.K., Zdun'czyk, Z. and Kozłowska, H. (1993) Rapeseed meal – glucosinolates and their antinutritional effects. Part 2. Flavour and palatability. Nahrung 37, 336–344.

Mawson, R., Heaney, R.K., Zdun'czyk, Z. and Kozłowska, H. (1995) Rapeseed meal – glucosinolates and their antinutritional effects. Part 6. Taint in end-products. Nahrung 39, 21–31.

May, M.G., Otterby, D.E., Linn, J.G., Hansen, W.P., Johnson, D.G. and Putnam, D.H. (1993) Lupins (*Lupinus albus*) as a protein supplement for lactating Holstein dairy cows. Journal of Dairy Science 76, 2682–2691.

McCarthy, R.D. Jr, Klusmeyer, T.H., Vicini, J.L. and Clark, J.H. (1989) Effects of source of protein and carbohydrates on ruminal fermentation and passage of nutrients to the small intestine of lactating cows. Journal of Dairy Science 72, 2002–2016.

McDonald, P., Edwards, R.A., Greenhalgh, J.F.D. and Morgan, C.A. (1995) Animal Nutrition, 5th edn. Longman.

McFerran, R.P., Parker, W.J., Singh, V. and Morris, S.T. (1997) Incorporating turnips into the pasture diet of lactating dairy cows. Proceedings of the New Zealand Society of Animal Production 1997, 161.

McKinnon, J.J., Olubobokun, J.A., Christensen, D.A. and Cohen, R.D.H. (1991) The influence of heat and chemical treatment on ruminal disappearance of canola meal. Canadian Journal of Animal Science 71, 773–780.

Melicharová, V., Pechová, A., Dvorák, R. and Pavlata, L. (2009) Performance and metabolism of dairy cows fed bean seeds (*Vicia faba*) with different levels of antinutritional substances. Acta Veterinaria Brno 78, 57–66.

Mello, R.P. de, Moreira, H.A., Silva, J.F.C. da and Campos, O.F. de (1981) Maize, sorghum and dried cassava as energy sources in initial mixtures for calves. Revista da Sociedade Brasileira de Zootecnia 10, 612–630.

Milton, C.T., Brandt, R.T. Jr, Titgemeyer, E.C. and Kuhl, G.L. (1997) Effect of degradable and escape protein and rough age type on performance and carcass characteristics of finishing yearling steers. Journal of Animal Science 75, 2834–2840.

Mitaru, B.N., Blair, R., Bell, J.M. and Reichert, R.D. (1982) Tannin and fibre contents of rapeseed and canola hulls. Canadian Journal of Animal Science 62, 661–663.

Mitzner, K.C., Owen, F.G. and Grant, R.J. (1994) Comparison of sorghum and corn grains in early and midlactation diets for dairy cows. Journal of Dairy Science 77, 1044–1051.

Miyashige, T., Abu Hassan, O., Jaafar, D.M. and Wong, H.K. (1987) Digestibility and nutritive value of PKC, POME, PPF and rice straw by Kedah–Kelantan bulls. Proceedings 10th Annual Conference of the Malaysian Society of Animal Production, 226–229.

Mizubuti, I.Y., Moreira, F.B., Ribeiro, E.L., Pereira, E.S., da Rocha, M.A. and Filho, M.F.S. (2007) Dry matter and crude protein in situ degradability of rice meal, wheat meal, corn and oat seed. Acta Scientiarum: Animal Sciences 29, 187–193.

Moallem, U. (2009) The effects of extruded flaxseed supplementation to high-yielding dairy cows on milk production and milk fatty acid composition. Animal Feed Science and Technology 152, 232–242.

Moate, P.J., Dalley, D.E., Martin, K. and Grainger, C. (1998) Milk production responses to turnips fed to dairy cows in mid lactation. Australian Journal of Experimental Agriculture 38, 117–123.

Moate, P.J., Dalley, D.E., Roche, J.R., Grainger, C., Hannah, M. and Martin, K. (1999) Turnips and protein supplements for lactating dairy cows. Australian Journal of Experimental Agriculture 39, 389–400.

Mogensen, L., Ingvartsen, K.L., Kristensen, T., Seested, S. and Thamsborg, S.M. (2004) Organic dairy production based on rapeseed, rapeseed cake or cereals as supplement to silage ad libitum. Acta Agriculturæ Scandinavica Section A, Animal Science 54, 81–93.

Mogensen, L., Lund, P., Weisbjerg, M.R., Kristensen, T. and Hermansen, J.E. (2005) Heat-treated blue lupin as protein supplement for high yielding organic dairy cows fed grass-clover silage ad libitum. In: Researching Sustainable Systems. Proceedings of the First Scientific Conference of the International Society of Organic Agriculture Research (ISOFAR), held in cooperation with the International Federation of Organic Agriculture Movements (IFOAM) and the National Association for Sustainable Agriculture, Australia (NASAA), Adelaide Convention Centre, Adelaide, South Australia, 21–23 September 2005, pp. 281–283.

Molina-Alcaide, E. and Yánẽz-Ruiz, D.R. (2008) Potential use of olive by-products in ruminant feeding: a review. Animal Feed Science and Technology 147, 247–264.

Molina-Alcaide, Y.E., Morales-García, D.R., Yañez, A., Ruiz, A.M. and García, A.I.M. (2005) Aprovechamiento de los residuos de las industrias del aceite de oliva mediante su uso como alimentos para rumiantes [Utilization of waste of the olive oil industries as food for ruminants]. Foro del Olivar y el Medio Ambiente [Expoliva 2005: Olive Grove and Environment Forum, Jaén, Spain. International Fair of Olive Oil and Allied Industries].

Moran, J.B. (1986) Cereal grains in complete diets for dairy cows: a comparison of rolled barley, wheat and oats and of three methods of processing oats. Animal Production 43, 27–36.

Moreira, V.R., Satter, L.D. and Harding, B. (2004) Comparison of conventional linted cottonseed and mechanically delinted cottonseed in diets for dairy cows. Journal of Dairy Science 87, 131–138.

Moss, R.J., Hannah, I.J.C., Kenman, S.J., Buchanan, I.K. and Martin, P.R. (2000) Response by dairy cows grazing tropical grass pasture to barley or sorghum grain based concentrates and lucerne hay. In: Animal Production for a Consuming World. AAAP-ASAP Conference, 2–7 July, Sydney, Australia.

Mowrey, A. and Spain, J.N. (1999) Results of a nationwide survey to determine feedstuffs fed to lactating dairy cows. Journal of Dairy Science 82, 445–451.

Murphy, S. (1997) Feeding cull potatoes to beef cattle. Prince Edward Island Agriculture and Forestry Factsheet Agdex 420-68.

Mustafa, A.F. (2010) Performance of lactating dairy cows fed pearl millet grain. Journal of Dairy Science 93, 733–736.

Myer, R.O., Hill, G.M., Hansen, G.R. and Gorbet, D.W. (2009) Supplemental feed for beef cows. The Professional Animal Scientist 25, 370–374.

Nefzaoui, A. (1978) Olive pulp in animal feeding. Some results in Tunisia: effects of some chemical and physical treatments on the in vitro digestibility of different types of olive cake. Report Institut National de la Recherche Agronomique de Tunisie, Tunisia.

Nguyen, X.B., Nguyen, H.V., Le, D.N., Leddin, C.M. and Doyle, P.T. (2008) Amount of cassava powder fed as a supplement affects feed intake and live weight gain in Laisind cattle in Vietnam. Asian-Australasian Journal of Animal Sciences 21, 1143–1150.

Nicholson, J.W.G., McQueen, R., Grant, E.A. and Burgess, P.L. (1976) The feeding value of tartary buckwheat for ruminants. Canadian Journal of Animal Science 56, 803–808.

Nikkhah, A., Alikhani, M. and Amanlou, H. (2004) Effects of feeding ground or steam-flaked broom sorghum and ground barley on performance of dairy cows in midlactation. Journal of Dairy Science 87, 122–130.

Nishino, S., Isogai, K. and Kimata, S. (1980) Sunflower meal as a replacement for soybean meal in calf starter rations. Journal of the College of Dairying 11, 381–390.

Nordkvist, E., Stepinska, A. and Häggblom, P. (2009) Aflatoxin contamination of consumer milk caused by contaminated rice by-products in compound cattle feed. Journal of the Science of Food and Agriculture89, 359–361.

NRC (2000) Nutrient Requirements of Beef Cattle, 7th rev. edn. National Research Council, National Academy of Sciences, Washington, DC.

NRC (2001) Nutrient Requirements of Dairy Cattle, 7th rev. edn. National Research Council, National Academy of Sciences, Washington, DC.

Obeidat, B.S., Abdullah, A.Y., Mahmoud, K.Z., Awawdeh, M.S., Al-beitawi, N.Z. and Al-Lataifeh, F.A. (2009) Effects of feeding sesame meal on growth performance, nutrient digestibility, and carcass characteristics of Awassi lambs. Small Ruminant Research 82, 13–17.

Oke, O.L. (1990) Cassava. In: Thacker, P.A. and Kirkwood, R.N. (eds) Nontraditional Feed Sources for Use in Swine Production. Butterworths, Stoneham, Massachusetts, pp. 103–112.

Osman, A. and Hisamuddin, M.A. (1999) Oil Palm and Palm Oil Products as Livestock Feed. Palm Oil Familiarization Programme. Palm Oil Research Institute of Malaysia, Bangi, 12 pp.

Ovenell, K.H., Lusby, K.S. and Wettemann, R.P. (1990) The value of wheat middlings as a supplement to winter spring calving beef cows grazing native range. Journal of Animal Science 68 (Suppl. 1), 497.

Ovenell, K.H., Lusby, K.S., Horn, G.W. and McNew, R.W. (1991) Effects of lactational status on forage intake, digestibility, and particulate passage rate of beef cows supplemented with soybean meal, wheat middlings, and corn and soybean meal. Journal of Animal Science 69, 2617–2623.

Park, C.S. (1988) Feeding barley to dairy cattle. North Dakota Farm Research 46, 18–19.

Parks, C.S., Edgerly, G.M., Erickson, G.M. and Fisher, G.R. (1981) Response of dairy cows to sunflower meal and varying dietary protein and fiber. Journal of Dairy Science 64 (Suppl. 1), 141 (Abstr.).

Patterson, H.H., Whittier, J.C., Rittenhouse, L.R. and Schutz, D.N. (1999a) Performance of beef cows receiving cull beans, sunflower meal, and canola meal as protein supplements while grazing native winter range in eastern Colorado. Journal of Animal Science 77, 750–755.

Patterson, H.H., Whittier, J.C. and Rittenhouse, L.R. (1999b) Effects of cull beans, sunflower meal, and canola meal as protein supplements to beef steers consuming grass hay on in situ digestion kinetics. The Professional Animal Scientist 15, 185–190.

Petit, H.V. and Veira, D.M. (1994a) Effect of post-weaning protein supplementation of beef steers fed grass silage on performance during the finishing phase, and carcass quality. Canadian Journal of Animal Science 74, 699–701.

Petit, H.V. and Veira, D.M. (1994b) Digestion characteristics of beef steers fed silage and different levels of energy with or without protein supplementation. Journal of Animal Science 72, 3213–3220.

Petit, H.V., Dewhurst, R.J., Proulx, J.G., Khalid, M., Haresign, W. and Twagiramungu, H. (2001) Milk production, milk composition, and reproductive function of dairy cows fed different fats. Canadian Journal of Animal Science 81, 263–271.

Petterson, D.S. (1998) Composition and food uses of legumes. In: Gladstones, J.S., Atkins, C.A. and Hamblin, J. (eds) Lupins as Crop Plants. Biology, Production and Utilization. CAB International, Wallingford, UK, pp. 353–384.

Petterson, D.S., Mackintosh, J.B. and Sipsas, S. (1997) The Chemical Composition and Nutritive Value of Australian Pulses. Grains Research and Development Corporation, Canberra.

Pichler, W.A. (1990) Investigations on the utilization of peas (*Pisum sativum* L.) for fattening young bulls. Bodenkultur 41, 341–350.

Plaza, J. and Fernández, J.L. (1997) Artificial rearing of calves in dairy farms. Cuban Journal of Agricultural Science 31, 21–24.

Pol, M.V., Hristov, A.N., Zaman, S. and Delano, N. (2008) Peas can replace soybean meal and corn grain in dairy cow diets. Journal of Dairy Science 91, 698–703.

Pol, M.V., Hristov, A.N., Zaman, S., Delano, N. and Schneider, C. (2009) Effect of inclusion of peas in dairy cow diets on ruminal fermentation, digestibility, and nitrogen losses. Animal Feed Science and Technology 150, 95–105.

Possenti, R.A., Franzolin, R., Schammass, E.A. and Brás, P. (2009) Effects of Leucaena and yeast in diets to cattle on rumen degradability and in vitro digestibility. Boletim de Indústria Animal 66, 21–31.

Prabhu, U.H., Kumar, M.N.A. and Sampath, S.R. (1978) Processed Sargassum for feeding dairy animals. Indian Journal of Dairy Science 31, 356–364.

Raimondi, R. (1937) Use of extracted olive pulp in the feeding of milk cows. Rivista di Zootecnia 14, 77–84, 114–116, 119–125.

Ramirez-Restrepo, C.A. and Barry, T.N. (2005) Alternative temperate forages containing secondary compounds for improving sustainable productivity in grazing ruminants. Animal Feed Science and Technology 120, 179–201.

Ranhotra, G.S., Gelroth, J.A., Glaser, B.K. and Lorenz, K.J. (1995) Baking and nutritional qualities of a spelt wheat sample. Lebensmittel-Wissenschaft und-Technologie 78, 118–122.

Ranhotra, G.S., Gelroth, J.A., Glaser, B.K. and Lorenz, K.J. (1996a) Nutrient composition of spelt wheat. Journal of Food Composition and Analysis 9, 81–84.

Ranhotra, G.S., Gelroth, J.A., Glaser, B.K. and Stallknecht, G.F. (1996b) Nutritional profile of three spelt wheat cultivars grown at five different locations. Cereal Chemistry 73, 533–535.

Ravichandiran, S., Sharma, K., Dutta, N., Pattanaik, A.K., Chauhan, J.S. and Agnihotri, A. (2008) Comparative assessment of soybean meal with high and low glucosinolate rapeseed-mustard cake as protein supplement on performance of growing crossbred calves. Journal of the Science of Food and Agriculture 5, 832–838.

Ravindran, V. (1991) Sesame meal. In: Miller, E.R., Ullrey, D.E. and Lewis, A.J. (eds) Swine Nutrition. Butterworth-Heinemann, Boston, Massachusetts, pp. 419–427.

Ravindran, V. and Blair, R. (1992) Feed resources for poultry production in Asia and the Pacific. II. Plant protein sources. World's Poultry Science Journal 48, 205–231.

Reddy, N.R., Sathe, S.K. and Salunkhe, D.K. (1982) Phytates in legumes and cereals. Advances in Food Research 28, 1–92.

Reynal, S.M. and Broderick, G.A. (2003) Effect of feeding protein supplements of differing degradability on omasal flow of microbial and undegraded protein. Journal of Dairy Science 86, 1292–1305.

Robinson, P.H. and Erasmus, L.J. (2009) Effects of analysable diet components on responses of lactating dairy cows to Saccharomyces cerevisiae based yeast products: a systematic review of the literature. Animal Feed Science and Technology 149, 185–198.

Robinson, P.H. and Kennelly, J.J. (1988) Influence of intake of rumen undegradable protein on milk production of late lactation Holstein cows. Journal of Dairy Science 71, 2135–2142.

Robinson, P.H. and McNiven, M.A. (1993) Nutritive value of raw and roasted sweet white lupins *(Lupinus albus)* for lactating dairy cows. Animal Feed Science and Technology 43, 275–290.

Rode, L.M. and Satter, L.D. (1988) Effect of amount and length of alfalfa hay in diets containing barley or corn on site of digestion and rumen microbial protein synthesis in dairy cows. Canadian Journal of Animal Science 68, 445–454.

Rode, L.M. and Schaalje, G.B. (1989) Comparison of whole cottonseed, whole safflower and extruded soybeans in the diets of lactating dairy cows. Journal of Dairy Science 72 (Suppl. 1), 415–416.

Rowe, J.B., Bobadilla, M., Fernandez, A., Encarnacion, J.C. and Preston, T.R. (1977) Molasses toxicity in cattle: rumen fermentation and blood glucose entry rates associated with this condition. Tropical Animal Production 4, 78–89.

Rowghani, E., Zamiri, M.J. and Seradj, A.R. (2008) The chemical composition, rumen degradability, in vitrogas production, energy content and digestibility of olive cake ensiled with additives. Iranian Journal of Veterinary Research 9, 213–221, 296–297.

Rumsey, T.S., Elsasser, T.H., Kahl, S. and Solomon, M.B. (1999) The effect of roasted soybeans in the diet of feedlot steers and Synovex–S ear implants on carcass characteristics and estimated composition. Journal of Animal Science 77, 1726–1734.

Sahoo, A. and Pathak, N.N. (1998) Comparative growth performance of preruminant crossbred calves after replacement of fishmeal with groundnut cake in the calf starter. Indian Journal of Dairy Science 51, 73–77.

Sanchez, J.M. and Claypool, D.W. (1983) Canola meal as a protein supplement in dairy rations. Journal of Dairy Science 66, 80–85.

Santos, F.A.P., Huber, J.T., Theurer, C.B., Swingle, R.S., Wu, Z. et al. (1997) Comparison of barley and sorghum grain processed at different densities for lactating dairy cows. Journal of Dairy Science 80, 2098–2103.

Santos, F.A.P., Santos, J.E.P., Theurer, C.B. and Huber, J.T. (1998) Effects of rumen–undegradable protein on dairy cow performance: a 12-year literature review. Journal of Dairy Science 81, 3182–3213.

Sarrazin, P., Mustafa, A.F., Chouinard, P.Y., Raghavan, G.S.V. and Sotocinal, S.A. (2004) Performance of dairy cows fed roasted sunflower seed. Journal of the Science of Food and Agriculture 84, 1179–1185.

Sauvant, D., Perez, J.–M. and Tran, G. (2004) Tables of Composition and Nutritional Value of Feed Materials. Wageningen Academic Publishers, INRA Editions, Wageningen, the Netherlands.

Schingoethe, D.J., Rook, J.A. and Ludens, F. (1977) Evaluation of sunflower meal as a protein supplement for lactating cows. Journal of Dairy Science 60, 591.

Schingoethe, D.J., Voelker, H.H. and Ludens, F.C. (1982) High protein oats grain for lactating dairy cows and growing calves. Journal of Animal Science 55, 1200–1205.

Scholljegerdes, E.J., Hess, B.W., Grant, M.H.J., Lake, S.L., Alexander, B.M. et al. (2009) Effects of feeding high-linoleate safflower seeds on postpartum reproduction in beef cows. Journal of Animal Science 87, 2985–2995.

Sharma, H.R., Ingalls, J.R., McKirdy, J.A. and Sanford, L.M. (1981) Evaluation of rye grain in the diets of young Holstein calves and lactating dairy cows. Journal of Dairy Science 64, 441–448.

Sharma, H.R., White, B. and Ingalls, J.R. (1986) Utilization of whole rape (Canola) seed and sunflower seeds as sources of energy and protein in calf starter diets. Animal Feed Science and Technology 15, 101–112.

Shrivastava, D.D. and Kendall, K.A. (1961) The response of young dairy calves to diets containing sesame and peanut oils. Journal of Dairy Science 44, 1199.

Shultz, T.A., Chicco, C.F., Carnevali, A.A. and Moreno, J. (1970) Replacement of sesame meal by urea in supplement to maize silage for cattle. Journal Asociacion Latinoamericana de Produccion Animal Memoria 5, 7–16.

Shymanovich, T., Crowley, G., Ingram, S., Steen, C., Panaccione, D. G., Young, C. A., Watson, W. and Poore, M. (2020) Endophytes matter: variation of dung beetle performance across different endophyte-infected tall fescue cultivars. Applied Soil Ecology 152, 103561.

Skaar, T.C., Grummer, R.R., Dentine, M.R. and Stauffacher, R.H. (1989) Seasonal effects of prepartum and postpartum fat and niacin feeding on lactation performance and lipid metabolism. Journal of Dairy Science 72, 2028–2038.

Smith, W.A., Plessis, G.S. du and Griessel, A. (1994) Replacing maize grain with triticale grain in lactation diets for dairy cattle and fattening diets for steers. Animal Feed Science and Technology 49, 287–295.

Sommart, K., Wanapat, M., Rowlinson, P., Parker, D.S., Climee, P. and Panishying, S. (2000) The use of cassava chips as an energy source for lactating dairy cows fed with rice straw. Asian–Australasian Journal of Animal Sciences 13, 1094–1101.

Spörndly, E. and Åsberg, T. (2006) Eating rate and preference for different concentrate feeds by dairy cows. Journal of Dairy Science 89, 2188–2199.

Stacey, P., O'Kiely, P., Rice, B., Hackett, R. and O'Mara, F.P. (2003) Changes in yield and composition of barley, wheat and triticale grains with advancing maturity. In: Gechie, L.M. and Thomas, C. (eds) Proceedings of the XIIIth International Silage Conference, Ayr, UK, 11–13 September 2002, p. 222.

Stacey, W.N. and Rankins, D.L. Jr (2004) Rice mill feed as a replacement for broiler litter in diets for growing beef cattle. Journal of Animal Science 82, 2193–2199.

Staigmiller, R.B. and Adams, D.C. (1989) Free-choice grain and forage for early-weaned beef calves. Nutrition Reports International 39, 1053–1059.

Steen, R.W.J. (1993) A comparison of wheat and barley as supplements to grass silage for finishing beef cattle. Animal Production 56, 61–67.

Sullivan, J.T. (1973) Drying and storing herbage as hay. In: Butler, G.W. and Bailey, R.W. (eds) Chemistry and Biochemistry of Herbage. Academic Press, London.

Suparjo, N.M. and Rahman, M.Y. (1987) Digestibility of palm kernel cake, palm oil mill effluent and guinea grass by sheep. Proceedings 10th Annual Conference of the Malaysian Society of Animal Production, 230–234.

Tanksley, T.D. Jr (1990) Cottonseed meal. In: Thacker, P.A. and Kirkwood, R.N. (eds) Nontraditional Feed Sources for Use in Swine Production. Butterworth Publishers, Stoneham, Massachusetts, pp. 139–152.

Theurer, C.B., Huber, J.T., Delgado-Elorduy, A. and Wanderley, R. (1999) Invited review: summary of steam-flaking corn or sorghum grain for lactating dairy cows. Journal of Dairy Science 82, 1950–1959.

Thomet, P., Kohler, S., Stettler, M., Niemeyer, L. and Riedwyl, H. (2003) Extending the grazing season with turnips. Revue Suisse d'Agriculture 35, 249–253.

Thomson, N.A., Clark, D.A., Waugh, C.D., Poel, W.C. van der and MacGibbon, A.K.H. (2000) Effect on milk characteristics to supplementing cows on a restricted pasture allowance with different amounts of either turnips or sorghum. Proceedings of the New Zealand Society of Animal Production 2000, 320–323.

Thrune, M., Bach, A., Ruiz-Moreno, M., Stern, M.D. and Linn, J.G. (2009) Effects of Saccharomyces cerevisiae on ruminal pH and microbial fermentation in dairy cows: yeast supplementation on rumen fermentation. Livestock Science 124, 261–265.

Titi, H.H., Abdullah, A.Y., Lubbadeh, W.F. and Obeidat, B.S. (2008) Growth and carcass characteristics of male dairy calves on a yeast culture-supplemented diet. South African Journal of Animal Science 38, 174–183.

Toland, P.C. (1976) The digestibility of wheat, barley or oat grain fed either whole or rolled at restricted levels with hay to steers. Australian Journal of Experimental Agriculture and Animal Husbandry 16, 71–75.

Tommervik, R.S. and Waldern, D.E. (1969) Comparative feeding value of wheat, corn, barley, milo, oats, and a mixed concentrate ration for lactating cows. Journal of Dairy Science 52, 68–73.

Trenkle, A., Shu, H., Lonergan, E. and Parrish, F.C. Jr (1995) Effects of feeding soybeans on performance and fatty acid composition of muscle tissue of steers fed corn-based diets. Iowa State University Beef Research Report AS-630, 108.

Trommenschlager, J.M., Thénard, V., Faurié, F. and Dupont, D. (2003) Effets de différentes sources de complémentation azotée sur les performances de vaches laitières Holstein et Montbéliardes et les aptitudes à la coagulation des laits. Rencontres Recherches Ruminants 10, 382.

Tudor, G.D., McGuigan, K.R. and Norton, B.W. (1985) The effects of three protein sources on the growth and feed utilization of cattle fed cassava. Journal of Agricultural Science 104, 11–18.

Valentine, S.C. and Bartsch, B.D. (1986) Digestibility of dry matter, nitrogen and energy by dairy cows fed whole or hammermilled lupin grain in oaten hay or oaten pasture based diets. Animal Feed Science and Technology 16, 143–149.

Valentine, S.C. and Bartsch, B.D. (1987) Fermentation of hammermill barley, lupin, pea and faba bean grain in the rumen of dairy cows. Animal Feed Science and Technology 16, 261–271.

Valentine, S.C. and Bartsch, B.D. (1989) Milk production by dairy cows fed hammermilled lupin grain, hammermilled oaten grain or whole oaten grain as supplements to pasture. Australian Journal of Experimental Agriculture 29, 309–313.

Vashchekin, E.P. and Gagarina, T.A. (2005) Narrow-leaved lupin seed in the rations of breeding bullocks.

Kormoproizvodstvo 6, 30-32.

Veira, D.M., Proulx, J.G. and Seoane, J.R. (1990) Performance of beef steers fed grass silage with or without supplements of soybean meal, fishmeal, and barley. Canadian Journal of Animal Science 70, 313-317.

Vicenti, A., Toteda, F., Turi, L. di, Cocca, C., Perrucci, M., Melodia, L. and Ragni, M. (2009) Use of sweet lupin (*Lupinus albus* L. var. *multitalia*) in feeding for Podolian young bulls and influence on productive performances and meat quality traits. Meat Science 82, 247-251.

Voicu, D., Voicu, I., Hebean, V., Bader, L. and Călin, A. (2009) Bioproductive and economic effect of the safflower on steer performance. Archiva Zootechnica 12, 39-44.

Vuorenmaa, J. and Garcilópez, F. (2009) The benefits of hydrolyzed yeast in dairy cows. Albéitar 129, 50-51.

Waldo, D.R. (1973) Extent and partition of cereal grain starch digestion in ruminants. Journal of Animal Science 37, 1062-1074.

Ward, A.T., Wittenberg, K.M. and Przybylski, R. (2002) Bovine milk fatty acid profiles produced by feeding diets containing solin, flax and canola. Journal of Dairy Science 85, 1191-1196.

White, C.L., Hanbury, C.D., Young, P., Phillips, N., Wiese, S.C. et al. (2002) The nutritional value of Lathyrus cicera and Lupinus angustifolius grain for sheep. Animal Feed Science and Technology 99, 45-64.

White, C.L., Staines, V.E. and Staines, M.v.H. (2007) A review of the nutritional value of lupins for dairy cows. Australian Journal of Agricultural Research 58, 185-202.

White, T.W. and Davis, J.H. (1962) Source and level of nitrogen and energy for wintering and fattening weanling calves. Louisiana Agricultural Experiment Station, Rice Experiment Station 55th Annual Report, Baton Rouge, Louisiana.

Wilson, A.S. (1876) On wheat and rye hybrids. Transactions and Proceedings of the Botanical Society of Edinburgh 12, 286-288.

Yamasaki, S., Manh, L.H., Takada, R., Men, L.T., Xuan, N.N., Dung, D.V.A.K. and Taniguchi, T. (2003) Admixing synthetic antioxidants and sesame to rice bran for increasing pig performance in Mekong Delta, Vietnam. Japan International Research Center for Agricultural Science, Research Highlights2003, 38-39.

Yokoyama, M., Tsubaki, M., Asaoka, S., Umeda, T. and Koga, Y. (2008) Effects of a total mixed ration containing dried sweet potato on dry matter intake, rumen fermentation, and lactation performance in lactating dairy cows. Japanese Journal of Grassland Science 54, 148-152.

Yu, P. (2005) Potential protein degradation balance and total metabolizable protein supply to dairy cows from heat-treated faba beans. Journal of the Science of Food and Agriculture 85, 1268-1274.

Zahari, M.W. and Alimon, A.R. (2005) Use of palm kernel cake and palm oil by-products in compound feed. Palm Oil Developments 40, Malaysian Oil Board, 5-8.

Zhou, W., Wang, G. and Han, Z. (2009) Metabolism of flaxseed lignans in the rumen and its impact on ruminal metabolism and flora. Animal Feed Science and Technology 150, 18-26.

Zijlstra, R.T., Ekpe, E.D., Casano, M.N. and Patience, J.F. (2001) Variation in nutritional value of western Canadian feed ingredients for pigs. Proceedings 22nd Western Nutrition Conference, University of Saskatchewan, Saskatoon, Canada, pp. 12-24.

Zinn, R.A. (1993) Characteristics of ruminal and total tract digestion of canola meal and soybean meal in a high-energy diet for feedlot cattle. Journal of Animal Science 71, 796-801.

第5章
有机生产的牛品种选择

● 基因型在有机生产中的适用性

对于正处于有机生产转换期的农户通常会在获得有机认证之前继续沿用原有的奶牛或肉牛品种。这样做的优势在于这些牲畜已经适应了现有的资源和环境条件，同时农户也熟悉它们的生产性能。在过渡过程中可以评估这些牲畜在有机条件下的表现。如果它们能在经济上达到预期的生产目标，则可以继续使用。然而，若经济效益低于预期，可能与品种选择有关，农户应考虑引入更适应本地环境的牛种。

粗饲料的数量和质量通常是决定牲畜品种选择的主要因素之一，因为有机牛必须在粗饲料比例较高的日粮中仍能保持良好的生长和产量。根据欧盟法规的规定："在有机畜牧生产中，品种的选择应注重其适应当地环境的能力、活力和抗病性，并有助于促进生物多样性。"

在有机生产中，纯种牛和杂交牛都可以使用。一些生产者回归使用传统品种，这一做法有利有弊。传统品种的牛奶和肉类产品可能被标记为"原始"或"传统"，在市场营销中具有一定优势。这些品种通常更适应当地环境，且可能产出更高品质的牛肉，但其生长速度和胴体质量可能较低。Van Diepen 等（2007）在英格兰和威尔士的有机农场进行的调查列出了有机农场中使用的奶牛和肉牛品种。奶牛品种（包括杂交品种）有爱尔夏牛、默兹－莱茵－伊塞尔牛（马斯－莱茵－伊塞尔）、根西牛、英国弗里斯牛、新西兰弗里斯牛和娟姗杂交牛。肉牛品种（包括其杂交品种）有夏洛莱牛、夏洛莱杂交牛、阿伯丁安格斯牛、威尔士黑牛、威尔士黑杂交牛、南德文牛、北德文牛、利木赞杂交牛、海福特杂交牛、海福特牛、夏洛莱牛、弗里斯牛、安格斯杂交牛、西门塔尔牛、盖洛韦牛和腰带盖洛韦牛。这些数据表明，有机生产者对本地品种有较强的偏好。

优质奶牛应具备高繁殖力、良好的体型、强健的体质、稳定的泌乳能力（尤其适用于乳制品生产）、出色的母性本能（便于管理），以及在寒冷地区足够的脂肪储备以增强御寒能力。这些特征在选择适合本地环境的品种时起到了重要作用。

国际上有机牛肉和牛奶生产中可选择的基因型种类繁多，展示出显著不同的生产和胴体特征，并对日粮组成和饲养水平有不同的反应。因此，应根据所选动物的特定基因型来调整日粮方案和饲养计划。

家养牛通常可以分为三类：奶牛品种、肉牛品种和双用途品种（例如短角牛，既用于产奶又用于产肉）。尽管已经培育出专门的肉牛品种，但在一些国家，这三类牛都可以提供肉类生产，有时奶牛群可能会贡献相当大一部分（甚至全部）的肉类生产。

全球已识别出 800 多个牛品种，即牛属。南非种畜场和畜牧改良协会列出了全球用于产奶和产肉的 950 多个品种。家养牛可以大致分为两种类型，被视为两个密切相关的物种或同一物种的两个亚种。普通牛（*Bos taurus*）通常分布于欧洲、东北亚和非洲部分地区，适应较冷的气候。瘤牛（*Bos indicus*），也称为印度瘤牛，适应热带气候。普通牛（*Bos taurus*）和瘤牛（*Bos indicus*）的杂交品种在许多温暖地区广泛饲养，结合了两种祖先类型的特征。

有一些双用途牛品种，如蒙贝利亚德牛、诺曼底牛、短角牛和西门塔尔牛（瑞士斑纹牛）。它们在传统乳业中并不常见，但在有机乳业中可能变得重要。

在有机生产中，自然繁殖优先于人工授精，尽管后者在传统养殖中更常见。因此，公牛的可用性是一个重要的考虑因素。虽然有机生产者通常避免使用人工授精，但如果替代方案是显著的近亲繁殖（在小型牛群中尤其常见），则使用人工授精是合理的。

● 奶牛品种

根据 Zollitsch 等（2017）在 SOLID 项目（一个由欧盟资助的可持续有机和低投入乳品业欧洲项目）中所做的研究，理想的低投入或有机奶牛应具备以下特征。每单位体重能摄取常量饲料，能高效地将饲料转化为优质牛奶，在规定的繁殖季节内受孕，并能维持良好的健康状态。

在许多国家，荷斯坦奶牛是最重要的奶牛品种。其他用于有机生产的奶牛品种包括爱尔夏牛、瑞士褐牛、加拿大牛、荷兰白腰牛、根西牛、娟姗牛、凯瑞牛、默兹-莱茵-伊塞尔牛、乳用德文牛、乳用短角牛、挪威红牛、丹麦红牛、丹麦红花牛、西门塔尔牛和泌乳短角牛。这些品种中有些是双用途品种，而非专门的奶牛品种。

荷斯坦奶牛（弗里斯牛）

荷斯坦牛的显著特征是其优异的泌乳能力。多年来，这一品种在北美和欧洲占据了生产主导地位，人工授精技术的发展进一步提升了它的全球受欢迎程度。其典型特征是产奶量高，但乳脂含量相对较低。该品种起源于荷兰，最初叫荷兰黑白花牛，在美国称为荷斯坦-弗里斯牛，在 20 世纪 70 年代简化为荷斯坦牛。多年来，该品种发展出许多不同的品系。起初，这些牛有黑白相间或红白相间的毛色。由于优先选育黑白相间的品种，红色牛一度被排除在登记之外。但如今，红色基因再次被接受。

荷斯坦奶牛是一种大型动物，成年母牛的体重通常为 550～650 kg。而公牛的体重则超过 1 000 kg。由于体型较大，荷兰类型的荷斯坦牛通常被视为双用途品种，既适合生产乳制品，又适合肉类生产。虽然其肉质一般，但淘汰母牛的销售所带来的额外收入对乳制品企业总收入有重要贡献。

瑞士褐牛

瑞士褐牛（Brown Swiss）是全球第二大奶牛品种，仅次于荷斯坦奶牛（Holstein）。该品种最初从瑞士的 Braunvieh（布朗山牛，一种起源于阿尔卑斯山的本地品种）发展而来，在欧洲被视为双用途动物（用于奶和肉）。它最初也被用作役畜。这种中等体型的棕色品种以其温和的性格和较长的生产寿命而闻名。在屠宰时，它具有良好的产肉量，乳蛋白与乳脂的比例也较高，蹄子和腿部结构坚固。此外，它在炎热和潮湿地区有抗热应激的能力，并且在各种海拔高度下表现出良好的生产性能。

育种者的选择导致瑞士褐牛品种内部出现了两种基因上相似的类型，其中瑞士褐牛主要用于产奶，而 Braunvieh（或布朗山牛）则更多用于肉类生产。原有的特征得到了保持和改进。这些性情温顺的牛在家庭农场和大型商业运营中广泛使用。

娟姗牛

娟姗牛在世界许多地方是第二受欢迎的品种之一。它是四个著名奶牛品种中体型最小的一种。成年母牛的体重为 380～450 kg。该品种起源于泽西岛。娟姗牛的特点是体型小巧，乳房发育良好，良好的骨盆形状有助于减少产犊困难的发生率。体型小以及胴体脂肪呈现黄色，因此该品种不适合生产肉类。小牛犊也不适合作为肉牛。娟姗母牛以其良好的性情而闻名，但公牛则以极具攻击性而著称。

娟姗牛（Jersey）的最大特点是牛奶乳脂率极高。由于牛奶富含胡萝卜素，产自娟姗岛的娟姗牛奶呈现淡黄色。胡萝卜素是维生素 A 的前体（见第 3 章）。

如果需要高乳脂率或高产奶量的牛种，可以考虑选择该品种。娟姗牛的乳蛋白质含量也是所有乳制品中最高的。这在经济市场采用成分定价系统时具有重要意义。

根西牛

根西牛起源于根西岛。在许多方面，根西牛与娟姗牛有相似之处，两者都起源于海峡群岛。容易分娩和高乳脂含量的牛奶是其共同特征。在美国进行的研究表明，60% 的根西牛携带 κ-酪蛋白"B"基因。相比没有该基因的奶牛，这些动物的牛奶具有更坚实的凝乳、更大的体积和更好的奶酪特性，这对奶酪工厂来说具有更好的经济效益。

根西牛比娟姗牛体型大。成年母牛平均体重约为 450 kg。由于该品种的数量较少，公牛的可用性有限。

爱尔夏牛

这种红棕色和白色相间的品种起源于苏格兰西南部的爱尔夏。它是一种中型奶牛品种，成年母牛的体重为 450～500 kg。爱尔夏牛以其特殊的乳房结构而闻名，这种结构通常被认为是理想的。曾经因乳房结构问题而受到诟病，但通过繁殖工作已经改进，现在能够达到良好的乳房形态。当屠宰动物时，它们的体型能够提供良好的肉类产量。其产的牛奶呈白色，与荷斯坦牛相似，但具有相对较高的乳脂含量。与根西牛类似，由于种群规模较小，公牛的供应有限。

品种选择

欧洲最大的有机牛奶生产国家是德国、法国、奥地利和丹麦，其次是英国、瑞典和意大利。因此，了解这些国家所使用的品种非常重要。研究显示，荷斯坦奶牛在产奶量上表现出色，而瑞士褐牛的产量也很可观。然而，这些数据引发了一个重要问题：荷斯坦奶牛的高产是否适合有机农场，值得探讨。有机农场更关注牧草和饲料的高效利用，以及当地资源的可持续性，而非单纯追求最大化奶产量。因此，在选择牛品种时，饲料的数量和质量通常是决定因素，因为有机牛必须在饲料比例较高的日粮中健康成长并保持良好产量。

为了解答这一问题，Dillon 等（2003a，2003b）对比了"荷兰荷斯坦－弗里斯牛"、改良的"爱尔兰荷斯坦－弗里斯牛"、法国蒙贝利亚德和法国诺曼底奶牛在春季产犊的放牧系统中的表现。尽管这不是一个完全的有机系统，但因其生产基于饲料，已非常接近有机系统。这种生产方式是爱尔兰典型的牛奶生产方式，其特点是每头牛的产奶量相对较低，但生产成本也较低。据这些作者称，直到20世纪80年代中期，爱尔兰每头牛产奶量的遗传改良率较低（每年约0.5%），而北美的遗传改良率为每年1.5%。爱尔兰系统的目的是在泌乳期间让牧草在奶牛的总日粮中占据很大比例。因此，计划产犊日期与草生长期相吻合。这就形成了一个季节性产犊、以牧草为基础的生产系统，这是典型的有机乳牛场。

该研究意识到，不同品种的奶牛经过基因改良以实现不同的生产目标。例如荷斯坦牛（以前称为荷斯坦－弗里斯）等品种被培育用于获得高产奶量，而双用途品种如蒙贝利亚德和诺曼底则主要被培育用于奶和肉的生产。因此，荷斯坦牛、蒙贝利亚德牛和诺曼底牛在欧洲平均305 d产奶量分别为7 028 kg、5 836 kg 和 5 180 kg（Dillon 等，2003a）。

研究人员发现，饲料的化学分析和放牧测量结果典型地反映了爱尔兰春季产犊、以草为基础的系统。此外，对牧草化学成分分析和放牧后草地表面高度分析显示，奶牛每天可以获得足够数量的优质牧草。

生产结果汇总在表5.1和表5.2中，差异归因于相关品种的不同育种目标。

荷兰荷斯坦－弗里斯奶牛的产奶量、脂肪、蛋白质和乳糖含量最高；诺曼底牛的产量最低，而爱尔兰荷斯坦牛和蒙贝利亚德牛的产量介于两者之间。诺曼底牛的乳脂、蛋白质和乳糖含量最高。荷兰荷斯坦牛在哺乳期第12周至第40周的活体增重显著降低。荷兰荷斯坦－弗里斯牛和爱尔兰荷斯坦－弗里斯牛在哺乳期各阶段的体况评分（BCS）均低于蒙贝利亚德牛和诺曼底牛。荷兰荷斯坦－弗里斯牛与爱尔兰荷斯坦－弗里斯牛在哺乳期第4周的体况评分相似。在其他阶段，爱尔兰荷斯坦－弗里斯牛的体况评分更高。荷兰荷斯坦－弗里斯牛在泌乳前8周的体况评分下降显著高于其他三个品种。此外，从哺乳期第12周至第40周，蒙贝利亚德的体况评分增加高于荷兰荷斯坦－弗里斯牛。荷兰荷斯坦－弗里斯牛的干物质（DM）和有机物质（OM）摄入量估计值高于爱尔兰荷斯坦－弗里斯牛，而爱尔兰荷斯坦－弗里斯牛的摄入量估计值则高于蒙贝利亚德牛和诺曼底牛。这项研究结果表明，荷兰荷斯坦－弗里斯牛虽然产奶量最高，但这在很大程度上是通过在哺乳早期调动更多的体内储备和在哺乳中后期减少活体增重来实现的。

研究表明，不同品种之间的干物质（DM）摄入量存在较大差异，这与产奶量的饲料需求有关。例如，荷斯坦奶牛和诺曼底牛在草干物质摄入量上相差 13%。奶牛品种之间的干物质摄入量差异在之前的研究中也有报道。

虽然荷斯坦－弗里斯牛产奶量较高，但其整体繁殖性能低于爱尔兰荷斯坦牛和其他品种（表 5.3），这主要与受胎率有关。

较低的繁殖率主要由于生育能力较差，包括总妊娠率低和产犊到受孕的间隔较长。从繁殖开始到第 14 周结束，荷斯坦－弗里斯奶牛（26.3%）的未受胎率比爱尔兰荷斯坦奶牛（16.1%）和其他两个品种（蒙贝利亚德牛 8.8% 和诺曼底牛 8.1%）更高。同样，荷斯坦－弗里斯牛首次繁殖的受胎率低于蒙贝利亚德和诺曼底牛。与其他三个品种相比，荷斯坦－弗里斯牛从产犊到受孕的时间更长。其他研究人员发现，对产奶量的遗传选择可能会对繁殖性能产生负面影响。

爱尔兰人的研究还发现了另一个重要的差异，即这四个品种在生存能力上的差异。在完成 5 年生产期（即存活到 2 500 d）牛种中，荷斯坦－弗里斯牛、爱尔兰荷斯坦牛、蒙贝利亚德牛和诺曼底牛的比例分别为 20.6%、39.7%、49.2% 和 55.8%。这些结果表明，在季节性草地产奶系统中，高产奶的荷斯坦牛的繁殖性能和存活率较低。

回顾多个国家的主要乳制品生产系统后，可以确认，除了高产的荷斯坦奶牛以外，其他品种更符合有机生产的原则。这些系统的目标是全年保持高产奶量。例如，大多数欧盟和北美采用的是高投入/高产出的系统，占欧盟奶牛总数的 80% 以上，生产了约 85% 牛奶总量。该系统的特点是平均畜群规模较大，并采用专门化的奶牛场。牛群平均年龄较低，有助于提高更替和繁殖率。这些牛群大多使用专门的奶牛品种，其中荷斯坦－弗里斯奶牛占比达 95%。受益于较高的受精率和优良的饲养条件，牧场的载畜量通常较高。冬季饲料主要依赖玉米或青贮牧草，辅料有谷物、啤酒糟、甜菜浆和精饲料，全年产犊。冬季时，奶牛通常在室内饲养，秋季和春季也可能在夜间被关在室内。在欧盟最北部地区，冬季的室内饲养期可能长达 8~10 个月。大多数乳制品生产商的主要目标是确保每头奶牛每年产一头小牛。这意味着几乎所有的奶牛都通过农民或专业人工授精助手使用冷冻精液进行人工授精。在一些地区，胚胎移植等技术的应用也在增加。此外，为治疗生殖问题，有时也会使用激素。由此可见，许多国家的主要乳制品生产体系的目标与有机生产的目标有显著差异。

新西兰的乳品农场系统主要以放牧为主，这与其发展模式密切相关。全国奶牛群中约 45% 是新西兰荷斯坦－弗里斯奶牛，但这一比例正在逐渐下降。相反，娟姗牛、爱尔夏牛及其杂交品种的受欢迎程度在上升。荷斯坦－弗里斯奶牛数量减少的原因之一是其繁殖率的下降，这与爱尔兰的研究结果一致。与其他一些国家类似，新西兰也通过引入外来血统来提高奶牛的产奶遗传优势。然而，随着进口遗传资源在新西兰奶牛种群中占比增加，奶牛的繁殖率似乎有所下降。这种趋势表现为繁殖季节初期受孕的奶牛比例减少，以及总体存活率的下降（Verkerk，2003）。

品种问题带来了一个难题：像荷斯坦－弗里斯牛这样的高产奶牛能否在放牧系统中充分发挥其潜力。Kolver 和 Muller（1998）通过比较仅放牧与饲喂全混合日粮的高产奶牛的生产性能，研究了这个问题。饲喂全混合日粮的奶牛每天产奶 40 L/头，而只在优质草场放牧（满足食欲的条件下）的奶牛每天产奶 30 L/头。只放牧饲养的奶牛产奶量较低，主要原因是干物质摄入量不足。因此，可以得出结论，具有高遗传优势的奶牛在牧场系统中无法完全实现其遗传产奶潜力。其原因是牧场系统中的能量消耗较大，而完全依赖放牧时，奶牛的采食量较低，无法充分利用草场资源。因此，高产奶牛在放牧时需要补充精料，以实现其遗传产奶潜力，并减少在泌乳早期对身体储备的过度消耗。

澳大利亚研究人员 Grainger 和 Goddard（2004）在综述中得出有趣的结论：娟姗牛每单位活体重的消化道比弗里斯牛或荷斯坦牛大，这可能解释了它们摄食能力强的优势。这种增强的摄食能力和对粗饲料的更好消化能力，可能是娟姗牛在牧场系统中的优势。

在新西兰，Verkerk（2003）报告了进口荷斯坦-弗里斯基因型的两个问题。首先，单靠牧场饲养时，育成牛的生长速度难以达到国外水平。除非在日粮中添加大量补充剂，否则成年牛的体型通常低于其他国家的标准。其次，当牧场成为泌乳期的主要或唯一饲料来源时，这些国外基因型的牛易迅速消耗体内储备，并因过多能量分配到产奶而导致过度疲劳。

这些研究得出一个重要结论：高产奶牛品种和品系的奶牛并非有机生产者的首选畜种，除非农场能够提供大量浓缩饲料。Van Diepen 等（2007）列出了由多个有机机构和研究小组评估的有机奶牛育种的最重要特征（表 5.4）。

Nauta 等（2009）报告称，欧洲对荷兰品种，如默兹-莱茵-伊赛尔品种的偏爱日益增加。这种双用途品种在荷兰有机乳制品生产中已经占据了重要地位。它源于荷兰东南部和东部的默兹河（Maas）、莱茵河（Rijn）和伊塞尔河（Ijsel 或 Yssel）附近。在德国培育了一个类似的品种，称为"红斑牛"。该品种以产奶量高而闻名（在欧洲条件下，平均产奶量为 6 000 L，含 4.3% 乳脂和 3.5% 蛋白质），其乳蛋白质非常适合生产奶酪。这些品种现在被用作新西兰奶牛群的首次或二次杂交品种，以提高繁殖率、健康状况和乳蛋白含量。农民还观察到，使用这些杂交品种乳腺炎发病率有所下降。生长速度、饲料转化率、胴体产量和肉质与常用的双用途品种相似。Nauta 等（2009）还注意到"格罗宁根白脸"（格罗宁根白头）牛因其在低投入放牧系统中的高产奶量而受到偏爱。此外，该报告说，采用自然繁殖方式的比例显著增加，2005 年荷兰 326 名有机生产奶农中约有 24% 的奶农选择自然繁殖方式。有机乳品业对荷兰和其他本土品种的偏好可能是为了保留传统的本土品种，或向社会和消费者展示清晰且明确的有机标识。

关于在有机奶牛养殖中开展替代荷斯坦-弗里斯奶牛的纯种牛研究。在荷兰，研究了 8 种不同的品种，包括荷斯坦-弗里斯牛、荷兰弗里斯牛、瑞士褐牛、蒙贝利亚德牛、娟姗牛以及两用品种格罗宁根白头牛、默兹-莱茵-伊赛尔和弗莱克维牛（de Haas 等，2013）。研究显示，荷斯坦-弗里斯牛的产奶量最高，其次是瑞士褐牛和蒙贝利亚德牛（分别达到荷斯坦-弗里斯牛产奶量的 90% 和 82%）（表 5.5），而娟姗牛的产奶量最低（为荷斯坦-弗里斯牛产奶量的 61%）。不过，娟姗牛奶在蛋白质和脂肪含量上远高于荷斯坦-弗里斯牛。然而，娟姗牛奶在蛋白质和脂肪含量方面的卓越品质被体细胞

第5章 有机生产的牛品种选择

计数（SCC，乳品质指标，见第6章）的增加所抵消。其他关于常规生产的研究也报告了与SCC相关的发现，这可能是由于产奶量增加时的稀释效应（Berry等，2007；Villar和López-Alonso，2015）。此外，研究结果还显示，弗莱克维奶牛和格罗宁根白头奶牛的生育能力得分最高，而荷斯坦-弗里斯奶牛和瑞士褐牛的生育能力得分最低。

在奥地利进行了一项涉及瑞士褐牛和荷斯坦-弗里斯奶牛的研究（Horn等，2012），瑞士褐牛的产奶量更多，并且乳脂肪和蛋白质含量也更高，但其繁殖效率低于荷斯坦-弗里斯奶牛。

Rodríguez Bermúdez等（2017）最近的一项研究比较了西班牙北部有机奶牛场的荷斯坦牛、瑞典红牛、瑞士褐牛和荷斯坦杂交牛的乳产量，结果表明，与其他品种相比，荷斯坦-弗里斯牛产奶量更多，但乳脂肪和蛋白质含量明显低于其他品种，体细胞计数（SCC）差异不显著。

Boelling等（2003）建议，选择的品种应与农牧企业的类型相匹配，应考虑奶牛和公牛的可用性。娟姗牛相比南非的荷斯坦-弗里斯牛更耐高温，且觅食能力更强。因此，娟姗牛更适合于炎热地区，如南非的特兰斯瓦低地草原，同时也更适合大规模的乳品业。爱尔夏牛以善于觅食而著称，但其饲养环境不如荷斯坦-弗里斯牛和娟姗牛。动物通常能够适应新的环境，但这可能需要较长时间。因此，这些研究人员建议从气候条件相似的地区购买动物，最好是从附近地区购买。

许多乳制品生产大国已经制订了遗传选择计划的指标。一个活跃的研究领域是如何调整这些指标以适应有机生产，斯堪的纳维亚、瑞士、奥地利、德国和加拿大对此进行了研究（Rodríguez Bermúdez等，2019）。这一转变将更加注重牛的乳房健康、寿命和性情等功能性特征，而不仅仅是生产潜力。引入有机育种指标的一个挑战在于缺乏相关研究支持，因为有机乳品行业的规模相对较小。

在有机低强度生产条件下管理畜群时，品种选择的影响可能较小（Bieber等，2020）。一项针对德国和瑞典有机畜群的研究发现，当地品种和荷斯坦牛的产奶量差异在低强度条件下不如在集约化生产中那么显著。此外，当地品种在繁殖力、体细胞计数（SCC）、健康状况和高产奶量等方面，与现代荷斯坦牛表现相当，甚至略有优势。在集约化条件下，产奶量与繁殖能力和健康特征之间存在负相关。

表5.1 5年的季节性草场系统中品种对奶牛产奶量的影响（Dillon等，2003a）

	品种				
	荷兰荷斯坦-弗里斯牛	爱尔兰荷斯坦-弗里斯牛	蒙贝利亚德牛	诺曼底牛	差异显著性
泌乳期（d）	303	301	298	301	NS
产量（kg/头）					
产奶量	5 994	5 321	5 119	4 561	***
固体校正乳[b]	5 560	4 826	4 769	4 406	***
脂肪	232.9	198.7	194.8	181.9	***
蛋白质	202.8	178.3	178.7	164.3	***
乳糖	276.7	245.7	241.7	218.5	***

续表

	品种				
	荷兰荷斯坦-弗里斯牛	爱尔兰荷斯坦-弗里斯牛	蒙贝利亚德牛	诺曼底牛	差异显著性
含量（g/kg）					
脂肪	39.0	37.5	38.1	40.0	***
蛋白质	33.9	33.6	34.9	36.0	***
乳糖	46.2	46.2	47.3	47.9	***

[a]NS，不显著（$P>0.05$）；***，$P<0.001$。
[b]SCM=固体校正乳。

表5.2 5年的季节性草场系统中品种对奶牛日产奶量、采食量、日粮消化率和活体重变化的影响（Dillon等，2003a）

	品种				
	荷兰荷斯坦-弗里斯牛	爱尔兰荷斯坦-弗里斯牛	蒙贝利亚德牛	诺曼底牛	显著性
产奶量（kg/头）	23.6	22.0	20.3	19.0	***
GDMI（kg/头）	17.2	16.3	15.2	15.1	**
TDMI（kg/头）	18.4	17.5	16.4	16.2	**
GOMI（kg/头）	15.7	14.9	13.9	13.7	**
TOMI（kg/头）	16.8	15.9	14.9	14.7	**
DMD	0.791	0.792	0.792	0.791	NS
OMD	0.811	0.816	0.815	0.814	NS
活重（kg）	558	571	572	588	*
乳脂（g/kg）	39.0	37.5	38.1	40.0	***
效率参数					
SCM/kg DMI	1.17	1.12	1.14	1.11	NS
TDMI/100 kg 活重$^{0.75}$	3.30	3.09	2.87	2.80	***
TDMI/kg 活重$^{0.75}$	0.160	0.151	0.140	0.137	***

DMD，干物质消化率；GDMI，草干物质摄入量；GOMI，草有机物质摄入量；OMD，有机物质消化率；SCM，固体校正乳；TDMI，总干物质摄入量；TOMI，总有机物质摄入量。
[a]NS，不显著（$P>0.05$）；*，$P<0.05$；**，$P<0.01$；***，$P<0.001$。

表5.3 5年的季节性草场系统中品种对奶牛繁殖性能的影响（Dillon等，2003b）

	品种			
	荷兰荷斯坦-弗里斯牛	爱尔兰荷斯坦-弗里斯牛	蒙贝利亚德牛	诺曼底牛
产犊间隔日（d/年）	61.4	58.1	60.4	61.9
产犊到受孕（d）	99	87.3	82.1	82.9
单头奶牛的总产犊数	2.79	2.39	1.99	1.82

续表

	品种			
	荷兰荷斯坦-弗里斯牛	爱尔兰荷斯坦-弗里斯牛	蒙贝利亚德牛	诺曼底牛
妊娠率（%）	73.7	83.9	91.2	91.9
妊娠期（d）	284	281	288	287
动物存活到第2 500天（%）	20.6	39.7	49.2	55.8

表5.4 有机奶牛品种育种的最重要性状概述（VanDiepen等，2007）

性状等级	机构		
	瑞士有机农业研究所	英国苏格兰农业学院	荷兰路易斯·博尔克研究所
1	繁殖力	总抗病能力	繁殖力
2	细胞计数	抗乳房炎力	乳房健康
3	寿命	寿命	生产寿命长
4	饲喂草料后产出的牛奶	体细胞计数（抗亚临床乳房炎力）	高的产奶量
5	蛋白质和脂肪含量	母牛繁殖力	蛋白质和脂肪含量
6	乳房健康	饲料摄入量	乳房结构
7		脚和腿部力量	腿部质量
8		跛行易感性	
9		抗寄生虫感染力	
10		强健性/抗寒性	

表5.5 有机农场八个品种奶牛305 d产奶量比较（de Haas等，2013）

品种	数量（头）	小母牛（%）	产奶量（kg）	脂肪（%）	脂肪（kg）	蛋白质（%）	蛋白质（kg）	SCC 5~350 d	产犊间隔（d）
瑞士褐牛	97	20	6 802	4.26	290	3.49	238	1 692	415
荷兰弗里斯牛	38	44	4 962	4.43	220	3.55	176	1 719	389
弗莱克维牛	7	40	4 684	4.06	190	3.27	153	1 659	376
格罗宁根白头牛	75	26	4 785	4.22	202	3.51	168	1 768	380
荷斯坦-弗里斯牛	6 044	28	7 568	4.18	317	3.38	255	1 736	422
娟姗牛	327	31	4 616	5.98	276	4.03	186	1 761	406
蒙贝利亚德牛	21	15	6 232	4.12	257	3.38	210	1 659	387
默兹-莱茵-伊塞尔牛	221	26	5 747	4.26	245	3.51	202	1 737	391

杂交品种或纯种繁育

多位研究人员探讨了杂交奶牛在有机牛奶生产中的应用。例如，de Haas等（2013）

对113个荷兰有机农场开展了一项大规模研究，收集了15 015头奶牛的33 788次泌乳数据。研究显示，将荷斯坦奶牛与瑞士褐牛、荷兰弗里斯牛、格罗宁根白头牛、娟姗牛、默兹－莱茵－伊塞尔牛、蒙贝利亚德牛或斑纹牛进行杂交，虽然导致了产奶量下降，但普遍改善了繁殖力和乳房健康。

研究表明，杂交可带来杂种优势（heterosis），尤其在繁殖力、健康和存活率等低遗传力性状上表现突出，而这些性状通过遗传选择改良的速度较慢。生产性状（牛奶和蛋白质产量）具有中等遗传力，而产品质量性状（如乳脂和乳蛋白质含量）则具有最高的遗传力，更容易通过遗传选择改进。杂交优势的重要一点在于它补充了品种内的遗传改良。

尽管荷斯坦牛杂交可能带来优势，但Rodríguez-Bermúdez等（2019）指出了一些问题：(1) 其他品种的生产数据有限，难以精准评估；(2) 杂交育种管理复杂，农场主可能缺乏相应经验；(3) 杂种优势可能正负皆有；(4) 杂种优势无法完全遗传至下一代。

肉牛品种

主要肉牛品种包括利木赞（Limousin）、夏洛莱（Charolais）、西门塔尔（Simmental）、海福特（Hereford）和阿伯丁－安格斯（Aberdeen Angus）。这些品种在不同国家的分布差异较大，通常是利用奶牛群中的多余牛只来生产牛肉。小牛肉一般来自不能作为后备奶牛的犊牛。

全球有超过250种肉牛品种，它们在生长速度、繁殖效率、母性能力以及胴体和肉质表现方面各不相同。

英国培育了几个主要的肉牛品种，包括阿伯丁－安格斯牛（或安格斯牛，有黑色和红色品系）、海福特牛（有角和无角品系）和短角牛，海福特牛最初是双用途品种。与欧洲品种相比，英国品种通常成熟体型较小、成熟年龄较早、生长潜力较低，但总体胴体质量较高。一些本地品种，如苏格兰高地牛，因其在不利环境中的生存能力，以及提供牛奶、毛发和肉类的能力，正在被新西兰等国家评估。阿伯丁－安格斯牛、盖洛韦牛和红波尔牛等品种的一个显著特点是它们天生无角，这对于希望避免有角品种的生产者来说尤其重要。

欧洲牛品种包括夏洛莱牛、契安尼那牛、格菲牛、利木赞牛、曼安茹牛、萨莱尔牛和西门塔尔牛。这些品种可能最初为耕作和牵引用途而培育。与英国牛种相比，它们体型更大，成熟期较晚，身体构造更为瘦长。

表5.6展示了这些品种在生长速度、成熟体型、肉脂比（即零售产品产量）、初情期年龄和产奶量等方面的相对差异。一般而言，海福特×安格斯牛和短角牛的杂交品种表现出适中的生长速度和体型、较低的肉脂比、较早的初情期及中等产奶量。相比之下，格菲牛、曼安茹牛、萨莱尔牛和西门塔尔公牛的犊牛生长速度适中、成年体型较大、肉脂比较高、初情期生长速度适中、产奶量处于中等至较高水平。夏洛莱牛、契安尼那牛和利木赞牛的品种则表现出较高的生长速度和成熟率、肉脂比，较晚的初情期，以及较低的产奶量。

表5.7列出了各品种的出生体重、断奶体重、平均日增重和最终屠宰体重的平均值（Greiner，2002）。出生和断奶数据来自阉公牛和育成牛，而平均日增重和屠宰重仅是阉公牛的平均值。屠宰重校正到屠宰时的正常年龄，不同品种在这些特征上的显著差异是显而易见的。出生体重大（如夏洛莱）的品种通常断奶重较高，生长速度更快，最终屠宰体重更大。然而，这类品种的高出生重容易导致分娩困难，非辅助分娩率较低。研究证实，出生时体重过重是引起难产的主要原因之一。相比之下，在出生时较少发生难产的品种，如海福特牛×安格斯牛、短角牛和萨莱尔牛，其犊牛断奶后的存活率往往更高。

表5.6 选定肉牛品种的总体特征（Greiner，2002）

品种组	生长速度和成年体型	肥瘦比率	初情期年龄	牛奶产量
海福特 × 安格斯牛	×××	××	×××	××
夏洛莱牛	×××××	×××××	×××	×
契安尼那牛	×××××	×××××	××××	×
格菲牛	××××	××××	××××	××××
利木赞牛	××××	×××××	××	×
曼安茹牛	×××××	××××	××××	×××
萨莱尔牛	×××××	××××	××××	×××
短角牛	×××	××	×××	××××
西门塔尔牛	×××××	××××	×××	××××

×，最低，××××××，最高。

表5.7 选定肉牛品种的平均出生和断奶体重、日增重和最终屠宰体重（Greiner，2002）

品种组	无辅助分娩（%）	断奶存活率（%）	初生重（kg）	200 d 断奶体重（kg）	平均日增重（kg）	最终体重（kg）
海福特 × 安格斯牛	92.7	91.5	36.5	207.7	1.24	522.5
夏洛莱牛	86.8	89.5	39.2	217.3	1.31	554.1
契安尼那牛	88.4	89.3	39.4	208.2	1.19	509.8
格菲牛	94.1	91.0	38.0	206.8	1.21	512.1
利木赞牛	91.8	90.8	36.6	200.9	1.13	489.9
曼安茹牛	79.4	88.9	39.9	206.8	1.23	520.3
萨莱尔牛	95.2	91.7	36.7	210.5	1.22	520.7
短角牛	97.6	91.9	37.4	208.7	1.24	524.4
西门塔尔牛	89.2	88.8	38.5	207.7	1.24	520.7

胴体性状

阉牛后代胴体数据平均值见表5.8（Greiner，2002）。胴体重量与之前提到的最终体重高度相关。表中显示，在零售产品产量（即可销售牛肉重量占修整后胴体重量的百分比）表现较好的品种，通常大理石花纹评分较低，USDA"优质"质量等级百分比也较低（如契安尼那牛、利木赞牛）。大理石花纹评分用于衡量眼肌肌内脂肪含量，是食用品质的重要指标。相比之下，评分较高的品种在零售产品产量方面往往表现较差。胴体的脂肪厚度对零售产品产量的影响最大。尤其显著的是，随着脂肪厚度增加，因修整损失导致的可销售零售产品比例减少。因此，瘦肉较多的品种在零售产品产量方面表现更佳。眼肌面积是胴体肌肉总量的衡量标准，对零售产品产量有积极影响。品种间的这些差异表明，在育种计划中合理结合英国和欧洲大陆品种的特性，可以生产出胴体质量好、零售产品产量高的最终产品。

在有机生产中使用本地稀有品种时，需注意这些品种的胴体可能达不到常规动物的脂肪等级和体型标准。因此，它们的商业价值可能会降低，这些动物可能需要通过特殊渠道销售，而不是通过传统商业渠道。

表 5.8 选定肉牛品种的平均胴体数据（Greiner，2002）

品种组	胴体重量（kg）	脂肪厚度（cm）	眼肌面积（cm²）	零售产品收益率（%）	大理石花纹得分	美国农业部选择
海福特×安格斯牛	320.7	1.6	72.3	67.2	543	70.7
夏洛莱牛	338.8	0.9	81.3	70.2	523	58.9
契安尼那牛	313.9	0.8	80.0	71.9	448	27.5
格菲牛	311.1	1.0	77.4	70.2	507	45.2
利木赞牛	302.5	1.0	79.4	71.5	477	43.8
曼安茹牛	319.8	1.0	79.4	70.1	501	49.5
萨莱尔牛	320.7	1.0	77.4	70.0	515	44.5
短角牛	320.7	1.2	71.6	67.0	566	74.7
西门塔尔牛	315.2	0.9	76.8	70.1	510	63.4

周岁育成牛性状

周岁育成牛的生长和繁殖性能数据见表 5.9（Greiner，2002）。由 400 日龄体重最重的品种所生的育成牛往往具有较晚的初情期年龄。相反，由成熟体型较小的品种繁殖的育成牛往往在较年轻的年龄达到初情期（如海福特×安格斯牛）。然而，一些大型品种（如格菲牛、西门塔尔牛、萨莱尔牛）在未成熟时就进入初情期，特别是被选用于产奶用途的品种。育成牛的怀孕率并不完全受初情期年龄或 400 日龄体重的影响，因为这些研究中的大多数动物在管理下被允许以适当的速度生长，以确保它们能够在第一次繁殖季节开始前进入初情期。在管理强度较低的动物中，可能会出现不同的结果。

表 5.9 周岁育成牛选定肉牛品种的生长和繁殖性能（Greiner，2002）

品种组	400 d 重量（kg）	初情期表达（%）	初情期年龄（日龄）	妊娠率（%）
海福特×安格斯牛	153.7	97.3	366	80.1
原产地夏洛莱牛	153.1	87.0	393	81.0
改良夏洛莱牛	160.7	96.3	361	79.0
契安尼那牛	151	83.8	400	84.0
格菲牛	149.2	87.1	341	87.4
利木赞牛	147.5	88.0	391	83.7
曼安茹牛	154.9	90.6	370	92.8
萨莱尔牛	156.9	101.0	365	89.0
短角牛	158.2	95.8	359	89.0
西门塔尔牛	154.1	94.4	360	86.4

母牛繁殖性能

表 5.10 显示了弗吉尼亚州主要母牛品种的繁殖和遗传特性（Greiner，2002）。研究中使用同品种的公牛与母牛交配，记录小牛的表现信息以评估母性的特征。从体重较大的成年公牛所生的犊牛来看，它们的初生体重通常较重。然而，从自然分娩的比例来看，体重较重的犊牛并没有显著增加产犊困难的比例。这与早期研究不同，早期研究表明体重大的小牛更易需要助产。母性分娩难易度是一个重要特征，指的是特定公牛的后代在成为母牛后的分娩情况。表 5.10 显示，体型较大的母牛能产下较重的犊牛而不增加产犊困难。200 日龄断奶重（weaning weight at 200 days）可反映母牛的泌乳能力及犊牛的生长潜力。产奶量高、生长快的母牛（如格菲牛）的犊牛断奶体重大，而奶量较低的母牛（如利木赞牛）的犊牛体重较轻。受孕率、产犊难度和犊牛存活率均会影响每头母牛的平均断奶重（calf weaning weight per cow exposed）。在特性优良的母牛品种中，每头母牛参与繁殖时的犊牛断奶体重通常较高（如格菲牛、短角牛）。

表 5.10 选定肉牛品种的母牛繁殖性能（Greiner，2002）

品种组	犊牛成活率（%）	犊牛断奶（%）	无辅助出生犊牛（%）	犊牛初生重（kg）	200 d 犊牛重（kg）	每头繁殖母牛200 d 犊牛重（kg）
海福特×安格斯牛	88	79	87	39.9	228.6	181
夏洛莱牛	89	80	91	41.3	230	183.3
契安尼那牛	93	86	92	43.1	237.2	205.9
格菲牛	95	87	89	40.8	241.8	210.5
利木赞牛	89	82	88	39.9	219.5	180
曼安茹牛	94	86	89	43.5	236.8	203.7

续表

品种组	犊牛成活率（%）	犊牛断奶（%）	无辅助出生犊牛（%）	犊牛初生重（kg）	200 d 犊牛重（kg）	每头繁殖母牛200 d 犊牛重（kg）
萨莱尔牛	92	86	92	40.8	239	205.5
短角牛	93	87	90	42.6	240	208.7
西门塔尔牛	89	83	83	41.3	236.3	196.4

Kuehn 和 Thallman（2020）更新了不同杂交品种公牛的生产性能比较（表 5.11）。这些数值由美国肉类动物研究中心的遗传学家计算为预期后代差异（EPDs），为生产者在选择公牛以改进牛群特性时提供了参考。例如，经历高分娩难度的生产者可能会选择安格斯公牛，以降低犊牛的出生体重。

Jakubec 等（2003）报道了对捷克共和国 8 个肉牛品种的生长性能比较，数据如表 5.12 和表 5.13 所示。比较研究涉及安格斯牛、金色阿奎丹牛、夏洛莱牛、捷克花斑牛、海福特牛、利木赞牛、皮埃蒙特牛和西门塔尔牛。记录了初生、210 d 和 365 d 的活体重，以及从出生到 210 d、210～365 d 和从出生到 365 d 的平均日增重。金色阿奎丹牛在除出生重外的所有生长特征中均为最高。

这些结果显示，生长特征具有较大的整体遗传变异性，遗传水平范围在品种平均水平的 79%～154%。因此，生产者可以预期生长特征在肉牛品种内部和品种间存在较大变异。这些品种内部的差异可能与品种间的差异同样显著，因此品系选择与品种选择同样重要。

Strydom 等（2000）评估了几种非洲本土牛品种（*Bos taurus africanus*）的肉质特征。品种包括朋斯麻拉牛、阿菲利康纳牛和恩古尼牛，这些品种因其适应恶劣牧场条件的能力而被引入其他大陆。研究发现，它们具备高繁殖力、短产犊间隔、易分娩和抗蜱性能强。此外，研究指出，这些品种的食用品质与英国和欧洲品种相媲美，肉类嫩度高于瘤牛品种。

英国的国家有机牲畜数据库（NOLD）是有机养牛户的宝贵资源（Van Diepen 等，2007）。该平台由土壤协会生产者服务部门于 2001 年建立，旨在帮助生产者寻找有机品种替代品。生产者可以发布牲畜的购买或销售信息。

表 5.11 不同品种公牛平均生产价值比较（Kuehn 和 Thallman，2020）

品种	初生重（kg）	断奶重（kg）	周岁重（kg）	母乳（kg）	大理石花纹评分[a]	眼肌面积（cm²）	脂肪厚度（cm）	胴体重（kg）
安格斯牛	38.80	254.22	477.50	247.80	5.78	88.56	1.73	426.88
海福特牛	40.03	245.17	450.67	242.03	5.00	87.59	1.54	406.91
红安格斯牛	38.75	246.44	460.90	247.67	5.54	86.95	1.65	412.05
短角牛	40.94	238.07	448.39	246.85	5.14	88.95	1.39	406.96
南德文郡牛	40.12	237.93	441.12	250.12	5.25	89.01	1.27	388.99

第 5 章 有机生产的牛品种选择

续表

品种	初生重（kg）	断奶重（kg）	周岁重（kg）	母乳（kg）	大理石花纹评分[a]	眼肌面积（cm²）	脂肪厚度（cm）	胴体重（kg）
麦士德肉牛（肉牛王）	40.25	249.71	450.85	244.94				
婆罗门牛	43.44	260.36	451.94	247.94		86.82	1.31	400.82
布兰格斯牛	39.85	248.08	456.58	247.80				
圣格特鲁地斯牛	40.57	249.35	453.85	246.26	4.77	86.37	1.48	406.50
瑞士褐牛	40.48	242.39	448.62	253.58	5.17	94.62	1.23	398.45
夏洛莱牛	41.21	256.58	469.64	244.62	5.02	94.62	1.22	421.42
契安尼那牛	40.16	241.53	449.30	245.21	5.02	90.69	1.28	406.05
格菲牛	39.71	252.13	465.86	251.17	5.03	94.04	1.37	416.28
利木赞牛	39.71	250.03	454.94	245.48	5.02	95.07	1.37	415.46
曼安茹牛	39.85	236.16	431.02	243.07	4.80	93.40	1.15	396.68
萨莱尔牛	39.03	244.94	452.62	248.58	5.53	92.75	1.28	399.77
西门塔尔牛	40.21	254.90	471.27	247.62	5.17	93.40	1.30	419.24
塔朗泰斯牛	39.57	245.44	439.39	246.94				

[a] 400= 轻微程度的大理石花纹 = 选择质量等级；500= 小程度的大理石花纹 = 选择质量等级。

表 5.12 选定欧洲牛出生到 365 d 活重（Jakubec 等，2003）

品种	重量（kg）		
	出生	210 d	365 d
捷克花斑牛	33.3	234.1	375.8
安格斯牛	29.2	241.4	379.5
金色阿奎丹牛	35.1	275.1	424.4
海福特牛	24.0	195.5	308.3
夏洛莱牛	35.8	272.0	415.6
利木赞牛	29.2	216.0	348.2
皮埃蒙特牛	37.9	207.2	341.6
西门塔尔牛	28.3	260.7	418.5

表 5.13 选定欧洲牛出生到 365 d 日增重（Jakubec 等，2003）

品种	日增重（kg）		
	出生至 210 d	出生至 365 d	210～365 d
捷克花斑牛	0.96	0.94	0.91
安格斯牛	1.01	0.96	0.89
金色阿奎丹牛	1.14	1.09	1.03

续表

品种	日增重（kg）		
	出生至 210 d	出生至 365 d	210 ~ 365 d
海福特牛	0.82	0.78	0.73
夏洛莱牛	1.13	1.04	0.93
利木赞牛	0.89	0.87	0.85
皮埃蒙特牛	0.81	0.83	0.87
西门塔尔牛	1.11	1.07	1.02

双用途品种

如前所述，双用途品种因其符合有机伦理，已成为有机牛奶和肉类生产的首选。与专门产奶或产肉的品种相比，双用途品种更适合小规模有机农场。这些品种包括法国的蒙贝利亚德牛和诺曼底牛，前面提到的爱尔兰研究对此进行了讨论。研究表明，由于较低的替代成本、更高的牛肉价值和可接受的牛奶回报，蒙贝利亚德牛因其较低的饲养成本、更高的牛肉价值和可观的奶产量，在经济效益上表现更佳（Evans 等，2004）。

一些有机生产者对杂交动物的饲养表示担忧，因现有要求都针对纯种动物。因此，饲养方案需基于现有数据和最新研究制定。

比利牛斯褐牛在欧洲有着有趣的进化历程（Gibon 和 Revilla，2003）。20 世纪初，双用途的比利牛斯褐牛被引入法国和西班牙的比利牛斯山脉两侧，旨在改良当地的山区牛品种。在西班牙一侧，自 20 世纪五六十年代以来，这些牛种逐渐发展成为肉类和奶类生产的主要品种。然而，随着西班牙加入欧共体后，奶类生产逐渐减少并被放弃。如今，比利牛斯褐牛主要用于肉类生产，且能与其他品种竞争。在法国，引入褐牛是为了发展奶类生产，满足黄油和奶酪产业需求。因此，它们成为山麓和山谷地区奶牛的主要品种，结合小牛肉和奶类生产。尽管在大部分山麓农场，褐牛已被专门奶牛（如荷斯坦牛）取代，但在某些山谷，褐牛仍是主要品种，主要用于自制奶酪的奶类生产。研究表明，双用途品种具有多样性，能够根据环境和经济需求发展为更专业的品种。

在希腊，双用途品种同样展现了适应性。第二次世界大战结束后，无论通过精液还是活体形式，希腊政府、农民和公司大规模引入双用途品种。这是由于气候差异、缺乏奶牛产奶传统，以及城市居民对牛肉需求增加。随着对奶类和乳制品的需求增加，更多的荷斯坦－弗里斯品种被引进。据 Gibon 和 Revilla（2003）引用的数据表明，在更好的养殖条件下，荷斯坦牛生产力更高，因此，在低海拔地区比瑞士褐牛和西门塔尔牛更为普遍。然而，在高原地区双用途品种的产奶量与纯种荷斯坦奶牛相当，直到 20 世纪 90 年代初，其比例仍较高。从 20 世纪 80 年代末起，奶牛养殖逐渐集中于大城市及饲料生产有利的地区，尤其是玉米青贮。奶牛业的集中与配额限制使荷斯坦牛在与双用途品种竞争中占据优势，成为奶牛群的主导品种。然而，这些品种在希腊自然条件下的长寿和繁殖性状仍缺乏可靠信息。

第 5 章 有机生产的牛品种选择

双用途或奶肉兼用生产方式在全球广泛应用，尤其在发展中国家如拉丁美洲、印度和非洲的热带地区。在温带地区（尤其是发达国家），小农户也采用这种系统，欧洲有许多优质双用途品种。例如，法国、德国和奥地利的斑纹牛数量显著增加。

双用途品种在拉丁美洲尤为重要，该地区使用了瘤牛、克里奥尔牛以及欧洲品种的混合品种进行肉类和奶类生产。这些品种在该地区牛肉产量中占比达 78%，牛奶产量中占比达 41%。在一些国家，这些品种的牛奶产量甚至超过总产量的 90%。由于专门奶牛品种生产的成本高，其生产正在逐渐减少。双用途生产系统通常基于放牧和手工挤奶，母牛与犊牛共存。这些系统在天然和人工草地的利用、农作物残渣或浓缩饲料的补充使用、饮用水供应、健康控制措施和综合管理等方面存在不同程度的差异。与专门的奶牛生产系统相比，双用途系统具有多种优势：(i) 减少奶类和肉类价格波动的风险；(ii) 由于小牛吮吸，乳腺炎的发生率较少；(iii) 资本投资需求减少；(iv) 技术支持需求较低。无论是否考虑家庭劳动成本，双用途农场每头牛的净年收入均较高。

许多有机生产者倾向使用纯种牛，但为充分发挥杂种优势（杂交活力），肉牛应进行杂交。在常规生产中，奶牛通常是 F_1 代杂交牛，由两种纯种动物（如海福特×安格斯牛）杂交而得。这些杂交母牛再与第三个品种（如夏洛莱牛或利木赞牛）的选定公牛交配，进一步增强杂种优势，并赋予 F_2 代理想的胴体特征，便于作为肉牛出售。F_2 代动物不会进入繁殖群。

在多个国家，杂交作为提高商业肉牛生产效率的手段被广泛接受。在美国，约 70% 的常规肉牛市场为杂交牛。相比奶牛生产，肉牛生产中更普遍使用杂交技术。

通过精心设计的育种计划，可以最大化发挥杂交优势，匹配品种，利用母牛及其后代的互补性。使用两种不同品种的杂交母牛和选定的终端公牛可以达到接近最高性能的水平（Dickerson, 1969）。利木赞牛因其生长特性和瘦肉生产的优异表现，常被推荐为终端公牛品种（Fredeen 等, 1982a, 1982b）。此外，利木赞牛的后代小牛通常出生体重较轻，与其他欧洲品种相比，分娩困难发生率更低（Vissac 等, 1982）。

杂交的主要目标是提升母牛的繁殖力、犊牛的生长效率（如增重速度和饲料转化率），并优化屠宰胴体的市场价值（包括重量、长度、脂肪分布、皮肤及肉色）。从这一交配原则的描述可见，只有大型有机生产者才能定期生产此类优良牲畜。折中方案是在需要时根据当地法规的规定购买符合标准的公牛和杂交母牛。

有机生产者倾向于选择本土品种，因其通常比外来改良品种更适应当地环境。一些政府提供财政支持，鼓励使用传统品种。尽管这些品种存在于多个国家，但其数量通常较少。小农场使用纯种的缺点是繁殖群体规模不足，可能导致近亲繁殖，进而影响牲畜生产力。

当地自然环境是影响农户型有机生产品种选择的重要因素之一。

综上所述，牛肉生产通常基于奶牛群中除母牛外的剩余动物。例如，Nielsen 和 Thamsborg（2002）研究了丹麦有机牛肉生产中的奶公犊情况。在所有有机奶牛场出生的奶公犊中，8% 被宰杀，66% 出售至常规农场，6% 出售至其他有机农场，20% 留在原农场。然而，尽管 59% 出售公犊的农民愿意饲养，但主要问题是缺乏棚舍空间、回报率低以及饲料短缺。29% 的农场选择保留公犊，主要是出于希望实现完整生产系统。这些农民中大多数（66%）选择肉牛生产，因其对粗饲料的高利用率、适合边缘地区放牧及温顺性情。在59%保留公犊的农场中，边缘地区的饲草资源用于牛肉生产。但研究显示，大多数有机奶牛场出生的公犊未在有机农场饲养。因此，评估有机奶牛场的可持续性时，需考虑这一问题。

参考文献

Berry, D.P., Lee, J.M., Macdonald, K.A., Stafford, K., Matthews, L. and Roche, J.R (2007) Associations among body condition score, body weight, somatic cell count, and clinical mastitis in seasonally calving dairy cattle. Journal of Dairy Science 90, 637–648.

Bieber, A., Wallenbeck, A., Spengler Neff, A., Leiber, F., Simantke, C., Knierim, U. and Ivemeyer, S. (2020) Comparison of performance and fitness traits in German Angler, Swedish Red and Swedish Polled with Holstein dairy cattle breeds under organic production. Animal 14, 609–616.

Boelling, D., Groen, A.F., Sørensen, P., Madsen, P. and Jensen, J. (2003) Organic livestock production. Genetic improvement of livestock for organic farming systems. Livestock Production Science 80, 79–88.

de Haas, Y., Smolders, E.A.A., Hoorneman, J.N., Nauta, W.J. and Veerkamp, R.F. (2013) Suitability of cross-bred cows for organic farms based on cross-breeding effects on production and functional traits. Animal 7, 655–664.

Dickerson, G.E. (1969) Experimental approaches in utilizing breed resources. Animal Breeding Abstracts 37, 191.

Dillon, P.G., Buckley, F., O'Connor, P., Hegarty, D. and Rath, M. (2003a) A comparison of different dairy cow breeds on a seasonal grass-based system of milk production. 1. Milk production, live weight, body condition score and DM intake. Livestock Production Science 83, 21–33.

Dillon, P.G., Snijders, S., Buckley, F., Harris, B., O'Connor, P. and Mee, J.F. (2003b) A comparison of different dairy cow breeds on a seasonal grass-based system of milk production. 2. Reproduction and survival. Livestock Production Science 83, 35–42.

Evans, R.D., Dillon, P., Shalloo, L., Wallace, M. and Garrick, D.J. (2004) An economic comparison of dual-purpose and Holstein-Friesian cow breeds in a seasonal grass-based system under different milk production scenarios. Irish Journal of Agricultural and Food Research 43, 1–16.

Fredeen, H.T., Weiss, G.M., Lawson, J.E., Newman, J.A. and Rahnefeld, G.W. (1982a) Environmental and genetic effects on preweaning performance of calves from first-cross cows. 1. Calving ease and preweaning mortality. Canadian Journal of Animal Science 62, 35–49.

Fredeen, H.T., Weiss, G.M., Rahnefeld, G.W., Lawson, J.E. and Newman, J.A. (1982b) Environmental and genetic effects on preweaning performance of calves from first-cross cows. II. Growth traits. Canadian Journal of Animal Science 62, 51–67.

Gibon, A. and Revilla, R. (2003) Role and evolution of dual-purpose breeds in the Mediterranean areas. In: Djemali, M. and Guellouz, M. (eds) Prospects for a Sustainable Dairy Sector in the Mediterranean. Proceedings of the joint EAAP-CIHEAM-FAO Symposium on Prospects for a Sustainable Dairy Sector in the Mediterranean, Hammamet, Tunisia, 26–28 October 2000, pp. 252–261.

Grainger, C. and Goddard, M.E. (2004) A review of the effects of dairy breed on feed conversion efficiency – an opportunity lost? Animal Production in Australia 25, 77–80.

Greiner, S.P. (2002) Beef Cattle Breeds and Biological Types. Virginia Cooperative Extension Publication number 400–803, Virginia Polytechnic Institute and State University, Blacksburg, Virginia.

Horn, M., Steinwidder, A., Podstatzky, L., Gasteine, J. and Zollitsch, W. (2012) Comparison of two different dairy cow types in an organic, low input milk production system under Alpine conditions. Agriculture and Forestry Research 362, 322–325.

Jakubec, V., Schlote, W., Riha, J. and Majzlik, I. (2003) A comparison of growth traits of eight beef cattle breeds in the Czech Republic. Archiv für Tierzucht 46, 143–153.

Kolver, E.S. and Muller, L.D. (1998) Performance and nutrient intake of high producing Holstein cows consuming pasture or a total mixed ration. Journal of Dairy Science 81, 1403–1411.

Kuehn, L. and Thallman, M. (2020) Updated Across-breed EPD Tables Released. Beef Improvement Federation, North Mississippi Research and Extension Center, Verona, Mississippi.

Nauta, W., Baars, T., Saatkamp, H., Weenink, D. and Roep, D. (2009) Farming strategies in organic dairy farming: effects on breeding goal and choice of breed. An explorative study. Livestock Science 121, 187–199.

Nielsen, B. and Thamsborg, S.M. (2002) Dairy bull calves as a resource for organic beef production: a farm survey in Denmark. Livestock Production Science 75, 245–255.

Rodríguez-Bermúdez, R., Miranda, M., Orjales, I., Rey-Crespo, F., Muñoz, N. and López-Alonso, M. (2017) Holstein-Friesian milk performance in organic farming in North Spain: comparison with other systems and breeds. Spanish Journal of Agricultural Research 15, 1.

Rodríguez-Bermúdez, R., Miranda, M., Baudracco, J., Fouz, R., Pereira, V. and López-Alonso, M. (2019) Breeding for organic dairy farming: what types of cows are needed? Journal of Dairy Research 86, 3–12.

Strydom, P.E., Naude, R.T., Smith, M.F., Scholtz, M.M. and van Wyk, J.B. (2000) Characterisation of indigenous African cattle breeds in relation to meat quality traits. Meat Science 55, 79–88.

Van Diepen, P., McLean, B. and Frost, D. (2007) Livestock Breeds and Organic Farming Systems, Farming Connect Report for Organic Centre Wales. Available at: http://orgprints.org/10822/1/breeds07/pdf (accessed 3 December 2020).

Verkerk, G. (2003) Pasture-based dairying: challenges and rewards for New Zealand producers. Theriogenology 59, 553–561.

Villar, A. and López-Alonso, M. (2015) Udder health in organic dairy cattle in Northern Spain. Spanish Journal of Agricultural Research 13, e0503.

Vissac, B., Foulley, J.L. and Menissier, F. (1982) Using breed resources of continental beef cattle: the French situation. In: Barton, R.A., and Smith, W.C. (eds) Proceedings of the World Congress of Sheep and Beef Cattle Breeding. Dunmore Press, Wellington, pp. 101–113.

Zollitsch, W., Ferris, C., Sairanen, A. and Steinwidder, A. (2017) Organic and Low - Input Dairy Farming: Avenues to Enhance Sustainability and Competitiveness in the EU. Available at: https://onlinelibrary.wiley.com/doi/full/10.1111/1746-692X.12162 (accessed 23 September 2019).

第6章
有机生产体系的配套饲养程序

● 奶牛

从前面的章节中可以清楚地看到,有机奶牛养殖的核心目标与传统养殖不同,侧重于优化农场资源利用,而非单纯追求最大化产奶量。这导致了与传统奶牛养殖的两个主要区别:一是在动物的日粮中严重依赖饲草,同时使用自产饲料作为补充;二是偏爱兼用型动物,而不是高产动物。

牧场是奶牛和肉牛的天然饲料来源;因此,根据有机法规的规定,无论是放牧牧草或储存的粗饲料,都必须至少占有机动物日粮的60%。一些有机生产者的粗饲料使用水平甚至更高,在某些情况下,粗饲料是唯一的饲料来源。如果补充必要的矿物质和维生素,这一营养水平可能适合低产量牲畜。

德国是有机乳制品生产的领先国家之一。正如 Haas 等(2007)所报道的,该国的有机奶牛场尚未进入全粗饲料饲喂的阶段,这可能与德国的农场规模有关。有机农场的产奶量约为 7 000 kg/hm²。研究人员计算得出,生产该产量水平牛奶所需的土田面积为 0.96 hm²/头,其中 0.85 hm² 是农田,所需饲料地的面积为 0.11 hm²。他们的研究数据表明,以能量为基础(MJ NEL),6 737 kg/头的年平均产奶量所需能量的74%来自粗饲料,23%来自购买的精料,3%来自商业加工副产品,如酿造业的废弃谷物。

2000—2001 年的商业农场调查(Verkerk 和 Tervit,2003)显示,传统农场上新西兰奶牛的平均干物质(DM)摄入量主要是较高比例的粗饲料,由88.5%的放牧牧草、5.5%的牧草青贮、3.0%的玉米青贮、2.0%的外购牧草和1.0%的补充剂组成。

这些数据显示,虽然粗饲料是有机牛的主要饲料,但在许多国家,特别是奶牛,通常需要补充谷物和其他饲料。Weller(2002)对两种有机奶牛养殖系统进行了比较,一是依赖外购精料的高饲养密度模式,二是完全自给自足的模式。他发现,自给自足的系统在平衡日粮能量方面存在更多问题,导致产奶量降低、产犊后健康问题增多和繁殖性能下降。

在温带气候的国家,春季末、夏季和初秋使用放牧牧草,而在一些地区,如澳大利亚、新西兰和南美洲,可能通过全年放牧来发展养牛业。在一年中的某些时间,必须饲喂储存的牧草。在某些地区,饲料可能缺乏某些微量元素,需要通过补充必要的营养物质来弥补，如添加剂、饲料舔砖或矿物质盐砖。在北美的某些地区，土壤和牧场的碘含量较低，因此建议补充碘盐。

牧场通常以禾本科植物（如多年生黑麦草）为基础，混播草地中还含有白三叶等豆科植物，以固定大气中的氮，从而提高牧草的营养价值。当处于青绿和繁茂期时，这种饲草具有很高的营养价值，能够满足优质奶牛日粮的大部分营养需求。然而，要达到更高的产奶量，通常需要补充饲料，尤其是在牧草质量较低的情况。

无论是放牧的还是储存的饲草，为了达到预期的产奶量，饲草品质必须是高质量的。除了所用的品种外，混播草地的牧草品质还取决于其发育阶段、土壤和气候条件。利用第4章所示的植物生长信息，在牧草生长的适宜阶段收获牧草是获得高品质牧草的关键。

正如Kersbergen（2010）所指出的，营养学家将优质牧草定义为能够提供高水平可消化营养物质的饲料，并可能提高牛的摄入量，同时保持瘤胃健康。采食量是衡量牧草质量的良好晴雨表，因为最大限度地摄入牧草将有助于奶牛的健康和达到良好的产奶量。随着植物的老化，细胞内容物的含量（100%可消化）会下降，而细胞壁的含量则相应增加。随着牧草成熟度的提高，细胞壁在牧草中所占的比例逐渐增大，木质素的百分比（100%不可消化）增加，同时被瘤胃微生物消化的植物生物量减少。随着植物继续成熟，植物中的蛋白质浓度也会下降。更糟糕的是，随着牧草变得纤维化且不易消化，动物摄入大量饲料的能力也会降低，可用于产奶的营养物质进一步减少。因此，为了保持良好的生产水平和身体状况，最大限度地提高优质牧草的摄入量是所有乳制品生产者的首要任务。

爱尔兰的研究（Dillon，2010）表明，放牧留茬高度保持在3.5~4 cm可以最大限度地提高草产量。优质牧草的产量应为1 250 kg/hm^{2}干物质。通过使草场处于生长状态，绿色草场会生产出更高质量的牧草。放牧前高度应为8~9 cm（三叶草）；如果将其放牧至3.5~4 cm，则产量将达到16 t/ha。应该避免让草结籽。当所有可用的草地都被利用时，可以使用电动围栏来分配草地，以12 h为基础。研究还表明，当奶牛被限制在两个放牧时间段，每次3 h，97%的时间用于游走；而当奶牛被允许24 h放牧时，只有41%的时间用于游走。放牧前的目标产量应在1 200~1 500 kg/hm^{2}干物质。

许多有机生产者认为，仅喂粗饲料即可获得令人满意的产奶量。因此，回顾一下对该问题的研究结果是有必要的。

澳大利亚的Stockdale（1999）提供的数据可供参考。这项研究涉及3个短期试验，试验对象为仅饲喂牧草的弗里斯兰奶牛或每天补充5 kg/头干物质谷物颗粒料（75%大麦，25%小麦）、混合颗粒料（50%羽扇豆种子，25%大麦，25%小麦）或干草。试验1中使用的干草为紫花苜蓿，而试验2和试验3中使用的干草分别为灌溉地的一年生牧草和多年生牧草。奶牛以条状放牧的方式采食经灌溉的牧草，每头奶牛每天采食约30 kg干物质的牧草。试验前，奶牛的平均产奶量分别为30 kg/d、25.6 kg/d和16.9 kg/d，哺乳天数分别为105 d、114 d和222 d，奶牛的年龄分别为6岁、6岁和7岁。

主要结果如表6.1和表6.2所示。

补饲显然是有益的，能显著增加产奶量。其中，羽扇豆种子+谷物补饲在产奶量和对额外饲料消耗的边际回报方面表现最佳,而干草组的数值最低(每增加 1 kg 干物质的补充剂,分别额外增加 1.4 kg、1.7 kg 和 0.9 kg 牛奶)。

乳固形物产量与产奶量的反应类似。这主要是因为没有任何一种补充剂对牛奶蛋白质含量有显著影响。两种谷物补饲均降低了乳脂含量,但影响较小。

当只允许放牧或补充干草时,奶牛的体况变差,表明这些饲料的营养不足。如果试验持续整个泌乳期而不是仅 5 周,这些影响可能会更明显。从放牧结果可以清楚地看出,奶牛如果只允许吃草,则增加牧草的摄入量,以弥补日粮中较低的营养成分浓度。

综上所述,日粮中补充羽扇豆种子与谷物的奶牛的总采食量最高,在三种补充饲料中,添加羽扇豆种子与谷物的饲喂效果最好。

在解释上述结果时,补饲的优越性似乎主要源于其较高的蛋白质含量。然而,Stockdale(1999)得出的结论是,这种补充剂的效果最好,主要是因为其能量浓度较高,而不是因为它含有更多的蛋白质。他解释道,表 6.2 中所示的数据表明,每个处理组奶牛所摄入的蛋白质量足以满足其需求。然而,谷类与谷类+羽扇豆种子补饲的能量浓度(代谢能,MJ/kg 干物质)非常相似,进一步分析这四个处理组的能量和蛋白质总摄入量,可能有助于解释研究结果。Stockdale(1999)为其能量的解释辩护,他认为谷物+羽扇豆种子补饲与谷物补饲的不同之处在于其提供能量的形式。谷物+羽扇豆种子补饲含有高达 50% 的淀粉和更多的酸性洗涤纤维(ADF),这可能对瘤胃功能有益。四个处理组的代谢能、粗蛋白(CP)和中性洗涤纤维(NDF)的浓度如表 6.2 所示。

Kolver 和 Muller(1998)的研究提供了更多关于单靠粗饲料是否能够为生产令人满意的牛奶提供所有必要营养物质的信息。他们对高产奶牛进行两种饲养方式的比较:一种是用牧草饲养,另一种是用含有精料的混合日粮饲养。饲喂全混合日粮的奶牛产奶量为 40 L/(头·d),而只在牧场放牧(满足食欲)的奶牛产奶量为 30 L/(头·d)。仅食用牧草的奶牛产奶量较低,主要是由于干物质摄入量较低。因此,得出的结论是,具有高遗传价值的奶牛不能仅靠牧草实现其遗传产奶潜力。其中的原因包括,在放牧牧场系统的能量消耗更大,以及奶牛在完全饲喂蓬松的饲草时,其采食量较低。因此,高产奶牛放牧牧场必须补充精料,以实现其遗传产奶潜力,并减少在泌乳早期调动过多的身体储备。

表 6.1 补充饲料类型对放牧奶牛产奶量的影响(Stockdale,1999)

指标	补充饲料类型			
	无(仅牧场)	谷粒	羽扇豆种子+谷物	干草
饲料采食量[kg DM/(头·d)]	31	32	32	32
放牧后牧草高度(cm)	3.7	4.2	4.1	4.1
放牧后的草地生物量(t DM/hm^2)	2.21	2.44	2.40	2.41
牧草采食量[kg DM/(头·d)]	14.0	12.5	12.8	12.7
补饲料摄入量(kg DM)				
春	0	4.6	4.9	2.8
夏	0	4.9	5.0	4.8

续表

指标	补充饲料类型			
	无（仅牧场）	谷粒	羽扇豆种子+谷物	干草
秋	0	5.0	5.0	4.0
总采食量[kg DM/（头·d）]	14.0	17.4	17.8	16.6
牛奶生产				
产量[kg/（头·d）]	18.2	22.9	24.0	20.1
脂肪校正乳[kg/（头·d）]	18.5	23.3	24.4	20.6
乳脂含量（%）	4.26	4.22	4.21	4.27
乳蛋白含量（%）	3.16	3.26	3.21	3.13
脂肪+蛋白产量[kg/（头·d）]	1.30	1.67	1.74	1.45
体况评分变化（单位）	−0.28a	0.17	0.15	−0.16
体重变化（kg/d）	0.09	0.42	0.40	0.19

表 6.2 饲喂 3 种不同补充饲料的放牧奶牛消耗精料营养成分（Stockdale，1999）

	试验 1	试验 2	试验 3
只有牧草的处理组			
可代谢能量（MJ/kg DM）	11.3	8.8	10.6
粗蛋白（%DM）	21.9	17.1	16.4
中性洗涤纤维（%DM）	33.6	54.2	44.3
谷物补饲处理组			
可代谢能量（MJ/kg DM）	11.7	9.9	11.4
粗蛋白（%DM）	19.3	15.6	14.7
中性洗涤纤维（%DM）	30.2	44.2	37.0
羽扇豆种子+谷物补饲处理组			
可代谢能量（MJ/kg DM）	11.8	10.1	11.6
粗蛋白（%DM）	21.7	18.1	18.0
中性洗涤纤维（%DM）	30.5	44.4	36.4
干草补饲处理组			
可代谢能量（MJ/kg DM）	11.1	9.3	9.8
粗蛋白（%DM）	21.7	16.6	14.8
中性洗涤纤维（%DM）	35.3	48.8	50.0

混合放牧

如上所述，有机畜牧业的主要目标是以可持续和有效的方式，尽可能天然地最大限度地利用农场资源。实现这一目标的一个重要系统是多物种放牧，即在特定生长季节同时或分别在同一块土地上使用两个或多个牲畜物种的做法（Blair，2016）。

不同牲畜对牧草的选择性和采食层次存在差异。了解不同物种的放牧行为后，可以利用不同的动物组合，更有效地利用牧场中的牧草。在不同的牧场上放牧牛、绵羊和山羊，可以消耗所有类型的可食植物，从而更有效地利用粗饲料和牧草。

在这方面需要进一步研究，以便为有机生产者提供更具体的实施指南。目前，生产商需要测试几种不同的系统，直到找到最满意的方案。研究结果（Coffey，2001；Pennington，2019）表明，多物种放牧能够更有效且一致地利用牧场，但其效果会因牧场类型、土地类型和气候条件而异。多物种放牧可以更有效地利用包括禾草、杂类草和灌丛草地在内的土地。在崎岖山地，山羊和绵羊比牛更具放牧适应性。它们也比牛能摄入更多的杂类草和灌丛嫩枝，因为绵羊和山羊适应在相对平坦的牧场周围的高低不平的边界上放牧。

多样化的地形也适合多物种放牧。牛更喜欢吃禾草，通常偏爱缓坡地。均匀分布禾草的草地最适合牛采食。

猪不适合放牧，因为它们会扒根和拱地，使草地不适合放牧，除非安装鼻环。此外，哺乳小猪的母猪容易攻击它们认为的有威胁的行为。公猪通常攻击性强，单独圈养时更容易管理。树木繁茂的地区可以用栅栏隔开，非常适合在户外养猪。

在多物种放牧体系中，还可以纳入家禽。与反刍动物相比，禽类对植物材料的利用率要低得多，但会摄入其他牲畜不食用的种子、蚯蚓和昆虫等，并分解粪堆以帮助分解。如果农场有湖泊或池塘，建议在物种组合中添加水禽以及鱼类，以充分利用水资源。鹅也可以充当"看门狗"。

多物种放牧可以提高牧草利用率5%～20%，主要取决于植被类型、土地类型和所使用的动物组合。草、杂类草和牧草的结合，为更有效地利用多种物种放牧提供了条件，有时每公顷的肉类产量会增加20%以上。

正如Pennington（2019）所解释的那样，牛通常是中型食草动物。它们主要以禾草和豆科草为食，用嘴和舌头采食。牛和马比绵羊和山羊等小型反刍动物更喜欢禾草；而绵羊和山羊则更偏好杂类草（其中许多是杂草），山羊更喜欢嫩枝。

研究表明，绵羊可以在牛粪堆附近吃草，而牛则会避开这些粪堆。这使得牧场的利用更加均衡，提高了牧场的承载能力和生产力。

用牛和小型反刍动物进行多物种放牧的一个显著好处是改善灌木丛和杂草的控制。绵羊和山羊能够吃掉牛不喜欢的杂草和嫩枝。在某些地区，一些杂草如叶刺和云雀对牛是有害的，但绵羊可以安全食用。通过使用绵羊来控制这些杂草，可以为牛提供更安全的牧场，并更好地利用现有的资源。

研究表明，增加山羊的放牧可以减少牛场中的灌木和阔叶杂草，从而对牛有益，这也促进了禾草的生长。山羊放牧有助于控制黑莓、野蔷薇、金银花等杂类植物。这是一种简单且成本效益高的牧场改造方法。同样的原理也适用于绵羊，尽管绵羊不太可能清除木本植物，但在控制几种杂草方面相当有效。

多物种放牧系统的另一个好处是能够有效控制绵羊和山羊体内的寄生虫。蠕虫感染是绵羊和山羊的主要问题，尤其是在限制或禁止使用化学药物处理的有机牧场。受感染动物的虫卵沉积在牧场的粪便中，虫卵孵化后，幼虫被放牧动物摄入，导致再次感染和重复感染的循环。如果不进行治疗，寄生虫的密度将增加。多数寄生虫具宿主特异性，即牛寄生虫仅感染牛，羊寄生虫仅感染羊。因此，牛可以在受感染的牧场上放牧，摄入绵羊的蠕虫幼虫，从而防止其感染绵羊。在放牧系统中，牛和羊相互跟随时，这是最有益的。然而，山羊和绵羊有共同的寄生虫，因此同时放牧并不能改善寄生虫污染。

由于寄生虫卵沉积在粪便中，而幼虫只能沿着草叶向上移动很短的距离，因此较高的动物（远高于地面）不会摄入虫卵或幼虫。因此，有充足嫩枝可供采食的山羊感染寄生虫的可能性要小得多。然而，如果山羊被迫在地面吃草，可能会感染严重的寄生虫。

绵羊和山羊的胃肠道寄生虫无法在牛体内存活（反之亦然），因此多物种放牧可有效降低寄生虫传播风险。建议首先用牛放牧那些感染大量绵羊和山羊寄生虫幼虫的牧场，以尽可能多地清除寄生虫幼虫，从而减少绵羊和山羊的感染风险。生产者可以就这一重要问题寻求兽医的建议。

确定有机养殖业可以接受的有效寄生虫控制药物仍然是一个紧迫的研究领域。同时，培育对寄生虫具有更强抗性的绵羊和山羊也是一个相关领域。此外，多物种农场系统内的野生动物可能是多种病原体的携带者，这些病原体可传播给牲畜，也可能传播给农场员工，因此在这一问题上需要征询兽医的意见。

多物种放牧的一个潜在问题是补充微量矿物质。对于绵羊来说，铜含量充足的矿物质补充剂可能不适合牛，而对牛，最好的矿物质补充剂可能对绵羊有毒。因此，应采取预防措施，为绵羊和牛提供单独的矿物质补充剂。

营养补充剂

从前文可以清楚地看出，放牧或舍饲的奶牛可能需要在繁殖周期的某些阶段额外补充饲料。一个主要的问题是如何计算所需补充剂的数量和组成。对于猪和家禽，通常采用含有混合原料的标准配方，其成分是根据饲料原料营养成分的平均值来计算的。然后，可以购买适当的饲料、矿物质和维生素，并将其添加到自己种植的谷物中。类似的标准配方也可用于奶牛，但由于粗饲料营养质量的差异，不建议普遍使用，如表6.3所示。

为了制定一种精确的混合饲料，必须使混合料中的营养成分与奶牛的需求相匹配。这并不能针对每只动物做到，因此应在哺乳期和繁殖期的不同阶段对奶牛进行分组管理。

在评估饲料中的营养成分时，重要的第一步是对饲料进行营养成分分析。如前所述，牧草和粗饲料的营养成分差异很大，这取决于牧草种类、农艺条件、收获成熟度和储存方法等。这种差异过大，不能使用统一的混合饲料，并且由于粗饲料在日粮中所占比例非常高，任何误差都会被放大。因此，在使用前，需要对粗饲料的代表性样品进行实验室分析，以便计算混合料的组成和营养水平。实验室分析提供的重要信息包括纤维和蛋白质含量。Cherney 等（2009）认为 NDF 含量是最有价值的质量衡量指标。根据这些作者的说法，泌乳奶牛的最佳 NDF 范围相对较窄，但目前还没有可靠的方法来估计禾草和苜蓿-禾草混合草的纤维含量，以便于适时收割。粗饲料收获和储存后，必须在用于配制日粮之前测定 NDF。苜蓿和禾草的最佳 NDF 含量分别为 38% 和 50%。这些作者发现，随着粗饲料含量从 50% 增加到 80%，产奶量呈线性下降。当粗饲料来源不变时，随着粗饲料比例从 50% 增加到 80%，NDF 摄入量保持不变，这表明 NDF 摄入量是干物质摄入量和产奶量的可靠预测指标。通过了解 NDF 和干物质值，可以使用标准方程预测泌乳净能（NEL）和总可消化营养素（TDN）的含量。类似的方法也可以用于计算肉牛饲养的生长净能（NEG）值。

关于粗饲料分析报告的价值，Kersbergen（2010）提出了进一步的看法。他建议密切关注 ADF 和 NDF 水平。ADF 有助于预测粗饲料的有效能，NDF 则有助于预测采食量。粗饲料应占奶牛日粮的 60%～100%，以维持瘤胃的健康和功能，这是有机牛饲养规定的范围。他建议，如果饲料品质较差，牛通常可以摄入其体重的 0.8%～1% 的 NDF；而如果饲料品质较高，则可以摄入其体重的 1.2% 的 NDF。在管理良好的牧场中，这一比例可能会更高（NDF 占体重的 1.4%）。优质粗饲料将使奶牛摄入相当于其体重 3.5%～4% 的饲料（以干物质计）。

图 6.1 展示了一个有机饲料分析报告的示例，指出了生产者可以用作目标值的一些分析参数（R.Kersbergen，缅因大学合作推广，2010 年）。其中包括 232 g/kg 的粗蛋白、377 g/kg 的 NDF 和 277 g/kg 的 ADF（干物质基础）。

从分析报告中可以看出，粗饲料品质很高。根据报告的粗蛋白水平，这种饲料包含一些豆科牧草。除了分析结果外，报告还提供了在不同生产水平下预测的 NEM、NEG 和 NEL 值，这些值是根据 NRC（2001）方程预测的。

有了这些信息，再加上品种和/年龄信息，就可以制定出完整的日粮。以下资料用于配制成熟的娟姗牛的示例日粮（R.Kersbergen，2010）：（i）动物类型：泌乳奶牛；（ii）品种：娟姗牛；（iii）年龄：37 个月；（iv）空腹体重：450 kg；（v）怀孕天数：15 d；（vi）体况分数：2.60；（vii）第一次产犊时的年龄：22 个月；（viii）产犊间隔：13 个月；（ix）产奶量：20 kg/d；（x）乳脂率：45 g/kg；（xi）乳蛋白：32 g/kg；（xii）当前温度：16℃。根据这些粗饲料和动物资料配制的日粮如表 6.4 所示。

使用康奈尔净碳水化合物和蛋白质体系所得到的日粮是一种优质的混合饲料，可以作为全混合日粮喂养，含有将近 70% 的粗饲料。日粮提供的营养成分如表 6.5 所示，能量、可代谢蛋白质、蛋氨酸、赖氨酸、钙、磷和钾的含量略有过剩。营养成分略微过剩通常比不足要好，因为营养不足会限制生产或影响体况。

计算机程序预测的干物质摄入量为 15.1 kg/d，实际摄入量为 15.4 kg/d（表 6.4）。日粮提供的能量和可代谢蛋白质可使产奶量达到 20.5～21.0 kg/d，略高于配制日粮之前测得的实际产奶量。

值得注意的是，奶牛的营养需求并非静态，而是随着泌乳期的不同而变化。因此，在任一阶段使用的混合饲料都必须以该阶段所需的营养成分为基础。在生产高峰期，奶牛需要的蛋白质和能量可能是妊娠后期的 3～10 倍。一个棘手的问题是，在生产高峰期，牛的自由采食量（食欲）可能低于满足营养要求所需的摄入量。奶牛在产犊后 12～15 周才会达到最大干物质摄入量。由于乳汁中蛋白质含量约为 270 g/kg，因此在泌乳初期对蛋白质的需求显著增加。除数量充足外，日粮中的蛋白质应提供最佳的瘤胃可降解蛋白质与瘤胃不可降解（过瘤胃）蛋白质比例。高产奶牛的推荐比例约为 60：40（娟姗牛日粮中为 57：43）。

同样重要的是，奶牛的日粮中要提供充足的钙和磷，因为牛奶中的钙和磷含量很高。对于一头娟姗牛，推荐的钙和磷摄入量分别为每天 50～65 g（可吸收钙）和 35～55 g（可吸收磷）。

繁殖期可以分为不同阶段，营养需求也各有不同，因此在每个阶段应适当喂养。

第一阶段通常被认为是在产犊后的头 6～10 周。在此期间，奶牛的采食量低于最佳水平，而产奶量达到峰值。奶牛会动用机体储备来弥补营养摄入的不足。第二阶段是产犊后 6～14 周，此时采食量达到最佳水平，营养需求与供给平衡。第三阶段是剩余的泌乳阶段，此时采食量超过机体所需，多余的营养为下一次泌乳做储备。

有机农场主通常采用两种主要策略，以确保泌乳期间恰当的饲养：(ⅰ) 挑战式饲养；(ⅱ) 阶段性饲养。第一阶段采用挑战式饲养。即无论产量如何，给每头奶牛投喂与粗饲料相匹配的补充量，并根据每头牛的产量上下调整饲喂量。这一策略在第二阶段继续实施，此时每头奶牛的饲喂量与其产奶量相匹配。采用这一策略意味着每头奶牛都需要单独饲养，除非有自动化设备，否则在大型奶牛群中实施较为困难。然而，这可以节省饲料，并减少因过度饲养导致奶牛肥胖的风险。

阶段性饲养是另一种可采用的方法。在泌乳早期（第一阶段），饲喂高质量的混合料，随后在第二阶段用低质量的混合料替代。挑战式饲养可能是有机农场主采用的更简便的方法。

在干奶期，饲养目标是确保每头奶牛在下一次分娩时处于良好状态，但不要过胖。优质的粗饲料可以满足这一阶段的营养需求，但在妊娠的最后 3～4 个月可能需要额外补充营养。

牛天生适合放牧和吃草。因此，通常建议放置饲料槽，使奶牛以类似于放牧的姿势进食。奶牛低头进食时会产生更多的唾液，这有助于缓冲瘤胃中过量的酸性物质。通常建议，饲料槽应比奶牛站立的地面高出 10～15 cm。

在干奶期，可能需要限制喂养，以避免奶牛过于肥胖，从而导致泌乳早期的代谢紊乱。然而，通常建议在产犊前的最后 6～8 周逐渐增加营养补给量，以帮助奶牛在泌乳开始时适应较高的饲料摄入量，从而尽量减少或避免在泌乳期产生能量负平衡。对于后备小母牛，通常建议采用类似的方法，使其达到成年体格而不至于过于肥胖。公牛的饲养方法与小母牛相似，但由于其生长速度较快，因此需要更多的饲料。成熟的公牛主要依靠粗饲料维持，少量补充精料。

表 6.3　饲喂高、中、低蛋白质含量的粗饲料的奶牛建议补充的混合料（Chiba，2009）

项目	高蛋白质		中蛋白质		低蛋白质	
	示例 1	示例 2	示例 1	示例 2	示例 1	示例 2
配料（g/kg，风干基）						
玉米颗粒		700			500	
粉碎的玉米穗	920		740	780		610
粉碎或压片的燕麦		280				
麦麸					230	
糖蜜						60
豆粕	60			200	240	300
大豆，破碎			240			
磷酸氢钙	10	10	10	10	10	10
重质碳酸钙					10	10
微量矿物质、盐和维生素的预混料	10	10	10	10	10	10
成分，基于日粮基础						
粗蛋白（g/kg）	99	95	152	152	189	187
TDN（g/kg）	714	742	735	717	716	705
NEL（MJ/kg）	1.65	1.72	1.70	1.65	1.66	1.63
钙（g/kg）	2.9	2.5	3.4	3.2	7.0	7.6
磷（g/kg）	4.5	4.8	5.1	5.1	7.6	5.5
干物质（g/kg）	869	881	881	874	886	871
成分，干物质基础						
粗蛋白（g/kg）	114	108	172	174	213	214
TDN（g/kg）	822	842	834	820	808	809
NEL（MJ/kg）	1.90	1.95	1.93	1.89	1.87	1.87
钙（g/kg）	3.3	2.8	3.8	3.7	7.9	8.7
磷（g/kg）	5.2	5.4	5.8	5.8	8.6	6.3

表 6.4　根据文中指定的参数，制定高产（娟姗）奶牛的饲料配方

项目	干物质（kg/d）	作为饲料（kg/d）
以混合牧草为主的青贮	10.60	22.60
大麦颗粒，磨碎	3.03	3.44
大豆，烤制	1.51	1.68
矿物质/维生素补充剂	0.25	0.25

```
FORAGE TESTING LABORATORY        |--------------------------------------
DAIRY ONE, INC.                  |Sample Description    |Farm|Code| Sample |
730 WARREN ROAD                  |MMG SILAGE            |    |302 |11850910|
ITHACA, NEW YORK 14850           |--------------------------------------
607-257-1272    (fax 607-257-1350)|
                                 |--------------------------------------
                                 |         Analysis Results             |
|Sampled | Recvd  |Printed |ST|CO|--------------------------------------
|        |11/15/07|11/19/07|  |  |     Components       | As Fed |  DM  |
                                 |--------------------------------------
     OG 2008 3RD G/A             |% Dry Matter          |  46.9  |      |
UNIV OF MAINE CO-OP EXTENSION    |% Neutral Detergent Fiber| 17.7 | 37.7 |
EXTENSION CROPS TEAM             |% Crude Protein       |  10.9  | 23.2 |
LIBBY HALL                       |Soluble Protein % CP  |        |  62  |
ORONO, ME 04469                  |ADICP % CP            |        |  4.8 |
                                 |% Crude Fat           |  2.0   |  4.3 |
---------------------------------|% Ash                 |  4.77  | 10.15|
     ENERGY TABLE - NRC 2001     |% Calcium             |  .57   |  1.22|
BW = 1350  Fat% = 3.7 tprot% = 3.1|% Phosphorus         |  .17   |  .35 |
---------------------------------|% Magnesium           |  .14   |  .31 |
Milk,     NEL       NEL    Milk, |% Potassium           |  1.40  |  2.99|
Lb       Mcal/Lb   Mcal/Kg  Kg   |% Sulfur              |  .11   |  .24 |
-----    -------   -------  ---- |% Sodium              |  .025  |  .054|
Dry       0.72      1.59    Dry  |PPM Iron              |  50    | 106  |
40        0.69      1.52    18   |PPM Zinc              |  16    |  35  |
60        0.66      1.46    27   |PPM Copper            |   4    |   8  |
80        0.63      1.39    36   |PPM Manganese         |  11    |  23  |
100       0.59      1.31    45   |                      |        |      |
120+      0.55      1.21    54+  |% Acid Detergent Fiber|  13.0  | 27.7 |
---------------------------------|% ADICP               |  .5    |  1.1 |
NEM3X     0.70      1.53         |% NFC                 |  13.6  | 29.0 |
NEG3X     0.43      0.94         |% TDN                 |  30    |  63  |
ME1X      1.15      2.53         |NEL, Mcal/Lb          |  .32   |  .67 |
DE1X      1.34      2.95         |NEM, Mcal/Lb          |  .30   |  .64 |
TDN1X,%     63                   |NEG, Mcal/Lb          |  .18   |  .38 |
---------------------------------|Relative Feed Value   |        | 166  |
COMMENTS:                        |% Moisture            |  53.1  |      |
 1.NRC ENERGIES - SMALL BREEDS - |% Available Protein   |  10.3  | 22.0 |
   DO NOT USE ENERGIES BEYOND 80 |% Adjusted Crude Protein| 10.9 | 23.2 |
   LBS. MILK.  LARGE BREEDS - USE|PPM Molybdenum        |  .9    |  1.9 |
   120 LB. ENERGY WITH EXTREME   |
   CAUTION.                      |
```

图 6.1 美国纽约州某饲料测试实验室开展有机粗饲料分析的示例（R.Kersbergen，2010，个人通信）

表 6.5 表 6.4 中所制定饲料配方的营养水平

需求	ME（Mcal/d）	MP（g/d）	Met（g/d）	Lys（g/d）	Ca（g/d）	P（g/d）	K（g/d）
维持	13.06	569	11	35	0	0	0
妊娠	0.03	1	0	0	0	0	0
泌乳	24.35	985	17	59	20	20	30
生长	0	0	0	0	0	0	0
所需总数	38.24	1 555	28	94	43	36	87
供应总量	39.49	1 578	30	110	162	50	305
平衡	1.25	23	2	16	119	14	218

后备家畜

如上所述,允许新生犊牛吮吸母乳并摄入初乳是非常重要的,因为初乳提供了免疫球蛋白,帮助犊牛抵抗感染,直到它们产生主动免疫力。因此,在有机养殖体系中,犊牛必须经历规定的哺乳期,通常比传统生产方式更长,可与母牛同群饲养或进行延长哺乳。

Weary(2001)的研究为有机奶农正确饲养犊牛提供了有价值的信息。在北美大多数奶牛场,犊牛在出生后 24 h 内就与母亲分离,然后用桶或瓶喂奶,直到 4~10 周大。尽早将母牛和犊牛分开被认为可以更好地控制初乳、牛奶和固体饲料的摄入量,并有助于防止疾病传播。然而,研究表明,犊牛在出生后的前几周与奶牛同养时,其体重增加的速度是常规饲养犊牛(即提早分离,每天以体重的 10% 喂奶)的 3 倍。他指出,在自然条件下,奶牛大约在 2 周后就会成群离开它们的犊牛,通常会继续喂养犊牛 6 个月以上。生产者报告在许多有机奶生产系统中,小母牛哺喂母乳的时间从 4 d(丹麦)到 8 周(瑞典)不等。犊牛生长得更健康、更快,并相信这种管理系统可以降低乳腺炎的发病率。

研究发现,有机饲养的犊牛每日奶量摄入可达 9 L 以上,远高于常规饲养方式的 4 L。牛奶摄入量的增加大大提高了增重,而对犊牛的健康或断奶后固体饲料的摄入没有不利影响。若能有效防止交叉吮吸和疾病传播,则可采用小群饲养模式成功饲喂犊牛。Weary(2001)还发现与犊牛共同饲养的母牛,在挤奶时产奶量有所下降。这可能并非因乳汁合成减少,而是由于挤奶反射受阻。因此,与犊牛分开后,产奶量会反弹,从而使整个泌乳期的总产量并没有差异。另一个重要的发现是,在 14 日龄时分离的犊牛在此期间利用超额摄入的乳汁增重 16.5 kg,而早早分离的犊牛仅增加了 4.5 kg,并且分离后犊牛一直保持了这种体重优势。

在另一个试验中,允许小母牛每天哺乳两次,持续 9 周。这些小母牛增重的速度(1 kg/d)是常规喂养犊牛(0.5 kg/d)的 2 倍。此外,犊牛在断奶后保持了这种体重优势。因此,延迟断奶虽然可能增加断奶应激,但显著促进犊牛生长,并有助于维持更好的健康状况。

这项研究涉及犊牛与母牛分离后获得牛奶的方式,以及这可能如何影响它们的行为、生长和福利。最常见的方法是每天用桶喂犊牛两次,喂量通常相当于它们当日体重的 10%。Weary(2001)回顾相关研究结果表明,每天 3 次用桶给犊牛喂更多的牛奶,增重明显。因此,用桶喂奶似乎具有优势。他还报告说,相比用桶喂,使用奶嘴喂奶可以让犊牛以更自然的方式饮用。此外,用人工乳头喂养的犊牛往往不会相互吮吸或吮吸其他物体,而这与用水桶喂养的犊牛不同。研究表明,使用奶嘴喂养的犊牛每天饮奶时间约 45 min,远高于桶喂犊牛的几分钟。在出生后头 2 周,常规喂养的犊牛体重增加低于 0.4 kg/d,而用乳头喂养的犊牛则为 0.85 kg/d。在接下来的两周内,增重分别为 0.58 kg/d 和 0.79 kg/d。犊牛断奶后体重仍保持这一优势。

Weary(2001)调查的另一个问题是,应鼓励犊牛在幼龄时尽早增加固体饲料的摄入。他发现,在出生后的头 5 周,给犊牛喂更少的牛奶确实会增加它们的固体饲料摄入

第 6 章 有机生产体系的配套饲养程序

量（0.17 kg/d，而不是 0.09 kg/d），但这种做法严重限制了体重增加。此外，他发现，在断奶后，用牛奶喂养的犊牛的食欲很快赶上了用常规方法喂养的犊牛的固体饲料摄入量。在断奶后的 2 周内，两组犊牛的平均日采食量为 1.9 kg。

小群饲养的犊牛生长得比单独饲养的犊牛更好。断奶后一周，单独圈养犊牛的体重增加降至 0.5 kg/d，但成对圈养的犊牛的体重仍保持在断奶前的水平。除了腹泻外，未观察到任何生病的迹象，且腹泻的发生率很低，在不同圈养情况下没有差异。这些发现支持了 Weary（2001）的建议，即乳制品生产商应考虑增加犊牛的牛奶喂量，并在断奶前让犊牛以小群体形式饲养。较高的牛奶摄入量非常适合犊牛的肉类生产。

在断奶前，通常使用代乳品代替全脂牛奶。这些代乳品通常以粉末状出售，喂食前需用水冲调。它们通常基于脱脂乳粉或乳清粉，但可能还包含其他来源的蛋白质，如马铃薯浓缩蛋白。脂肪也是能量的来源，同时也含有维生素和矿物质。

表 6.6 展示了用于约 1 周龄犊牛的混合饲料示例。应逐步引入固体饲料，以刺激瘤胃的发育，确保使其断奶后体重持续增加。从约 10 日龄开始，也应提供优质干草或粗饲料，尽管在犊牛 8~10 周龄之前，它们不会摄入大量的干草或粗饲料。

大约在 4 个月大时，可以开始饲喂小母牛肥育中期饲料（表 6.7）。虽然这些动物将在此阶段开始反刍，但很可能瘤胃容量不足，无法仅靠牧草来提供所有必需的营养。此外，放牧饲养的小母牛由于活动增加和暴露于不同气候条件，这些外部环境往往不太理想，必须消耗大量能量来维持机体需要。因此，生长所需的能量可能有限，可能需要进行补充。

根据在相关动物品种和品系中观察到的小母牛的生长速度和健康状况，确定适宜的补充量，并相应地调整饲喂量。目的是确保小母牛达到适当的生长速度，而不会变得过于肥胖。

上述表格中所列出的所有饲料均应来自第 4 章中详细列出的经批准的有机饲料清单，或符合其他有机标准。

表 6.6 推荐用于乳用型犊牛的混合饲料（Chiba，2009）

项目	混合饲料 1	混合饲料 2	混合饲料 3	混合饲料 4	混合饲料 5	混合饲料 6
组成（g/kg，风干基）						
玉米粒，轧制	500	390	540	500	340	280
玉米穗				140		
燕麦，轧制	350		120	260	340	300
大麦，轧制		390				
麦麸			100	110		
豆粕，压榨	130	100	80	170	160	150
亚麻仁粕			80			
甜菜渣						200
糖蜜			50	50		50

续表

项目	混合饲料1	混合饲料2	混合饲料3	混合饲料4	混合饲料5	混合饲料6
磷酸氢钙	10	10	10	10	10	10
微量矿物质、盐和维生素的混合物	10	10	10	10	10	10
成分，基于风干基础						
粗蛋白（g/kg）	145	140	145	154	147	148
TDN（g/kg）	731	730	725	729	682	705
NE_m（MJ/kg）	7.66	7.37	7.54	7.66	7.03	7.33
NE_g（MJ/kg）	5.23	4.98	5.11	5.23	4.65	4.98
钙（g/kg）	2.9	2.9	3.5	3.4	3.2	4.5
磷（g/kg）	5.4	6.1	6.4	5.4	5.2	4.9
干物质（g/kg）	885	884	878	878	889	885
成分，干物质基础						
粗蛋白（g/kg）	164	158	165	175	165	167
TDN（g/kg）	826	826	825	830	767	797
NE_m（MJ/kg）	8.67	8.33	8.58	8.71	7.91	8.30
NE_g（MJ/kg）	5.9	5.65	5.82	5.95	5.23	5.61
钙（g/kg）	3.3	3.3	4.0	3.9	3.6	5.1
磷（g/kg）	6.1	6.9	7.3	6.1	5.8	5.5

建议在4周龄后断奶并饲喂粗饲料的犊牛使用混合饲料1～混合饲料4。对于4周龄后断奶但不饲喂粗饲料的犊牛，建议使用混合饲料5和混合饲料6。

表6.7 乳用型小母牛混合饲料的示例（Chiba，2009）

项目	混合饲料1	混合饲料2	混合饲料3	混合饲料4
成分（g/kg，风干基）				
玉米粒，轧制	780			500
穗玉米			760	
轧制燕麦	200	350		270
大麦，轧制		500		
豆粕膨化		80	170	200
糖蜜		50	50	
石灰粉				10
磷酸二钙	10	10	10	10
微量矿物质、盐和维生素的混合物	10	10	10	10

续表

项目	混合饲料1	混合饲料2	混合饲料3	混合饲料4
成分，基于日粮基础				
粗蛋白（g/kg）	92	138	139	167
TDN（g/kg）	749	700	711	728
NE_m（MJ/kg）	7.83	7.16	7.70	7.62
NE_g（MJ/kg）	5.4	4.86	5.32	5.23
钙（g/kg）	2.5	3.3	3.5	6.8
磷（g/kg）	4.8	5.6	4.9	5.6
干物质（g/kg）	879	884	867	886
成分，干物质基础				
粗蛋白（g/kg）	105	156	160	188
TDN（g/kg）	852	792	820	822
NE_m（MJ/kg）	8.92	8.08	8.88	8.58
NE_g（MJ/kg）	6.15	5.48	6.11	5.9
钙（g/kg）	2.8	3.7	4.0	7.7
磷（g/kg）	5.5	6.3	5.6	6.3

混合饲料1适用于饲喂豆科干草的动物；混合饲料2和混合饲料3适用于饲喂禾草–豆科干草的动物；混合饲料4适用于饲喂禾草干草的动物。与其他混合饲料一样，这些混合饲料中也可以选择其他可替代的饲料原料，以提供类似的能量和营养成分。

有机牛奶质量

成分

牛奶的质量通常依据其固形物含量进行评估，包括乳脂和蛋白质含量、脂肪酸组成、蛋白质类型、矿物质和维生素含量，以及体细胞计数（SCC），这些特性会直接影响牛奶的加工品质。体细胞计数（SCC）是衡量奶牛乳腺炎发生率的重要指标。乳腺炎是奶牛群中最常见的健康问题之一，同时也是评估牛奶质量的重要参数。

牛奶的脂肪酸成分是影响加工过程中物理特性的一个重要因素，并与人类的健康问题相关（Weller和Bowling，2007）。牛奶的健康价值主要与n-3多不饱和脂肪酸（PUFA）和共轭亚油酸（CLA）的含量有关。这些成分有助于降低癌症风险，减少心血管疾病发病率，并增强免疫系统。

由于禾本科和豆科牧草都含有丰富的多不饱和脂肪酸，因此饲喂高粗料日粮有可能提高牛奶的营养价值（Weller和Bowling，2007）。Dewhurst等（2003）通过用禾草或豆科青贮饲料喂养奶牛，发现使用豆科青贮饲料（如苜蓿、红三叶草和白三叶草）能提高奶牛的采食量和产奶量，且牛奶中多不饱和脂肪酸，特别是 α-亚麻酸的浓度也有所提高。其中，喂养红三叶草青贮的奶牛所产牛奶中，α-亚麻酸的浓度最高。

Weller 和 Bowling（2007）引用的研究表明，使用新鲜牧草饲喂可显著提高牛奶中的 CLA 含量，相比之下，饲喂干草或青贮饲料则会降低牛奶的 CLA 水平。饲用玉米青贮的 CLA 含量高于禾草青贮。因此，饲喂玉米青贮饲料的奶牛，其牛奶中的亚油酸含量高于饲喂禾草青贮的奶牛，而两者的总多不饱和脂肪酸浓度相似。此外，牛奶中 CLA 的含量也受奶牛品种的影响，娟姗牛的牛奶 CLA 浓度低于弗里斯兰奶牛或荷斯坦奶牛。

已经进行多项研究，以测试有机牛奶在成分和消费者接受性上是否与传统生产的牛奶不同。这项工作十分复杂，有机农场由于饲料组成和精料补充剂使用量较低而导致产量较低，品种也会影响乳成分。由于饲料成分的季节性变化，有机农场全年的饲料成分比传统农场更容易发生波动（Weller 和 Cooper，2001），这也会影响牛奶的成分。此外，有机牛奶可以通过超高温处理（UHT）进行杀菌，以便运输到远离原产地的市场，并在不冷藏的情况下储存。UHT 牛奶有轻微的坚果味，一些消费者喜欢，但另一些人则不喜欢。

因此，对原料奶进行了一整年的调查，发现可能与成分变化更为相关。Toledo 等（2002）进行了一项此类研究，调查了瑞典可持续生产系统中原料奶的成分。来自瑞典 31 家有机奶牛场的原料奶样本每月采集一次，为期 1 年。分析样品的总成分、SCC、脂肪酸、尿素、碘和硒。作为参考，从传统农场也获得了类似的牛奶成分数据。结果表明，有机牛奶与传统农场生产的牛奶在调查参数之间的差异很小或没有差异，这或许意味着瑞典地区原料奶的平均成分差异很小或没有差异。唯一发现的显著差异是尿素含量和 SCC，两者在有机牛奶中均较低。此外，有机牛奶中的硒（但不是碘）含量较低，而硒在斯堪的纳维亚地区的乳制品中是一个重要的膳食来源。

Ellis 等（2006）根据从英国散装集奶罐中采集的样本，对有机牛奶和传统牛奶的脂肪酸组成进行了比较。调查持续了 12 个月，涉及 17 家有机奶牛场和 19 家传统奶牛场。研究对所有牛奶样品进行了脂肪酸（FA）含量分析，并考察了农场类型、牛群生产水平和营养因素对 FA 组成的影响。FA 分析包括饱和脂肪酸、多不饱和脂肪酸与单不饱和脂肪酸的比率、总 n-3 FA、总 n-6 FA、共轭亚油酸和反式油酸（vaccenic acid，VA），并比较了 n-6∶n-3 FA 的比例。结果表明，与常规牛奶相比，有机牛奶中多不饱和脂肪酸与单不饱和脂肪酸的比例更高，n-3 FA 的比例也较高，而 n-6∶n-3 FA 的比例始终较低。两者在共轭亚油酸或反式油酸的含量上没有差异。除了农场类型外，还确定了一些影响牛奶 FA 含量的因素，包括月份、群体平均产奶量、品种类型、是否使用全混合日粮以及获得新鲜牧草的机会。结论是，英国有机奶牛场全年生产的牛奶中多不饱和脂肪酸的平均含量较高，尤其是 n-3 FA。

Hermansen 等（2005）比较了丹麦在 12 个月期间有机牛奶和常规牛奶中常量和微量元素的含量。铝、铜、铁、钼、铷、硒和锌的浓度均在公布的数值范围内。砷、镉、铬、锰和铅的浓度较低，而钴和锶的浓度则高于公布的范围。有机牛奶的钙（1.16 vs 1.17 g/kg）、磷（1.06 vs 1.10 g/kg）和镁（1.06 vs 1.10 g/kg）含量略低，但统计学上并无显著差异。有机牛奶中钼的浓度明显较高（48 ng/g vs 37 ng/g），钡（43 ng/g vs 62 ng/g）、铕（4 ng/g vs 7 ng/g）、锰（16 ng/g vs 20 ng/g）和锌（4 400 ng/g vs 5 150 ng/g）的浓度则较低。数据中还包括牛奶中以下微量元素的浓度，但缺乏相关的比较数据：Ba、Bi、Ce、Cs、Eu、Ga、Gd、in、La、Nb、Nd、Pd、Pr、Rh、Sb、Sm、Tb、Te、Th、Ti、Tl、U、V、Y 和 Zr。

Vicini 等（2008）进行了一项研究，比较了全脂有机牛奶、标有"不含 RBST"（即不含重组牛生长激素）的牛奶和零售级普通牛奶的成分。从美国 48 个相邻州收集所有三种类型的牛奶样品（共 334 份，巴氏杀菌），并测试细菌计数、抗生素、脂肪、真蛋白质、非脂固形物和激素含量。研究发现，三种牛奶之间的差异极小（表 6.8）。常规牛奶的细菌数略低于有机牛奶或无 RBST 牛奶，雌二醇和孕酮水平低于有机牛奶。三种牛奶中的牛生长激素（bST）水平没有差异。约 82% 的样本生长激素值低于仪器的定量限（0.033 ng/mL），72% 的样本低于仪器检测限（0.010 ng/mL）。胰岛素样生长因子 -1（IGF-1）的水平在传统牛奶和无 rbST 牛奶中相似，而在有机牛奶中略低。有机牛奶的蛋白质含量比其他两种牛奶高 2.3%，这一差异具有统计学意义。研究人员推测，这种影响可能是由于品种差异，因为在有机农场中，娟姗牛比荷斯坦牛更为常见。然而，牛奶中相似的脂肪含量并不支持这一解释，因为娟姗牛奶的脂肪含量通常比荷斯坦牛奶高得多。另一种可能的解释是，有机奶牛场的产量通常较低。在所有牛奶样本中均未检测到抗生素。根据研究结果，研究人员得出结论，常规牛奶、无 RBST 牛奶和有机牛奶的成分相似。

Średnicka-Tober 等（2016）进行了基于欧洲 170 篇已发表论文的荟萃分析，这些研究比较了有机牛奶和常规牛奶的营养成分。研究发现，总饱和脂肪酸（SFA）和单不饱和脂肪酸（MUFA）的浓度没有显著差异。然而，统计分析显示，有机牛奶中的总多不饱和脂肪酸和 n-3 多不饱和脂肪酸的浓度较高，估计分别增加了 7% 和 56%。有机牛奶中 α- 亚麻酸（ALA）、极长链 n-3 脂肪酸（EPA+DPA+DHA）和共轭亚油酸的浓度也较高，分别为 69%、57% 和 41%。结果表明，有机牛奶的脂肪酸成分比常规牛奶更为理想。分析还发现，有机牛奶中的 α- 生育酚和铁含量显著高于常规牛奶，但碘和硒的浓度较低。这些组成差异主要归因于有机系统中牧草 / 储备干草的摄入量较多造成的。

Givens 和 Lovegrove（2016）在一篇特邀评论中提出了对上述数据分析和呈现的一些担忧。一个关键问题是使用平均百分比变化作为衡量不同牛奶类型之间差异的主要指标，因为这通常可能导致比营养相关的变化更大的误解。此外，报告中的乳脂肪酸浓度值是按乳脂中的比例计算的，而不是按全乳计算，这可能会造成误导。令人遗憾的是，关于营养素实际浓度的数据只在补充表格中提供，而在正文中未提及。他们认为，这种结果呈现方式可能导致传播过程中出现很多误解。

意大利的一项研究调查了有机牛奶中可能存在的污染物和化学残留物（Ghidini 等，2005）。研究涉及 12 个农场（6 个常规农场和 6 个有机农场），每月从农场奶罐中抽取一份牛奶样本（1 000 mL）。研究人员小心地将每个有机农场与 2 km 范围内的传统农场相结合，以覆盖相同的生产区域。所有农场均有 80～150 头泌乳奶牛。研究分析了有机牛奶和常规牛奶中的有机氯农药、多氯联苯（PCBs）、铅、镉和真菌毒素浓度。结果研究发现，有机牛奶和常规牛奶中的农药和多氯联苯残留浓度均低于法定限值，铅和镉的浓度非常低，两者之间没有显著差异（分别为 1.85 μg/L 和 1.68 μg/L，0.09 μg/L 和 0.16 μg/L）。然而，部分有机牛奶样品中的真菌毒素黄曲霉毒素 M_1 浓度明显高于常规牛奶，可能与有机生产以外的因素有关。共有 49% 的有机样品中黄曲霉毒素 M_1 的浓度超过了欧盟第 466/2001 号条例规定的 50 ng/L 的法定限值。有机牛奶和常规牛奶中这种真菌毒素的平均浓度分别为 35 ng/L 和 21 ng/L。

Pattono 等（2009）研究了添加到饲料中以防止酸败的合成抗氧化剂是否会转移到牛奶中。在此调查中，分析了传统（n=11）和有机（n=81）牛奶（生奶和热处理）样品中是否存在合成抗氧化剂（如丁基羟基甲苯、丁基羟基苯甲醚、没食子酸十二酯、没食子酸丙酯和没食子酸辛酯），以验证这些标为"有机"的样品是否符合欧盟关于在此类产品中使用添加剂的规定。分析仅在所有 11 个常规牛奶样品和 81 个有机牛奶样品中的 18 个样品中检测到抗氧化剂 BHT 及其醛 BHT-CHO。这项调查强调了严格控制有机乳制品生产的重要性，因为添加到饲料中以防止酸败的合成抗氧化剂可能转移到牛奶中。

以上所有研究表明，有机生产的牛奶与常规生产的牛奶在成分上存在微小差异。这些差异与奶牛对饲料的摄入量高有关，而饲料是有机乳制品生产的关键组成部分。从营养角度来看，脂肪成分差异的结果与那些大量摄入全脂牛乳和高脂肪乳制品的消费者密切相关。

土壤或饲料中任何矿物质的缺乏都会反映在牛奶成分中。正如 Schwendel 等（2015）在一篇关于影响牛奶成分的因素的特邀综述中指出，"调查有机牛奶和常规牛奶之间是否存在差异的对照研究发现，目前的结论仍然相对模糊，主要是由于研究问题的复杂性以及可能影响牛奶成分的多种因素。"他们指出，尽管对影响牛奶成分的因素（例如日粮、品种和泌乳期）进行了单独研究，但在很大程度上忽略了多个因素之间的相互作用。

表 6.8 来自常规、无 rbST 和有机乳制品生产系统的零售牛奶中营养物质、激素和细菌计数的平均浓度（Vicini 等，2008）

项目	生产系统		
	常规	无 rbST	有机
细菌计数（1 000 cfu/mL）	11	26	22
成分			
脂肪（g/kg）	33.0	33.8	33.8
乳糖（g/kg）	47.1	47.0	46.7
蛋白质（g/kg）	31.4	31.5	32.2
总固体物（g/kg）	120.7	121.6	122.0
非脂固形物（g/kg）	87.7	87.7	88.2
激素含量			
牛生长激素（ng/mL）	0.005	0.042	0.002

续表

项目	生产系统		
	常规	无 rbST	有机
胰岛素样生长因子 –1（ng/mL）	3.12	3.04	2.73
孕酮（ng/mL）	12.0	12.8	13.9
雌二醇（pg/mL）	4.97	6.63	6.40

感官特性

已有研究探讨了有机牛奶的感官特性，发现其风味、口感和香气会受到日粮中豆科植物的影响。因此，有机日粮可能会改变牛奶的感官特性。例如，Bertilsson 等（2002）比较了饲喂红三叶草、白三叶草、紫花苜蓿和青贮禾草对奶牛的影响，并报告称，饲料中含有豆类，尤其是红三叶草，对牛奶的感官质量有负面影响。Al-Mabruk 等（2004）发现，以红三叶草青贮为主要饲料原料的奶牛，其牛奶更易氧化劣变。Mogensen 等（2010）报告称，饲喂含有烤蚕豆和高含量玉米的牛奶表现出酸饲料气味和苦味，且脂肪口感降低。相比之下，饲喂大量玉米和未经处理的蚕豆的奶牛所产的牛奶则更甜，脂肪口感更好，涩味和奶油味较低。

众所周知，牛奶的脂肪含量显著影响其感官特性，因此，感官评测应以生奶（未经巴氏杀菌）为最佳测试条件。

颜色和味道

Schwendel 等（2015）综述指出，有机牛奶不仅具有食品安全和环保优势，风味也通常优于常规牛奶。几项研究检验了喂食不同数量精料和牧草的奶牛牛奶的风味，但消费者接受程度没有显著差异。有机奶和常规奶在口感上并无明显区别，但有机奶更具奶油味，青草味更浓。Schwendel 等（2015）还报告称，牛奶的测试温度（7℃与15℃）会影响特定风味的强度，这可能是因为在较高温度下风味化合物的挥发性增强。该综述还有其他的发现：春季有机牛奶中风味损失与较低的脂肪浓度有关；经过培训的评审小组成员无法区分不同脂肪含量的原味酸奶或牛奶品种（有机酸奶和常规酸奶）；消费者也不能区分酸奶是由有机奶还是常规奶制作的，但标记为有机奶的传统酸奶得分更高。

消费者态度

有机生产在很大程度上受到消费者的驱动；因此，在选择合适的品种和品系进行有机牛肉和牛奶生产时，考虑消费者的态度至关重要。

近年来，一个显著的消费趋势是对天然和健康食品的需求日益增长，同时也关注动物伦理（如动物福利和健康）。由于对激素、牛海绵状脑病、抗生素及饲料中二噁英污染等问题的担忧，食品安全已成为现代食品生产中的一个重要议题。Yiridoe 等（2005）的一篇综述中提到，80% 的消费者认为食品安全和营养价值是非常重要的因素。通常购买有机食品的消费者往往更关注食品的安全性和营养价值，而非价格。

已发表的关于影响消费者选择有机牛奶的因素的文献相对较少，部分原因可能是牛奶是一种比牛肉更为同质化的产品。牛奶主要通过牛奶销售委员会推向市场，这一组织会确保产品经过热处理，从而保护消费者在饮用时避免因微生物影响健康。这一过程也会去除一些脂肪。

Hill 和 Lynchehaun（2002）发现，购买有机牛奶的主要原因包括健康、口感更佳以及消费者认为其对环境更有益。在有孩子的家庭中，健康问题更受关注。大多数消费者认为，有机食品比常规食品更具营养价值。价格因素是消费者拒绝购买有机牛奶的主要障碍，因其售价通常较高。该研究中的有机牛奶价格比常规牛奶约高出25%。关于有机牛奶的味道是否不同于常规牛奶，消费者意见不一。一些有机食品消费者认为有机牛奶味道更好，而其他人则不喜欢这种味道。因此，缺乏更好的味道被视为继价格之后的第二个不购买有机食品的主要原因。

这些研究得出的结论是，消费者对有机牛奶的味道缺乏一致的看法。为支持这一结论，他们引用了《伦敦时报》（Young，2000；Hill 和 Lynchehaun，2002）的一篇关于有机和非有机牛奶的报道：

"对有机半脱脂乳和普通半脱脂乳进行了盲三角试验，但没有人能够自信地识别出其中的一个。"

在美国，许多购买有机牛奶的消费者是为了避免从使用重组牛生长激素（rBGH）（也称为牛生长激素或bST）处理的奶牛获得牛奶（Dhar 和 Foltz，2005）。对于这些消费者来说，其他属性则显得次要。bST 已在约20 个国家获批使用，包括美国、墨西哥、南非及欧洲一些国家，但不包括加拿大、欧洲大部分地区、澳大利亚、新西兰或日本。

其他研究也分析了消费者对有机牛奶的偏好。Wang 和 Sun（2003）在分析美国佛蒙特州消费者购买有机牛奶和苹果时，发现，价格和地理位置是消费者购买决策的重要因素。Dhar 和 Foltz（2005）利用美国消费者的偏好来研究有机标签和不含 rbST 的牛奶的消费益处。他们发现，消费者明显更喜欢有机牛奶，而在较小程度上，他们更喜欢不含 rbST 的牛奶。来自日本的研究结果表明，公众对有机牛奶的安全性、更好口感、环保的生产过程，以及奶牛的健康和舒适度的看法，是影响消费者购买决定的重要因素。价格被认为是消费者对有机牛奶需求的关键抑制因素，尤其是在老年消费者中（Managi 等，2008）。味道测试的结果并不明确，因为一些有机牛奶经过了超高温处理（UHT）。UHT 过程包括将牛奶加热至138℃，持续 2～4 s，杀死所有微生物，这可能掩盖原始产品的味道。一些消费者喜欢 UHT 牛奶的味道，而其他人则不然。从日本研究（或上述其他研究）的结果来看，关于有机牛奶是否为 UHT 奶的相关研究结果仍不明确。

在一项测试中，UHT 处理并没有使试验设计或结果变得复杂，结果显示消费者对有机牛奶的偏好低于常规牛奶（Valverde，2007）。该研究旨在通过实验室方法、消费者偏好和辨别测试，表征有机、放牧和常规生产系统中的全脂（非脱脂）牛奶的风味特征和感官属性。大多数奶牛均为荷斯坦牛。所有样品均经过商业均质和巴氏杀菌，装在玻璃容器中，但有一份有机牛奶样品和一份常规牛奶样品是直接从农民处购买的生乳。消费者偏好测试的结果如表 6.9 所示。

表 6.9 消费者对有机饲养、常规饲养或牧场放牧系统下奶牛所产牛奶的平均评价（Valverde，2007）

类型	整体喜好	整体风味	整体外观	整体口感
有机饲养	4.67^b	4.48^b	5.34^b	4.92^b
牧场放牧	5.72^a	5.71^a	5.87^a	5.91^a
常规饲养	5.84^a	5.94^a	5.67^b	5.82^a

注：在 1～9 的范围内，9 表示非常不喜欢，1 表示非常喜欢。
在 $P<0.05$ 水平上，同列数值具有不同上标表示显著差异。

在整体喜好、风味和口感等属性上，有机牛奶与常规牛奶及放牧饲养奶牛的牛奶存在显著差异，整体外观也与牧场饲养的奶牛（而非传统奶）的牛奶有明显差异。根据研究结果，研究人员得出结论，评测小组成员能够明确区分有机牛奶与常规牛奶以及放牧饲养奶牛的牛奶，从而确定他们的喜好，而常规牛奶与放牧饲养奶牛的牛奶之间的区别仅限于外观。有机牛奶在样本中最不受欢迎，而常规牛奶和放牧饲养奶牛的牛奶的评分相似。有机牛奶得分低的一个可能原因是所用饲料不同。

三角测试也用于确定消费者是否能够区分来自三个生产系统的牛奶样品。共有 30 名未经培训的评测小组成员参与了三组连续的三角测试，评估了不同的牛奶样本。测试中的样本组合为：有机牛奶与常规牛奶；有机牛奶与放牧奶牛的奶；传统牛奶与放牧奶牛的牛奶。本试验的显著性水平为 $P=0.01$。根据 30 名小组成员的结果，超过 17 人必须正确选择不同的样本，才能达到显著性。结果如表 6.10 所示。

表 6.10 消费者能够区分由有机饲养、常规饲养或以基于放牧系统饲养的奶牛生产的牛奶样本（Valverde，2007）

样本	有机与常规	有机与放牧	放牧和常规
不正确	10	12	17
正确	20^*	18^*	13
总数	30	30	30

* 表示差异极显著（$P<0.01$）。

根据表 6.10 所示的结果，消费者能够明显区分有机牛奶和常规牛奶，以及有机牛奶和放牧奶牛的牛奶，但无法区分常规牛奶和放牧奶牛的牛奶。这些结果与味觉测试结果一致，表明有机牛奶被视为比放牧饲养的奶牛和常规牛奶的消费者属性更低的牛奶。作者未对这一结果作出解释。常规牛奶和放牧饲养奶牛的牛奶得分相似。结果表明，基于分析、感官和鉴别研究，来自三种不同生产系统的牛奶之间存在显著差异。在评估这些结果的价值时，需要注意的是，虽然这些结果发表在研究生学位论文中，但这项工作尚未在同行评审的期刊上发表。

Croissant 等（2007）比较了常规生产系统和放牧生产系统中液态奶的化学特性和消费者看法。虽然这项研究并未涉及有机牛奶，但它提供了关于奶牛大量摄入牧草对牛奶感官特性影响的有用信息。在整个生长季节，研究人员从两个牛群中采集了荷斯坦奶牛和娟姗牛的液态奶,其中一个牛群饲喂以牧草为基础的饲料,另一个则饲喂常规的全混合日粮。牛奶经过巴氏杀菌和均质处理后,进行了仪器和感官分析,以区分这两种类型的牛奶。这种区别与放牧奶牛中较高浓度的不饱和脂肪酸(包括共轭亚油酸的两种常见异构体)有关。经过培训的消费者小组成员报告称,在15℃下评估时,放牧奶牛的牛奶中青草味和奶牛/谷仓味比饲喂全混合日粮的奶牛所产的牛奶更为浓烈。通过固相微萃取和气相色谱-质谱法分析挥发性化合物,研究能够区分这两种牛奶的方法。然而,分析显示,任何一种样品中的化合物并非独一无二,所有鉴定出的化合物均在两种样品中存在。当在7℃下进行评估时,消费者小组成员无法一致地区分这两种类型的牛奶,奶牛的饲料类型对消费者的总体接受度没有影响。这些结果表明,饲喂以牧草为基础的日粮和饲喂常规全混合日粮的奶牛所产牛奶在风味和成分上存在明显差异,但这些差异并不影响消费者的接受度。

文献结果得出了几个结论。一些消费者愿意为有机产品支付更高的价格。例如,Millock等(2002)报告称,59%的丹麦受访者愿意为有机牛奶支付32%的溢价,41%的人愿意为有机马铃薯额外支付40%,51%的人愿意为有机黑麦面包支付23%的溢价,41%的人表示他们会为有机肉末多支付19%。此外,愿意支付价格溢价的受访者比例随着溢价水平的增加而下降。

上述调查结果的总体结论是,消费者对有机牛奶有明确的需求;一些消费者喜欢有机牛奶的味道,而另一些则不喜欢。有机牛奶加工过程中使用的热量可能是影响消费者口味偏好的一个因素。然而,由于细菌污染的风险,除非根据严格的兽医指南生产,否则不建议向公众出售生牛奶(未经高温消毒)。一些国家禁止向公众出售未经巴氏消毒的牛奶,因为这会带来疾病风险。高昂的有机牛奶价格使得一些消费者望而却步。

有机乳制品行业在这些研究结果的基础上,可以合理地寻找方法,增加有机牛奶的供应量,使其价格接近常规牛奶,同时分析有机生产系统中的哪些成分可能会导致某些消费者对牛奶的味道不感兴趣。

● 肉牛

与有机乳品业一样,有机牛肉养殖目的是优化农场的可用资源,而不是最大限度地提高肉类产量。粗饲料是肉牛的主要日粮来源,天然牧草可提供大部分能量和蛋白质。当天气条件限制放牧时,可以使用干草和青贮饲料。根据有机农业法规,日粮干物质中至少60%必须来源于农场自产的粗饲料。一些有机生产者的粗饲料使用水平甚至更高,在某些情况下粗饲料可能成为唯一的饲料。这种营养水平可能适用于低生产力的畜群,但前提是要补充必要的矿物质和维生素。

此外,在干物质基础上,日粮中精料的比例被限制在40%。虽然可以使用低质量的牧草,但鉴于其对动物体内甲烷生成的影响(见本章后面的"环境因素"),应尽可能提高饲料品质。

有机肉牛养殖的目标是获得高产且健壮的犊牛,因此在牧草生长季开始时产犊是首选。此时,高质量的饲料可与营养需求的峰值相匹配。

第 6 章 有机生产体系的配套饲养程序

Younie 和 Mackie（1996）表明，只要饲料品质良好，就可以在有机系统中获得高效的牛肉生产（表 6.11）。

影响品种选择的因素包括繁殖群体的规模和放牧季节的长度（Younie，2001）。例如，在北欧的小型牧群中，通常使用安格斯等纯种母畜，并采用纯种繁殖政策。在这种环境下，中小型成年奶牛能够更好地仅靠吃草维持生存，并适应相对较短的放牧季节。这符合选择适合农场环境条件的畜种的有机理念。易产犊、性情温和、产奶量适中和优质肉牛的生产，都是非常有吸引力的特征，这是一种自然的生产方式，尤其是在低投入劳动的情况下。其他品种也可能满足这些目标中的大部分或所有要求，但安格斯在这样的条件下表现良好（Younie，2001）。杂交育种则具有杂交优势，通过将较大的父系与较小的安格斯母牛杂交，实现更高的生物效率。然而，这种做法可能减少增加畜群规模和实现基因改良的机会，并可能降低出售种畜的机会。一旦牛群达到 200 头的目标规模，可以选择另一个品种（如赫里福德或西门塔尔）的终端父系来与较瘦弱的母牛配种（Younie，2001）。杂交育种可增强杂交优势，特别是在提高泌乳性能方面。阿伯丁-安格斯品种不仅对基于禾草的有机系统具有良好的遗传适应性，其高品质形象也与有机品牌形象相辅相成。

在苏格兰东北部的一些农场中，已采用 3—4 月的产犊计划以充分利用季节性周期。春季产犊对有机牛肉生产具有以下显著优势（Younie，2001）：

- 对于在户外过冬的牛群，春季产犊可以确保所有进入冬季的动物至少都有 6 个月大，从而更能抵御恶劣天气。
- 母牛在一年中接近最瘦时产犊，这样可以减少难产的风险。
- 牛奶生产过剩的发生率降低。
- 不存在苍蝇问题，从而降低了乳腺炎的发病率。
- 产犊可以在户外进行，从而降低恶劣天气带来的风险（尽管这比夏季产犊的风险稍高）。
- 在母牛体况最差时，春季牧草的快速生长可以满足犊牛对不断增加的牛奶的需求，使其在生物学上非常有效。
- 在草产量达到峰值时，产奶量也会随之达到峰值，从而最大化年泌乳量。
- 营养水平的提高使生育能力达到最佳状态。
- 当牧草的产量、质量和适口性都很高时，犊牛可以开始放牧。
- 母牛在放牧季节的后期可以大量积累体脂，帮助身体隔热，减少冬季的饲料需求。
- 断奶大约在 12 月底至翌年 1 月底左右进行。断奶的日期可以根据母畜的身体状况进行微调，以确保断奶后的犊牛能够适应粗饲料日粮。
- 断奶的犊牛在进入第二个放牧季节时，体型良好，身体状况中等偏瘦，能够再次最大限度地利用牧草，仅靠放牧的草就可以在 9—11 月期间提供可出售的育成动物。

在春季建立良好的草皮覆盖度，并在草皮尚未达到期望状态前禁止放牧，这将带来巨大的回报。在 Younie（2001）描述的某个大学农场中，该地区的牲畜被直接送往夏季牧场，载畜量相当高，在5—6月期间约为3.5头/hm²。青贮草田没有进行春季放牧，第一次刈割在6月下旬进行，第二次刈割则在8月中旬进行。10月下旬，所有奶牛和犊牛开始舍饲，并提供青贮饲料、矿物质补充剂及稻草。犊牛每天饲喂含500 g有机谷物、矿物质补充剂和海藻粉的开食料。断奶后，谷物补充料的喂量增加到1 kg/（头·d）。在第二个冬季（育成期），牛只需食用足够的青贮饲料以满足食欲，外加2～3 kg/d的有机谷物和矿物质补充剂。对于育成小母牛，可以推迟或减少谷物喂养，以避免在低胴体重量或高脂肪情况下过早育肥。禁止向奶牛、犊牛或肥育牛饲喂购买的蛋白质饲料。犊牛在第一个冬季的每头谷物总消耗量为120 kg，而肥育牛为325 kg。

表6.11 赫里福德×弗里斯阉牛在有机和常规（高强度育肥）的18个月牛肉系统中的生长性能比较（Younie 和 Mackie，1996）

产出（动物基础）	生产系统	
	有机	传统
日增重（kg）	0.84	0.86
屠宰年龄（月）	17.5	17.1
宰前活重（kg）	499	497
胴体重（kg）	267	268
载畜量（头/ha）	3.42	4.46
活重增加（kg）	1481	1921

母牛群

将生殖生产周期分为四个阶段是比较方便的。

妊娠早期

营养是维持生命所必需的，特别是对于哺乳的奶牛。影响营养需求的因素包括品种、体重、产奶量和牛奶成分。应监测奶牛的身体状况，必要时提供补充饲料。母牛在妊娠早期（头3个月）通常仍在哺乳犊牛，直至断奶。在常规生产中，自由采食（ad libitum feeding）是常见做法，但在有机体系下较少使用。如果奶牛产奶量不足，犊牛生长受限，建议使用开食料。开食料的好处是除了促进犊牛的生长外，还可能使奶牛更快地再次繁殖，并且需要更少的饲料来恢复身体储备。另一个好处是，喂食开食料后，犊牛的体重分布可能更均匀，并且断奶后的体重减轻更少。然而，作为后备牛的育成小母牛通常不使用开食料。实施时，开食料通常在犊牛大约3周时开始投喂，位置应靠近水源、遮阴处和盐箱。在犊牛开始进食之前，只应在喂食器中放入少量开食料，以确保其新鲜。

在必要的情况下，放牧的牛应饲喂松散的矿物质或块状矿物质补充料。在当地有机食品法规允许的情况下，可以添加高水平的盐或其他物质以限制食量。

孕中期

在此阶段，犊牛断奶，哺乳期结束。这是营养需求最低的时期。应继续监测奶牛的身体状况，必要时提供补充饲料。在这一阶段，调整奶牛的身体状况会相对容易。体况评分（BCS）用于评估肉牛以脂肪和肌肉形式储备的能量。北美使用的评分从 1～9 不等，1 表示非常瘦，9 表示非常肥胖。肉牛的背部、尾根部、腿部、肋骨和胸部等部位可用于确定 BCS。理想 BCS 范围为 5～7。理想情况下，奶牛应在孕中期末期达到这一分数，并努力在整个孕晚期保持该分数。

孕晚期

在此阶段，由于胎儿生长，营养需求迅速增加。必须监测奶牛的身体状况，以防止其变得过胖或过瘦。如果此时未能满足奶牛的营养需求，可能会导致产犊率下降，即成功生产出健康犊牛的母牛数量减少。这也可能影响母牛的再繁殖能力。在春季产犊计划中，妊娠晚期与冬季重叠，寒冷天气将增加能量需求，可能需要补充干草或青贮饲料。头胎小母牛在这一阶段可能处于劣势，除非与其他母牛分开饲养，否则可能无法获得足够的人工补充饲料。妊娠晚期在分娩时结束。

产犊后

在此期间，母牛的哺乳需求很高，生殖系统也在从分娩中恢复。这时需要充足的饲料供应。根据不同品种，最高产奶量为 5～12 kg/d，泌乳时间为 175～200 d。此时的采食量比非哺乳动物高出 35%～50%。良好的牧场和矿物质补充剂能够提供所需的全部营养。如果牧草质量较差，补充青贮饲料或干草是有益的。当饲料的蛋白质含量较低时，苜蓿干草或青贮饲料是不错的选择。

为了保持 12 个月的产犊间隔，奶牛在产犊后 80 d 内受孕非常重要。BCS 低于 4 的母牛在产犊后可能会延迟第一次发情，从而增加再次繁殖所需的时间。母牛，尤其是小母牛，如果在怀孕期间摄入的营养不足，整体繁殖性能可能较差。另外，BCS 超过 7 的母牛的受胎率可能会降低。

饲草管理应合理，确保饲草质量。过熟牧草和低质量干草可能导致蛋白质缺乏，进而影响繁殖性能。日粮中的粗蛋白应大于 70 g/kg。同时，需要提供充足的饮水。

综上所述，产犊前 30 d 到产犊后 70 d 是营养需求最重要的时期。另一个重要发现是，在繁殖季节之前和期间增重的母牛，从产犊到第一次发情之间的时间较短，并往往具有较高的受孕率。

北美肉牛场普遍选择春季（3—4 月）或秋季（9—10 月）产犊，以避开极端气温。这为喂养方案的设计提供了依据。正如 Younie（2001）所述，大多数生产商倾向于春季产犊。

为了实现这些目标，泌乳的肉用型母牛需要获得足够的营养，以提供足够的牛奶来支持犊牛的生长。如果饲料资源不足，例如牧草质量差，母牛可能无法生产足够的牛奶以促进犊牛的良好生长。在这种情况下，犊牛可能需要开食料。该饲料的组成可以类似于 Younie（2001）所述，或按照干草、碎谷物，或 900 g/kg 谷物、50 g/kg 糖蜜和 50 g/kg 蛋白质饲料（如豆粕）的混合饲料来饲喂。犊牛通常在 6～9 个月大时断奶。

后备繁殖群

Bagley（1993）对后备肉用型小母牛的营养管理进行了综述。建议将作为后备牛群的小母牛与成年母牛分开饲养和管理，以确保它们获得足够的饲料，均匀生长，及时达到青春期，并在 13～15 个月时繁殖。通常是在动物达到其成年体重的 60% 进入初情期时（兼用型品种进入初情期的时间稍早，为达到成年体重的 55% 时）。随后，在 22～25 个月龄时产犊。除了妊娠期的营养需要外，小母牛还需要营养用于生长，以便在产犊时达到成熟体重的 85%。如果饲料缺乏某些微量元素，应通过补充饲料块或矿物质舔砖的形式提供必要的营养物质，以弥补这种缺乏。

加拿大农业研究站 Lethbridge 进行的研究表明，给年幼的英国型肉牛（如海福特牛和安格斯牛）饲喂高能量和中等能量的饲料会对其繁殖能力产生不利影响（Coulter 和 Kozub，1984）。高能量日粮由 80% 的精料（大麦 60%、燕麦 10%、甜菜浆 10%）和 20% 的粗饲料 [苜蓿或苜蓿 – 秸秆块（70∶30）] 组成，而中等能量日粮则仅包含粗饲料。公牛在断奶后，饲喂高能量或中能量饲料，直至 12 个月、15 个月或 24 个月大时进行屠宰。屠宰时，公牛的精子产量是通过测量附睾中的精子储备来估计的。研究发现，无论年龄大小，饲喂高能量饲料的公牛与饲喂中等能量饲料的公牛相比，其牛的繁殖潜力显著降低。随着精子储备的减少，饲喂高能量饲料的公牛的精液质量和性欲也降低了。除了对繁殖性状产生不利影响外，饲喂高能量饲料的公牛更有可能出现蹄部和腿部问题，进而缩短使用寿命。针对欧洲大陆品种的公牛，相关研究较少。堪萨斯州立大学（Kansas State University）的一项研究表明，从断奶开始，饲喂三种不同能量水平的饲料对赫里福德（Hereford）和西门塔尔（Simmental）公牛的精液特性或繁殖能力没有影响（Pruitt 等，1986）。值得注意的是，该研究中，饲喂最低能量水平的赫里福德公牛的背部脂肪厚度与同龄公牛相似，而这些公牛的日粮与 Lethbridge 研究站早期提到的高能日粮相同。

Lethbridge 研究站还进行了一项为期 3 年的现场试验，旨在评估不同标准在牧场条件下对多父系天然交配年轻肉牛的繁殖能力的有效性（Coulter 和 Kozub，1989）。在繁殖季节前进行了多项测量，包括背膘厚度。共分析了 277 头公牛，代表 5 个杂交公牛的复合"品种"，这些。公牛由棕色瑞士牛、夏洛莱牛、契安尼那牛、盖尔维耶牛、利穆森牛、罗马格纳牛和西门塔尔牛组成。公牛的生育能力是通过测定犊牛的血型来确定其父本。所有公牛的平均背膘厚度为（1.5±0.07）mm（范围 0～7 mm）。研究表明，背膘厚度与公牛繁殖率呈负相关，脂肪积累过多可能降低生育能力。因此，建议牧场主选择背膘厚度较小的公牛，以优化其繁殖能力。

上市肉畜

断奶后的犊牛如果不作为繁育种群的后备牛，则会生长到上市体重后作为肉畜出售。最简单的管理系统是在放牧季节给牛放牧，冬季则提供储存的饲料。轮牧系统（rotational grazing）有助于提高牧草产量，并降低寄生虫感染风险。断奶后，除了青贮饲料或其他保存的饲料外，这一阶段的有机牛通常还会在冬季喂一些谷物，如燕麦或大麦 [例如，从 0.5 kg/（头·d）增加到 1 kg/（头·d）]。在第二个（育肥）冬季，除了饲喂青贮饲料外，还饲喂谷物和矿物质补充剂的牛，在屠宰时比仅饲喂粗饲料的牛更有可能获得高品级的牛肉。一般来说，仅食用粗饲料的牛必须被养到更高的上市体重，才能获得更好的肉质。如前所述,能够有效管理多种品种的有机农场可以通过杂交育种获得同时生产牛奶和肉类的效益。该系统利用杂种优势(杂交优势),例如,将娟姗母牛与赫里福德公牛交配,所产生的雌性后代将与第三个肉用品种(如安格斯)交配,所有的后代均作为肉用牛。

有机牛肉的质量

除了品种和屠宰时的年龄/体重外,饲养系统对牛肉质量有着重要影响。一般来说,有机牛肉的胴体脂肪含量较低,牛肉脂肪的组成反映了日粮中的脂肪酸组成。

牛肉质量主要通过两种方式评估:等级和食用质量。北美牛肉胴体的定价等级主要基于瘦肉和脂肪含量的估计值。例如,美国农业部评定为优质的牛肉,通常具有更多的大理石纹(肉中的脂肪),但这也意味着其脂肪含量较高。在确定定价等级时,牛肉的品质特征,例如颜色、嫩度和风味未被考虑。在美国,屠宰动物的检查是强制性的,但分级则是自愿的,有机牛肉脂肪含量较低,在传统分级体系下商业价值常被低估。

粗饲料的饲喂主要影响牛肉成分,改变其脂肪酸组成,从而影响牛肉的营养价值和感官特性,特别是风味。虽然已有几项研究比较了以类似方式生产的牛肉与传统牛肉的品质,但对用有机谷物和其他饲料替代传统饲料的差异尚无比较。有机养殖户更关注如何最大化利用粗饲料,而非研究不同饲料对牛肉品质的影响。

成分

French 等(2001)进行了一项研究,涵盖了从仅以粗饲料为基础到仅以精料为基础的极端日粮情况,以及对阉牛生长速度和肉质的影响。在本研究中,初始体重为567 kg的利木赞和夏洛莱杂交阉牛被分配到六种饲料处理中的一种:(i)18 kg 禾草(干物质基础);(ii)18 kg 禾草(干物质)和2.5 kg 精料;(iii)18 kg 禾草(干物质)和5 kg 精料;(iv)6 kg 禾草(干物质)和5 kg 精料;(v)12 kg 禾草(干物质)和2.5 kg 精料;(vi)仅精料。调整放牧面积,以确保足够的饲草供应。每天为动物提供新鲜草,而不让它们采食前一天的剩草。草的摄入量通过给动物服用含标记物的明胶胶囊并分析粪便来估计,粪便每天收集两次。牧草中含有干物质198 g/kg、粗蛋白225 g/kg、粗灰分125 g/kg、干物质消化率738 g/kg、粗纤维287 g/kg 和粗脂肪29 g/kg 干物质。精料的对应值分别为872 g/kg、143 g/kg、48 g/kg、843 g/kg、101 g/kg 和24 g/kg。牛平均在饲养95 d 后被屠宰。在第八至第九肋骨界面处采集背最长肌样本,并在老化2 d、7 d 或14 d 后让味觉小组进行感官分析和其他品质评估。结果如表6.12所示。日粮对胴体增重影响显著,处理(i)至(vi)的平均增重分别为360 g/kg、631 g/kg、727 g/kg、617 g/kg、551 g/kg 和809 g/d。因此,95 d 试验结束时,饲喂全禾草日粮的牛体重较轻,而饲喂全精料日粮的牛体重较重。饲喂全精料的牛的脂肪评分和肌内脂肪含量显著较高,而其他处理组之间则没有差异。饲喂全精料的牛的肌肉含水量也显著降低。日粮处理对其他肉质指标的影响没有发现显著差异,这些主要受屠宰后牛肉老化的影响。作者得出结论,饲喂全禾草日粮可以在不影响肉质的情况下实现较高的胴体重。其他研究者也得出了类似的结论,

Razminowicz 等（2006）报告称，全年饲喂粗饲料的牛肉富含 n-3 脂肪酸，其嫩度至少与常规牛肉相当。

表 6.12 日粮对阉牛牧草采食量、胴体特性和肉质的影响（French 等，2001）

项目	日粮补充					
	18 kg 草（DM）	18 kg 草 DM+ 2.5 kg 精料	18 kg 草 DM+ 5 kg 精料	6 kg 草 DM+ 5 kg 精料	12 kg 草 DM+ 2.5 kg 精料	精料
牧草 DM 摄入量（kg/d）	10.67	7.72	7.78	4.49	6.78	0
精料 DM 摄入量（kg/d）	0	2.25	4.50	4.50	2.25	13.3
胴体重量（kg）	330	355	363	352	348	371
胴体增量（g）	360	631	727	617	551	809
脂肪评分 [a]	4.03	3.97	4.14	3.79	4.15	4.64
胴体 KCF [b]（g/kg）	24	26	28	25	22	29
肌内脂肪（g/kg 肌肉）	23	24	28	23	25	44
灰分（g/kg 肌肉）	12	17	12	12	12	12
水分（g/kg 肌肉）	737	736	733	735	734	717
蛋白质（g/kg 肌肉）	225	227	224	226	228	226
肉类老化 2 d 后的 Warner-Bratzler 剪切力	8.0	7.5	6.6	7.0	6.4	6.1
蒸煮损失（%）	30.0	29.5	28.7	29.3	29.1	29.8
嫩度 [c]	3.5	4.2	4.5	4.0	4.8	4.4
质地 [d]	2.9	3.2	3.3	3.1	3.2	3.3
风味儿 [e]	3.5	3.6	3.7	3.8	3.6	3.7
多汁性 [f]	4.8	5.2	5.3	5.2	4.7	5.2
咀嚼性 [g]	4.2	3.7	3.7	4.0	3.6	3.9
可接受性 [h]	3.2	3.1	3.4	2.8	3.2	3.3

conc.= 精料
[a] 1= 最瘦，5= 最肥；
[b] KCF，肾脏加通道脂肪；
[c] 1= 非常硬，8= 非常嫩；
[d] 1= 非常差，6= 非常好；
[e] 1= 非常差，6= 非常好；
[f] 1= 非常干，8= 非常多汁；
[g] 1= 不耐嚼，6= 非常耐嚼；
[h] 1= 不可接受，6= 非常可接受。

然而，从结果可以清楚地看出，全粗饲料饲养（forage-based feeding）的牛只需要更长时间才能达到上市体重。因此，希望应用这些研究结果的生产者必须对投入和产出进行经济分析，以确定合理的饲养时间。

Russo 和 Preziuso（2005）回顾了科学文献中关于有机饲养牛的胴体和牛肉品质特

征的研究结果。根据他们的研究，有机饲养的肉牛胴体通常表现出肌肉发育不良和脂肪含量减少的特点。这主要归因于日粮以粗饲料为基础，精料的能量贡献较低。本地品种通常是这种生产系统的首选，发育速度相对较慢。这些事实解释了为何研究结果显示有机牛肉的肌内脂肪含量低于传统饲养的牛肉。另一个结论是，肉类的其他感官特性似乎不受有机饲养系统的影响。这些结论与 Younie 和 Mackie（1996）的研究结果基本一致。

肌肉的大理石纹同样受品种影响。肉牛品种的肌肉内脂肪相对于总脂肪沉积得更多，同时生产出比传统牛肉品种更瘦的胴体。例如，Zembayashi 等（1995）得出结论，虽然日本黑牛能够产生含有肌肉的大理石花纹，但其脂肪组成与传统牛肉品种相比，乳用品种在生成更瘦的胴体的同时，总脂肪中沉积更多的肌内脂肪。Choi 等（2000）报告称，通过饲喂亚麻籽或鱼油，威尔士黑牛（一种传统牛肉品种）在肌肉磷脂中的 n-3 多不饱和脂肪酸（如 $C18:3\ n-3$）及其代谢产物 $C20:5\ n-3$ 和 $C22:5\ n-3$ 的比例高于荷斯坦-弗里生牛，并且在肌肉中性脂质和脂肪组织中 $C18:3\ n-3$ 比例也更高。Dinh 等（2010）报告称，安格斯牛的背最长肌中的 SFAs（26.67 mg/g）、MUFA（26.50 mg/g）和 PUFA（2.37 mg/g）浓度显著高于婆罗门牛或 Romosiuano 牛。这些发现表明，品种间脂肪酸合成和沉积的遗传变异影响大理石纹的形成及其组成。

因此，选择合适的品种对于在肉中获得所需的大理石花纹含量非常重要。

如上所述，粗饲料的饲喂主要影响牛肉成分，改变脂肪酸的相对含量。一般来说，牛肉脂肪的组成反映了日粮中的脂肪酸组成。例如，牛肉成为 n-3 多不饱和脂肪酸的重要来源，主要是因为牧草中含有 C18:3。研究表明，从精料日粮转向牧草可以增加牛肉中共轭亚油酸（CLA）的含量。这种脂肪酸由瘤胃微生物产生，被认为是人类日粮中的理想脂肪酸，具有抗癌、抗糖尿病和抗动脉粥样硬化的作用，同时对免疫系统、骨骼和身体成分也有益。

French 等（2000）报道，随着牧草摄入量的增加，阉牛的（背最长肌）肌内脂肪中 CLA 的含量也随之增加。放牧阉牛的 CLA 水平分别为 5.4 mg/g、6.6 mg/g 和 10.8 mg/g，而饲喂精料的阉牛的 CLA 含量为 3.7 mg/g。青贮牧草对 CLA 含量也有积极影响（4.7 mg/g），但影响程度有所不同。

在日粮中添加油籽被证明是提高肌肉脂质中 CLA 含量的有效方法。然而，并非所有油籽的效果都相同。Casutt 等（2000）在瑞士褐牛公牛的精饲料中添加向日葵、油菜籽或亚麻籽粕，使日粮中的脂肪含量增加 3%。与对照组牛肉皮下脂肪 CLA 浓度（5.6 mg/g）相比，喂向日葵组的牛肉皮下脂肪中的 CLA 显著增加（7.8 mg/g），而亚麻籽粕组（5.5 mg/g）、油菜籽组的牛肉皮下 CLA 含量下降（4.6 mg/g）。另一项研究确认了添加向日葵籽的效果（Santos-Silva 等，2003）。在反刍动物的饲料中加入富含亚油酸的油籽，如红花或向日葵，似乎对提高 CLA 浓度更为有效。

此外，还有研究对从零售店购买的有机和传统饲养的牛肉品质进行了比较，例如 Turner 等（2015）的研究。在这项研究中，研究者在加拿大西部的 16 家零售店购买了牛肋眼牛排。样本包括：代表消费者可购买的大部分加拿大传统牛肉，以及来自通常以含 70%~90% 干玉米大麦日粮育肥的动物的牛肉；还有在替代生产系统下生长的动物的牛肉，即加拿大认证的有机谷物饲养（其中可饲养高达 40% 干物质谷物的饲料）、粗饲料饲养的有机牧草和天然牧草牛肉生产系统。

结果（表 6.13）表明，来自有机牧草和天然牧草生产系统的牛肉更瘦，n-3 多不饱和脂肪酸的比例更高，n-6/n-3 的比例更低，潜在有益的单不饱和脂肪酸（MUFA）比例也更高。用有机谷物系统饲养的牛肉与仅以粗饲料饲养的牛所产牛肉相似，这表明纯牧草喂养和颗粒饲料生产系统之间存在一个更好的折中方案，以保持理想的脂肪酸组成，同时提高生产效率。修剪下的脂肪同样受到生产系统的影响，但具有更大比例的潜在有益 MUFA。

Ribas Agustí 等（2019）报告称，与传统牛肉相比，在西班牙零售店购买的有机牛肉中，胆固醇减少了 17%，脂肪减少了 32%，脂肪酸减少了 16%，单不饱和脂肪酸减少了 24%，α-亚麻酸增加了 170%，α-生育酚增加了 24%，β-胡萝卜素增加了 53%，辅酶 Q10 增加了 34%，牛磺酸增加了 72%（表 6.14）。有机样本和常规样本之间的差异取决于肌肉类型，背最长肌（里脊肉）和冈上肌（嫩肩肉）显示出这些化合物的不同累积模式。研究表明，有机牛肉的脂肪含量更均衡，生物活性化合物含量更高，营养价值优于常规牛肉。

一些食品科学家担心，肉类中多不饱和脂肪酸含量过高可能导致货架期缩短（由于脂质和肌红蛋白的氧化），并可能由于这些脂肪酸的不稳定性而降低风味。然而，研究表明，只有当 α-亚麻酸（18:3）的浓度接近中性脂质或磷脂的 3% 时，才会对肉质产生不利影响（Wood 等，2003）。此外，放牧还增加了牛肉中抗氧化剂的含量，包括维生素 E 和 β-胡萝卜素，这些成分能够维持肉类中的多不饱和脂肪酸水平，并防止在肉类加工和储存期间品质下降（Van Elswyk 和 McNeill，2014）。

草饲牛肉中的其他营养素几乎没有差异（例如，Van Elswyk 和 McNeill，2014；Cintra 等，2018），这些结果的不一致主要归因于种植牧草的土壤矿物质状况。

尽管上述研究结果证明了有机牛肉的品质，Sundrum（2010）却得出结论，市场上有机肉类的品质存在很大差异。尽管有具体和基本的指导方针，有机牲畜生产的特点是养殖条件不尽相同，这导致营养资源的可用性、饲养制度的实施以及不同基因型动物之间存在显著差异。因此，有机牛肉（及猪肉）的品质往往不一致，常常达不到预期，且其品质通常与常规生产的肉类相似。在某些情况下，有机指南对肉类品质的影响似乎微乎其微。另一个观点认为，胴体的商业价值主要由瘦肉和精瘦肉的成分决定，而肉的品质特征并未被充分考虑（如上所述）。品质特征没有记录，优秀的肉质未能获得价格上的奖励。在可以使用的各种品质参数中，肌肉内脂肪含量与牛肉和猪肉的适口性特征高度相关，可用于区分不同的食用品质水平。尽管许多消费者表达了对高品质肉类的渴望，但支付和营销系统与消费者的需求并不一致，且缺乏针对肉类适口性的衡量标准。Sundrum（2010）得出结论，只有通过直接评估品质特性，并建立一个高于平均水平的肉类品质等级评价系统，以及直接评估质量特征和奖励高于平均水平的肉类品质等级的支付系统，才能改善目前令人不满意的状况。

第6章 有机生产体系的配套饲养程序

表 6.13 来自传统和小众市场牛肉生产系统的皮下脂肪和肋眼牛排剔除零售里贝耶牛排的脂肪含量和脂肪酸组成（Turner 等，2015）

脂肪酸组成	传统的	有机谷物	有机禾草	天然禾草	统计差异
皮下剔除的脂肪					
mg 脂肪 /g 组织	814	793	797	786	NS
总 PUFAs	2.74	2.38	2.38	2.7	NS
总 N-3FAs	0.29b	0.79a	1.02a	1.05a	$P < 0.001$
总 t-MUFAs	3.59	4.32	5.55	4.56	NS
总 c-MUFAs	43.2a	39.5ab	36.5b	35.8b	$P < 0.001$
总 SFAs	46.9	49.1	49.7	51.2	NS
PUFA/SFA	0.06	0.05	0.05	0.05	NS
精修牛排					
mg 脂肪 /g 肌肉					
总 PUFAs	4.67b	5.79ab	7.05a	6.96a	$P < 0.01$
总 N-3FAs	0.58c	1.66b	2.49a	2.15ab	$P < 0.001$
总 t-MUFAs	2.39	2.96	3.45	2.97	NS
总 c-MUFAs	44.1a	41.2ab	39.2b	39.1b	$P < 0.05$
总 SFAs	46.8	47.3	47.1	47.7	NS
PUFA/SFA	0.10b	0.12ab	0.15a	0.15a	$P < 0.01$

a～d 表示同行内字母不同，差异显著（$P<0.05$）。
PUFAs = 多不饱和脂肪酸；t-MUFAs= 反式单不饱和脂肪酸；c-MUFAs= 顺式-单不饱和脂肪酸；SFAs= 饱和脂肪酸。

表 6.14 传统和有机牛肉生产系统中零售牛肉肌肉中的营养物质和生物活性化合物的含量（Ribas-Agusti 等，2019）

化合物	传统牛肉	有机牛肉	统计差异
水分（g/kg）	707.5	734.3	$P < 0.001$
脂肪（g/kg）	46.9	31.8	$P < 0.001$
蛋白质（g/kg）	217.5	215.0	NS
胶原蛋白（g/kg）	12.0	14.5	$P < 0.05$
总 FAs（mg/kg）	28.59	24.01	$P < 0.05$
总 SFAs（mg/kg）	11.63	10.66	NS
总 MUFAs（mg/kg）	14.4	10.94	$P < 0.01$
总 PUFAs（mg/kg）	2.58	2.41	NS
胆固醇（mg/kg）	712.2	590.3	$P < 0.001$
α-生育酚（μg/kg）	2.19	2.73	$P < 0.001$
β-胡萝卜素（μg/kg）	0.39	0.60	$P < 0.05$

续表

化合物	传统牛肉	有机牛肉	统计差异
辅酶 Q10（μg/kg）	10.48	14.01	$P < 0.05$
牛磺酸（μg/kg）	347.09	598.20	$P < 0.01$

SFAs= 饱和脂肪酸；MUFAs= 单不饱和脂肪酸；PUFAs= 多不饱和脂肪酸。

消费者态度

有机牛肉生产主要受消费者需求驱动，因此在选择适合的品种和饲养系统时，必须充分考虑消费者偏好。消费者购买肉类，通常受到两个主要因素的影响：（i）基于外观、价格、包装和标签的初步品质感知和期望，以及潜在的伦理和哲学考虑，如无化学残留物和动物的饲养方式；（ii）烹饪和食用过程中的实际品质体验。对第二个因素的反应在很大程度上影响消费者是否在其他场合再次购买同样的肉类。欧洲的研究表明，第一个因素比第二个因素更为重要（例如，Scholderer 等，2004）。

还有证据表明，对于消费者来说，营养品质比安全问题更为重要。消费者期望有机和牧场系统中生产的肉类品质显著提高，这些系统被视为更"自然"。

正如 Grunert（2006）所指出的，一旦消费者对某种感受形成固定印象，其对品质感知的影响就会非常显著。原产国和有机产品在品质感知方面都具有"光环"效应。消费者普遍认为，有机肉类在生产工艺、健康价值和感官质量方面更优。当不同肉类的食用品质差异不大时，即使在食用体验令人失望的情况下，消费者仍可能基于初步线索推断出其品质。一些关于消费者的研究提供了大量细节，这可能导致难以进行概括。Corcoran 等（2001）调查了欧洲消费者对羊肉和牛肉的态度。需要分析的问题包括：（i）羊肉和牛肉的消费趋势（在家庭内外）；（ii）影响羔羊和牛肉消费的因素；（iii）品质问题及优质肉制品；（iv）信息来源。英国的爱丁堡和塞伦塞斯特、西班牙的萨拉戈萨、意大利的雷焦艾米利亚和法国的佩皮尼昂举行了小组讨论。参与者是从负责为家庭购买肉类的人中随机挑选的。这四个国家通常购买的肉类类型各不相同。在英国，牛肉在家中消费更频繁，而羊肉被视为一种昂贵的产品。西班牙人更喜欢当地的传统羔羊肉。在意大利，白肉比红肉更受欢迎，一半的参与者每月只吃两到三次牛肉。在法国，参与者则喜欢种类多样的肉类。有孩子的家庭参与者食用的肉类更多，饮食更加多样化，而年长家庭的肉类消费则较低。老年人对肉的品质更加关注，并表示"太多肉对我们不健康"。在英国，消费者普遍倾向于在超市购买日常切好的肉品，但在特殊场合，从肉店购买的肉被认为品质更好、更稳定。在西班牙和法国，大多数参与者由于信任选择传统屠夫肉店，而意大利的参与者则大多在超市或大卖场购买肉类，他们认为超市的肉类更卫生、包装更好、购买更方便、品种更丰富且价格更具竞争力。

在这四个国家，影响消费的品质因素具有相似之处。这些因素包括味道、营养价值、传统和产地（尤其是在苏格兰和西班牙）。低脂肪含量对意大利和英国的年轻消费者尤为重要。对意大利人和英国人来说，低廉的价格是一个重要因素，而苏格兰人、西班牙人和法国人则认为价格不是选择肉类的关键，因为他们倾向于购买"更少"，但"品质更高"的肉类。各国消费者对"品质"的认知存在差异。

总体而言，消费者在食用肉类时关注健康和安全问题。英国消费者对疯牛病和大肠杆菌表示担忧，尤其是对于有孩子的家庭。西班牙人和英国人承认，他们对肉类的担忧程度高于其他食品，并意识到存在转基因产品。意大利人更信任白肉，因为他们认为红肉（牛肉）"可能更有害"。法国参与者认为，应该禁止使用激素、抗生素和其他添加剂。

感官性状

在上述研究中，所有评判小组对肉类品质的评价因素基本相似。颜色是首要因素，尽管各国对颜色的偏好有所不同。在苏格兰，肉鲜红色被视为不真实，表明可能存在添加剂或缺乏成熟度，消费者首选天然红色。在西班牙，强烈的红色或棕色并不受欢迎，消费者更倾向于"粉红"的颜色。在意大利，强烈的红色是首选，而棕色则被认为不新鲜，通常伴有强烈的气味。英国和法国的参与者更喜欢具有大理石纹（脂肪）的牛肉，以增强风味。西班牙人偏爱鲜嫩的肉而不是成熟的肉，他们也拒绝"廉价"的肉，并认为原产地是一个非常重要的品质属性。意大利参与者则更关注新鲜度、低脂含量和包装类型。来自五个地方的参与者都不喜欢速冻肉。一些英国参与者对当前的肉品品质保证计划感到困惑、无知和/或不信任。他们认为应由一个独立的机构或消费者团体来控制肉类的安全和品质，而非政府。西班牙人认为政府有责任保证肉类的安全和品质，但也认为农民应承担提供这些服务的责任。意大利参与者信任公共卫生服务。所有参与者均表示，他们愿意为获得更高水平的保障、品质和信息而支付更多费用。

对于意大利参与者来说，价格是一个非常重要的因素。许多意大利参与者认为，如果动物不使用掺假添加剂（如在饲料中），且以自然方式饲养，那么肉类应该是安全的，不需要额外的优质认证。总体而言，参与者普遍抱怨缺乏关于优质肉制品的明确和一致的信息。所有参与者都在寻求更多信息：英国人希望想要了解"可食性"、生产方法和动物福利方面的信息；西班牙人想了解上架天数、农民和原产地信息；意大利人希望获取更多的营养和原产地信息；法国人则关注生产和加工的信息，以及对健康影响的细节和"味道"品质的控制信息。

调查结果表明，消费者的态度和口味存在显著的地区差异，这在生产有机肉时必须考虑到。

Napolitano 等（2010）进行了一项研究，评估有机生产信息对牛肉偏好和消费者支付意愿的影响。结果显示，消费者对有机牛肉的好感高于传统牛肉，并愿意支付高于建议价格的费用。

因此，可以得出结论，外部形状在消费者感知肉类品质的方式中发挥了重要作用。肉类的产地和购买地对消费者的品质感知有显著影响。此外，当不同产品之间的物理差异很小时，消费者基于这些线索作出的品质推断可能非常强烈，以至于他们坚持自己的选择，不顾其他信息。尽管对有机肉类的需求强烈，但有证据表明，有机肉的生产必须具备经济性。一项在苏格兰的调查发现，人们认为有机肉价格昂贵，尤其在当消费者未能察觉到品质明显差异的情况下（McEachern 和 Schröder，2002；Andersen 等，2005）。

这导致一些消费者对具有附加价值的传统肉类（如动物福利）更感兴趣，而非有机肉类。加拿大的一项研究证实了价格对需求的影响。Anders 和 Moeser（2008）估计了加拿大零售市场中消费者对有机和传统新鲜牛肉产品的需求，发现对有机牛肉的需求高度依赖于价格和支出。

根据 Van Elswyk 和 McNeill（2014）的一篇综述，一些美国关于牧草/粗饲料饲喂的研究（但并非所有研究）报告称，牧草/粗饲料饲养的牛肉不如谷类育肥的牛肉嫩，但大多数研究发现牧草/粗饲料与谷类饲养的牛肉在多汁性上相似。这些影响可能部分依赖于牧草类型和肌肉类型。该综述还指出，在某些研究中，牧草/粗饲料饲喂显著增加了外部脂肪的黄色，这可能是由于牧草/粗饲料饲养导致脂肪中 β- 胡萝卜素沉积增加了 $1.5 \sim 10$ 倍。

他们得出结论，风味的可接受性可能与个人偏好或文化风俗有关。美国消费者似乎更喜欢谷物育肥牛肉的风味，而其他国家的消费者则倾向于牧草/粗饲料饲喂获得的牛肉风味。一些美国消费者描述，牧草/粗饲料饲喂获得的绞碎牛肉风味较弱，带有强烈的乳制品味，通常伴随酸味或其他异味，尽管每个处理中的脂肪含量相同，因此风味差异与脂肪含量无关。Van Elswyk 和 McNeill（2014）还指出，风味受粗饲料类型、成熟度、牛品种、脂肪含量和大理石花纹评分的影响，因此比较牧草/粗饲料与谷物饲养的牛的风味较为困难。然而，他们强调，美国的大多数研究是在 20 世纪 70 年代和 80 年代进行的，需要更多研究以确定消费者对牧草/粗饲料饲喂获得的牛肉风味品质的接受程度是否发生了变化。在这方面，他们报告称，美国经过培训的感官小组成员发现，来自牧草育肥牛的肉缺乏牛肉风味，并且相比于谷物育肥牛的肉，异味更明显（Duckett 等，2013）。上述研究得出了几个重要结论。首先，有机牛肉的生产方式应符合消费者的期望；其次，消费者愿意为有机牛肉支付高价的意愿并非无限。这些结论表明，有机食品生产者需要努力提供高品质的产品。总体而言，大多数研究表明，消费者购买有机食品是因为他们认为有机食品比传统食品更安全、更健康且更环保。

一些研究报告称，健康和食品安全是有机农产品购买者考虑的第一大质量属性，其次是对环境的关注，这表明此类消费者可能将个人或个人利益置于有机农业的社会效益之上。鉴于大多数研究都涉及特定的地理区域和条件，这些研究的结果可以推广的程度是有限的。一项对现有调查结果的回顾也显示，在消费者对健康的看法方面，各国之间几乎没有一致性。

一些研究结果为未来的消费者和政策研究者提供了有用的背景信息。Stampa 等（2020）最近的一篇综述从国际视角提供了关于消费者对放牧饲养牛肉的看法、偏好和行为的进一步信息和建议。除了重申上述观点外，作者还强调了拥有一个消息灵通的消费者的重要性。他们指出，在美国或欧盟，当提及牛奶或牛肉时，术语"牧场饲养""牧场放牧""牧草育肥"或"牧草喂养"在法定层面上并未被明确定义。虽然这一问题可能难以通过立法解决，但它确实反映了大多数消费者对牧场和传统生产方式缺乏了解。这也可能导致基于错误假设或联想的判断。这一点很重要，因为它影响了消费者购买放牧饲养的牛奶和牛肉的意愿。良好的信息支持是吸引新客户的必要条件，但为了鼓励消费者重复购买，口味必须符合消费者的期望。Stampa 等（2020）发现，许多消费者认为放牧饲养的畜产品的感官品质更高,这对收入更高和关注动物福利的消费者尤其具有吸引力。在消费者群体中,女性对"动物福利""本地产品"和"在家庭农场长大"等描述的反应比男性更积极。此外,通过提供健康和营养信息(如 ω-3 脂肪酸的益处及其在牧场饲养的牛的牛肉中的较高含量),可以强调对人体的益处,从而提高对牧草育肥牛肉的偏好和购买可能性。

出于对环境和动物福利的关注,年轻的美国消费者对放牧饲养的产品也持更积极的态度。然而,他们的较低收入阻碍了相应的购买行为。

一些消费者对户外饲养动物的有机肉类表示担忧,主要是因为存在细菌污染的可能性。Reinstein 等(2009)提供了关于这方面的一些信息,他们研究了有机饲养和常规饲养的肉牛中大肠杆菌 O157:H7 的流行情况。在有机饲养的牛中,粪便样本中大肠杆菌 O157:H7 的平均患病率为 9.3%(范围 0~24.4%),而直肠样本中的平均患病率为 8.7%(范围 0~30.9%)。在传统饲养的动物中,粪便中大肠杆菌 O157:H7 的平均患病率为 6.5%,而直肠样本中的患病率为 7.1%。未观察到菌株之间的抗生素敏感性模式有明显差异。

另一个相关发现是,当自然感染大肠杆菌 O157:H7 的牛突然从高谷物(玉米)日粮改为粗饲料日粮时,粪便中的普通大肠杆菌种群在 5 d 内下降了 1 000 倍,而粪便中普通大肠杆菌种群在类似于人类胃部的酸性环境中,这些大肠杆菌存活能力也显著降低(Callaway 等,2003)。研究表明,高谷物日粮使部分淀粉逃逸瘤胃降解,进入后肠发酵。出血性大肠杆菌能够利用结肠中淀粉分解释放的糖进行发酵,从而导致肠道内大肠杆菌数量增加,并增加大肠杆菌 O157:H7 的排出。而全饲草日粮通过改变肠道的消化模式来减少这些菌群的数量。Callaway 等(2003)观察到,从高谷物日粮转向以干草为基础的日粮会导致大肠杆菌数量减少,同时对大肠杆菌在胃酸环境中的存活率没有影响。

与日粮有关的动物健康问题

有机生产的核心目标之一是通过优化饲养与管理,增强动物的天然免疫力,从而最大化改善牛群健康水平。因此,回顾这一目标的达成程度,并确定与有机喂养相关的任何疾病问题是非常重要的。2008 年,欧盟第 889/2008 号法规要求饲料 100% 为有机饲料,并限制了允许使用的日粮补充剂类型,此后欧洲对此问题产生了更多关注。

令人惊讶的是,在同行评审的期刊上几乎没有关于该主题的公开信息,而且大多集中在奶牛方面。这表明,只要有机牛的饲料营养充足、身体状况良好,并能够获得管理良好的牧场/牧草产品和安全充足的饮用水供应,现有研究表明,在营养均衡、管理得当的条件下,有机养殖系统的动物健康水平与传统系统相当。有限的屠宰数据表明,有机法规规定的大量粗饲料摄入是有益的,因为这有助于改善瘤胃健康,并降低屠宰时肝脓肿和器官坏死的发生率。

Blanco Penedo 等(2012a)研究了有机日粮能否满足泌乳早期奶牛的高能量需求。根据血液中 β-羟基丁酸(BHBA)、非酯化脂肪酸(NEFA)和胰岛素的水平,以及临床酮病的发生情况,评估了瑞典有机奶牛群的能量平衡。相同畜群在法规变更前后的代谢状态进行了比较。结果显示，BHBA、NEFA 和胰岛素水平在立法变更前后有所不同，但对有机奶牛和传统奶牛的影响相似。临床酮症的发生率与畜群类型或立法变化无关。因此，可以得出结论，这种变化似乎没有对有机奶牛在泌乳早期的代谢状况产生不利影响，也没有证据表明有机奶牛的代谢受到更大的挑战，或存在严重的能量负平衡。

Blanco Penedo 等（2014）调查了有机和常规奶牛群中必需矿物质（如 Cu、Co、Se、Zn、Mn、Mo、I 和 Fe）的血液水平与产奶量和乳腺炎发生之间的关系。研究中未发现有机畜群与传统畜群之间存在显著差异，也未观察到有机畜群中必需矿物质浓度严重不足。一个意外的发现是，血清硒浓度低的奶牛其 SCC 较低，而日产奶量因缺乏铜而显著降低。日粮中某些元素（如硒、碘）含量低与乳腺炎风险降低相关，而其他元素似乎对乳腺炎有保护作用。

这些研究人员发表的两份报告中并未提供日粮结构或饲料组成的详细信息，这对于确定这些发现是否适用于其他有机农场至关重要。从他们的研究结果中得出的最可能的结论是，只要有机奶牛的日粮中含有适当水平的所有必需营养素，有机奶牛与传统奶牛在与饲料相关的健康状况方面没有显著差异。

目前无确凿证据表明有机奶牛乳腺炎发病率低于传统奶牛（Sutherland 等，2013）。这一问题缺乏明确证据的一个主要原因是，传统奶农使用兽医服务的频率高于有机奶农，有机奶农更有可能在没有兽医帮助的情况下自行处理健康问题，并且不太可能报告此类问题（Richert 等，2013；Stiglbauer 等，2013）。因此，发病率的任何差异可能主要是由于有机生产中病例报告水平较低。

其他研究人员在健康事件报告中也发现了类似的差异。例如，Valle 等（2007）通过兽医呼叫记录发现，挪威有机奶牛群与传统奶牛群在群体健康参数方面存在明显差异。然而，他们在分析记录时发现，有机农场的农民请求兽医服务的频率（2/10 例）低于传统农场（4.7/10 例），但产乳热的情况除外。根据这一做法进行数据校正后，除急性乳腺炎（15/136 比 22/147）外，未发现健康状况的显著差异。当进一步调整生产水平（有机组较低）时，这种差异消失了。因此，研究人员得出结论，两组之间健康状况的明显差异可能归因于管理实践的不同。

Stiglbauer 等（2013）发现，美国有机奶农请求兽医帮助的频率较低，疫苗接种率也较低。这些研究人员还指出，传统奶牛场的头胎小母牛比例普遍较高，这在评估有机牛群与传统牛群的动物健康时是一个需要考虑的因素。在加拿大的一项研究中（Levison 等，2016），提供了关于传统奶牛场与有机奶牛场之间生产者报告的临床乳腺炎发病率的比较数据。结果显示，传统农场的发病率高于有机农场（传统农场每 100 头牛 23.7 例，而有机农场 13.2 例），且与圈舍类型（松动或紧固）、放牧可行性或牛群平均产奶量无关。作者认为，某些病原体引起的临床乳腺炎发病率降低可能与有机管理系统有关，需进一步研究以确定涉及的具体管理因素。

显然，需要更多的对照研究来阐明有机奶牛场是否比传统奶牛场更容易出现乳腺炎问题，并找到与这种差异相关的原因。

与传统生产中使用的饲料相比，有机认证要求饲料含有相对较高水平的粗饲料，且通常补充剂的含量较低。这增加了有机牛发生代谢性疾病的风险，如产乳热和酮症，尤其是在泌乳高峰期。

根据 Sutherland 等（2013）的综述，瑞典有机牛群与非有机牛群中与低血清钙水平相关的产乳热发病率没有差异，而挪威的有机农场则显示出较低的发病率。根据这些研究，泌乳高峰期日产奶量每增加 1 kg，患产乳热的风险就增加 5%。因此，有机牛群相对较低的产奶量可能是乳热发病率降低的一个原因。

当日粮能量摄入不足，且奶牛对葡萄糖需求较高时，酮症通常由脂肪动员过快引发。这会导致血液和组织中积累了大量酮体，进而引发代谢性酸中毒。在比较瑞典有机农场和非有机农场的酮症发病率时，未观察到任何差异（Sutherland 等，2013）。另外，在挪威，有机农场的奶牛因酮病需要兽医治疗的频率低于非有机农场。研究人员还报告说，与传统农场相比，英国有机农场中奶牛患亚临床酮病的趋势更高。与产褥热类似，这些作者认为，有机农场酮病发病率较低的原因可能是产奶量相对较低。

Sutherland 等（2013）综述中提到的另一个问题是生育问题，这在传统农场和有机农场都是一个主要问题，因为它会导致生产力下降和牛加速淘汰。多种因素都会导致不孕，包括胎盘滞留、子宫内膜炎和流产。据报道，有机农场的胎盘滞留发生率低于非有机农场（Sutherland 等，2013）。在 8 年的时间里，兽医对传统畜群中胎盘滞留的治疗次数高于有机畜群。然而，当考虑到产奶量、繁殖季节、服务和胎次时，有机畜群的繁殖效率低于传统畜群，这可能是因为在冬季无法充分满足它们的能量需求。基于现有证据的总体结论是，有机饲养和传统饲养的奶牛健康状况相似，这一结论也可能适用于肉牛。现有数据不足以得出更明确的结论，但一些数据显示，有机牛在屠宰时器官坏死率可能较低。Blanco Penedo 等（2012b）利用农场和屠宰场的数据，比较了有机和传统生产对畜群健康以及肉类品质和安全的影响。总体而言，有机农场的临床疾病发病率较低，但除了生殖疾病外，差异未达到统计学意义。犊牛和母牛的死亡率相似，但在传统农场中，犊牛的腹泻发病率较高。他们分析了西班牙一家屠宰场的年度数据，包括来自有机农场的 244 头牛和来自传统农场的 3 021 头牛的胴体不良率。总体来说，26% 的牛至少存在一种病理缺陷。传统农场牛的肝脏（包括寄生虫感染）、肺和肾脏损伤明显高于有机农场牛，而消化道的损伤在有机农场牛中明显低于传统农场。这些差异主要归因于两种生产系统在圈舍、喂养和管理方面的不同。在有机牛和传统牛中均未记录到因药物残留引发的问题。

环境因素

当前，动物生产对温室气体排放的贡献正受到审查。该分析表明，有机牛的生产并不像最初所认为的那样环保。

如第 3 章所述，传统的以放牧为基础的低投入奶制品系统通常被认为比现代奶制品生产系统更符合环境管理要求。为了验证这一理论，Capper 等（2009）比较了 1944 年至 2007 年间美国的乳制品生产。他们计算出，2007 年每生产 10 亿 kg 牛奶，产生的碳足迹仅为 1944 年同等产量的 37%。

国际上也对不同耕作方法进行了环境方面的比较。例如，对威斯康星州的奶牛场与新西兰的奶牛场进行了对比（Johnson 等，2002）。以每千克牛奶的总排放量为参数，研究人员发现，新西兰农场的牛打嗝产生的甲烷排放量较高，而威斯康星州农场的二氧化碳排放量更高。同时，新西兰农场的氧化亚氮排放量也较高，据估计，氧化亚氮促全球变暖潜力是二氧化碳的 310 倍。

因此，动物养殖（无论是传统还是有机）对环境的影响是科学家们目前正在研究的问题。对此，欧洲已经修订了共同农业政策，增加了包括农业环境影响的补充措施。这些修订内容包括采用生命周期评估，以估算每年和每公顷的二氧化碳当量排放量。在某些国家，此类立法可能会限制反刍动物的生产，包括有机农场。

一个特别关注的环境问题的是，有机牛的生产对温室气体排放的影响，特别是甲烷。这种气体的全球变暖潜力被认为是二氧化碳的 21 倍。如第 3 章所述，全球牛肉生产的甲烷总排放量约占牲畜总排放的 62%，牛奶占 19%，绵羊占 12%，猪占 5%，家禽占 1%。在全球范围内，亚洲和太平洋地区的牲畜产生的甲烷占总排放的 33%，拉丁美洲占 23%，欧洲非洲各占 14%，北美洲占 11%，大洋洲占 5%。

许多研究人员已经开始研究这一重要问题。如第 3 章所述，随着牛瘤胃的发酵模式从醋酸盐转变为丙酸盐，氢和甲烷的产量都减少了。这种甲烷产量与各种挥发性脂肪酸比率之间的关系已得到充分证明。这也解释了为什么高纤维饲料比低纤维饲料产生更多的甲烷：纤维饲料促进瘤胃中醋酸盐的生成，从而产生更多的氢和甲烷。甲烷的产生是为了从瘤胃中去除多余的氢。更易消化的日粮则促进丙酸的产生，进而减少瘤胃中的甲烷产量。减少牛体内的甲烷具有经济意义。甲烷代表了日粮中能量的显著损失，因此，减少肠道中甲烷的生成可能提高饲料效率。对此，研究人员积极探讨相关问题，并提出了一些与有机生产方法相关的建议。

综上所述，有机农场主的首要选择是避免低质量的牧场和牧草，因为这些饲料与较高的甲烷排放有关。在可能的情况下，应改善低质量的牧场，确保生产高质量的牧草。使用优质饲料不仅会促进牛的生长和产奶量，还能提高利润。之后再考虑更换其他饲料。

Moe 和 Tyrrell（1979）报告指出，每消化 1g 纤维素所产生的甲烷排放量几乎是半纤维素的 3 倍，是可溶性残渣的 5 倍。然而，很少有人对不同精料的甲烷产量进行比较。这可能是非常有价值的，因为市场上有许多可供选择的精料原料，包括谷物（低纤维、高淀粉）、谷物副产品（高纤维、低淀粉）、果渣（高纤维）、糖蜜（高糖）和油籽粕（高蛋白质、纤维含量可变）。Johnson 和 Johnson（1995）指出，相较于淀粉，可溶性糖比淀粉具有更高的甲烷产量潜力。Moe 和 Tyrrell（1979）建议开展研究，以确定是否可以通过调整精料配方显著减少甲烷的产生。

作为减少甲烷产生的一种手段，使用改良牧场和提高饲料品质是一个明显的可考虑方法。一些研究人员对此进行了调查，但得出的结论受到结果解释方式的影响。例如，Hart 等（2009）在草地上饲养夏洛莱杂交小母牛和阿伯丁安格斯杂交阉牛，这种草地可生产出高消化率牧草（高 DMD）或低消化率牧草（低 DMD）。这两种饲料都是按需喂食的，所有动物都不放牧，每天两次提供现割的牧草。高 DMD 和低 DMD 草地的干物质消化率（DMD）分别为 816 g/kg 和 706 g/kg。饲喂高 DMD 草的小母牛的日摄入量（7.66 kg 干物质）高于饲喂低 DMD 草的小母牛（5.38 kg 干物质），其甲烷日产量（193 g）高于提供较低 DMD 草地的小母牛（138 g）。然而，在校正总干物质摄入量或可消化的能量后，不同日粮之间的甲烷生成量没有显著差异。对于阉牛来说，饲喂高 DMD 草的牛日摄入量通常更大（5.56 kg vs 4.27 kg 干物质），但不同处理之间的瘤胃原虫数量（4.95×10^4/mL）、瘤胃氨浓度（氮浓度为 34 mg/L）、瘤胃总挥发性脂肪酸（103 μmol）和瘤胃 pH 值（6.8）没有差异。细菌总数或其他瘤胃参数没有差异。研究结果表明，校正采食量或瘤胃发酵变量后，高消化率和低消化率草皮的肉牛甲烷产量并无显著差异。按年计算，假设在放牧季节摄入量和草地质量保持不变，低 DMD 和高 DMD 草地的牛每年将分别产生 50.4 kg 和 70.4 kg 甲烷。然而，这些估计没有考虑到消化率较高的牧草对牛生长的促进作用。因此，高质量的日粮能够降低单位牛肉的甲烷产量。Boadi 等（2004）证实了这一点，他们发现，在校正干物质摄入后，饲喂高谷物：粗饲料（89.5：11.5，干物质基础）的牛，其甲烷排放量与饲喂低谷物：粗饲料（58.2：41.8，干物质基础）的牛相似，但校正日增重后，饲喂高谷物饲料的牛产生的甲烷显著减少。

Beauchemin 等（2008）综述了减少牛体内甲烷生成的多种营养管理策略。这些策略包括增加日粮中的谷物比例、在日粮中添加脂质和补充离子载体。然而，其中一些特定策略的实施可能会以一种有机生产不可接受的方式，使有机生产更接近传统生产。这些作者一致认为，改善牧场管理、用玉米青贮替代禾草青贮以及使用豆类对于缓解甲烷排放具有一定作用，但其影响尚未得到充分验证。一些新策略，包括在日粮中添加皂苷和单宁或选择酵母培养物和使用纤维消化酶，可能有助于减少甲烷排放，但这些仍需广泛研究。大多数关于通过日粮管理减少反刍动物甲烷排放的研究都是短期的，仅关注肠道排放的变化。这些作者得出结论，需要进一步研究以评估甲烷减排的长期可持续性及其对整个农场温室气体排放的影响。

种植、保存和饲喂玉米和全株小粒谷物青贮饲料等作物，通常能提供更高的干物质产量，易于消化，并能增加动物的采食量和生产性能。这些替代粗饲料可以通过三种方式减少甲烷排放：（i）谷物青贮中的淀粉有利于在瘤胃中产生丙酸盐，而非醋酸盐；（ii）这些替代饲料作物能增加采食量，减少饲料在瘤胃中的停留时间，从而抑制瘤胃发酵，促进饲料在过瘤胃后的消化；（iii）当玉米青贮取代禾草青贮时，可增加采食量及更高效的瘤胃后段消化（相对于瘤胃微生物发酵），提高动物的生产性能，从而降低单位产品的甲烷排放量（O'Mara 等，1998）。

根据 Chase（2008）和其他研究人员，如 O'Mara 等（2008）的研究，有大量潜在的方法可以减少奶牛的甲烷总排放量，并降低每千克牛奶产量的甲烷排放量。有机农民可以采取的主要方法包括：

（1）提高动物生产力。表 6.15 中的数据展示了饲喂相同日粮的奶牛每日产奶量与甲烷排放量之间的关系。可以看出，随着牛奶产量的增加，每头奶牛每天产生的甲烷量也在增加。这是合乎逻辑的，因为动物需要摄入和消化大量的饲料，以提高产奶量。然而，每单位牛奶产量产生的甲烷量随着产奶量的增加而减少。最终结果是，生产特定数量牛奶所需的动物数量更少，从而总体甲烷排放量更低。Chase（2008）指出，遗传、饲料品质、日粮配方和日常营养管理等因素都有助于提高动物生产力。

（2）饲喂优质牧草。高品质的牧草由于其在动物体内的利用效率更高，有助于减少甲烷排放。例如，一项试验比较了饲喂苜蓿-禾草草场（13%CP，53%NDF）与禾草草场（9%CP，73%NDF）的肉用型泌乳母牛的甲烷排放量。在品质较低的草地上，奶牛的甲烷产量约高出9%。豆科植物通常比禾本科草具有更高的摄入量和消化率，从而提高生产力。如上所述，这将进一步减少甲烷排放。此外，有研究表明，在豆类与禾草的摄入水平相当时，甲烷排放量会减少。这可能是由于瘤胃发酵模式改变和较高的饲料通过率造成的。

（3）日粮中加入较高水平的谷物或可溶性碳水化合物。据报道，使用建模方法将肉牛的日粮用大麦替代甜菜渣，可以减少22%的甲烷排放量。当玉米取代大麦时，甲烷排放量减少了17.5%。这也是为什么在饲养场中，肥育肉牛的甲烷排放量通常低于奶牛的原因。然而，有一些瘤胃和动物健康问题限制了奶牛的谷物摄入量，这限制了通过喂食高谷物饲料来减少奶牛体内甲烷排放的潜在应用。

（4）在日粮中添加脂肪。这可以通过在饲料混合物中加入全脂油籽来实现。例如，在加拿大的一项研究中，Beauchemin等（2009）发现，添加压碎的油菜籽是一种向日粮中添加脂肪并减少甲烷生成的简便方法，而不会对日粮消化率或产奶量产生负面影响。并非所有种子都有相同的效果。添加压碎的葵花籽或亚麻籽，以提供类似水平的脂肪添加物（约40 g/kg饲料），由于消化率降低，可消化干物质摄入分别降低16%和9%。Beauchemin等（2008）回顾了超过17项研究中日粮脂肪水平对甲烷排放的影响，并报告说，对于肉牛、奶牛和羔羊，每添加10 g/kg脂肪补充剂，甲烷（g/kg干物质摄入水平）的排放量按比例减少5.6%。

（5）使用添加剂改变瘤胃发酵。一种有效的方法是向饲料中添加能够改变瘤胃发酵并减少甲烷生成的化合物。在实验室条件下，已对大量化合物进行了甲烷排放筛选，其中许多看似有效，但尚未在动物试验中进行充分测试，或在有机日粮中被认为是可接受的。一种丝兰或皂荚提取物被发现能减少高达60%的甲烷生成。此外，使用富马酸胶囊产品时，生长中的羔羊的甲烷生成量减少了49%～75%，在实验室瘤胃系统中添加沙棘皂素（丝兰提取物），可减少多达60%的甲烷生成。

正如Chase（2008）所指出的，减少农场的甲烷排放是一个切实可行的目标。然而，为了促使生产者采取减少甲烷排放的做法，他们必须获得经济回报。所采用的措施也必须切实可行，并符合畜群管理的要求。提高动物生产效率的做法通常会给生产者带来积极的经济回报。这些建议可以在大多数农场实施，尤其是奶牛场。Mayen等（2010）的一份报告显示，尽管美国的有机奶制品技术比传统技术的生产力低约13%，但有机农场和传统农场之间的技术效率差别不大。这一发现表明，至少在美国，有机奶农具备实施上述建议的技术知识。

正如O'Mara等（2008）所建议的，当通过更好的营养改善动物生产性能时，用于维持的能量在总能量需要中的比例会减少，与维持需要相关的甲烷排放也会相应减少。因此，每千克牛奶或肉类的甲烷排放量也会减少。如果动物生产性能的改善使它们在较年轻时达到目标屠宰重量，那么每头动物一生中的甲烷排放总量将会降低。

表 6.15　奶牛产奶水平与甲烷排放之间的关系（Chase，2008）

牛奶（kg/d）	DM 摄入量（kg/d）	甲烷产量（L/d）	甲烷产量（L/kg 牛奶）
20	16.8	518	26.0
30	19.5	580	19.4
40	23.6	652	16.3
50	28.2	725	14.5
60	33.2	793	13.2

参考文献

Al-Mabruk, R.M., Beck, N.F.G. and Dewhurst, R.J. (2004) Effects of silage species and supplemental vitamin E on the oxidative stability of milk. Journal of Dairy Science 87, 406–412.

Anders, S. and Moeser, A. (2008) Assessing the demand for value-based organic meats in Canada: a combined retail and household scanner-data approach. International Journal of Consumer Studies32, 457–469.

Andersen, H.J., Oksbjerg, N. and Therkildsen, M. (2005) Potential quality control tools in the production of fresh pork, beef and lamb demanded by the European society. Livestock Production Science 94, 105–124.

Bagley, C.P. (1993) Nutritional management of replacement beef heifers: a review. Journal of Animal Science71, 3155–3163.

Beauchemin, K.A., Kreuzer, M., O'Mara, F. and McAllister, T.A. (2008) Nutritional management for enteric methane abatement: a review. Australian Journal of Experimental Agriculture 48, 21–27.

Beauchemin, K.A., McGinn, S.M., Benchaar, C. and Holtshausen, L. (2009) Crushed sunflower, flax, or canola seeds in lactating dairy cows diets: effects on methane production, rumen fermentation, and milk production. Journal of Dairy Science 92, 2118–2127.

Bertilsson, J., Dewhurst, R.J. and Tuori, M. (2002) Effects of legume silages on feed intake, milk production, and nitrogen efficiency. In: Wilkins, R.J. and Paul, C. (eds) Legume Silage for Animal Production – LEGSIL, Proceedings of an International Workshop, 2001, Braunschweig, Germany, 8–9 July 2001. Landbauforschung Volkenrode (Special Issue 234), 39–45.

Blair, R. (2016) A Practical Guide to the Feeding of Organic Farm Animals. 5M Publishing, Sheffield, UK, 226 pp.

Blanco-Penedo, I., Fall, N. and Emanuelson, U. (2012a) Effects of turning to 100% organic feed on metabolic status of Swedish organic dairy cows. Livestock Science 143, 242–248.

Blanco-Penedo, I., López-Alonso, M., Shore, M., Miranda, M., Castillo, C., Hernandez, J. and Benedito, J.L. (2012b) Evaluation of organic, conventional and intensive beef farm systems: health, management and animal production. Animal 6, 1503–1511.

Blanco-Penedo, I., Lundh, T., Holtenius, K., Fall, N. and Emanuelson, U. (2014) The status of essential elements and associations with milk yield and the occurrence of mastitis in organic and conventional dairy herds. Livestock Science 168, 120–127.

Boadi, D.A., Benchaar, C., Chiquette, J. and Masse, D. (2004) Mitigation strategies to reduce methane emissions from dairy cows: a review. Canadian Journal of Animal Science 84, 319–335.

Callaway, T.R., Elder, R.O., Keen, J.E., Anderson, R.C. and Nisbet, D.J. (2003) Forage feeding to reduce preharvest Escherichia coli populations in cattle, a review. Journal of Dairy Science 86, 852–860.

Capper, J.L., Cady, R.A. and Bauman, D.E. (2009) The environmental impact of dairy production: 1944 compared with 2007. Journal of Animal Science 87, 2160–2167.

Casutt, M.M., Scheeder, M.R.L., Ossowski, D.A., Sutter, F., Sliwinski, B.J., Danilo, D.A. and Kreuzer, M. (2000) Comparative evaluation of rumen-protected fat, coconut oil and various oilseeds supplemented to fattening bulls. 2. Effects on composition and oxidative stability of adipose tissues. Archives of Animal Nutrition 53, 25–44.

Chase, L.E. (2008) Methane emissions from dairy cattle. In: Proceedings of a Conference on Mitigating Air Emissions from Animal Feeding Operations. Iowa State University Extension, Iowa State University College of Agriculture and Life Sciences, Ames, Iowa.

Cherney, D.J.R., Cherney, J.H. and Chase, L.E. (2009) Using forages in dairy rations: are we moving forward,Proceedings of the Cornell Nutrition Conference, pp. 202–209.

Chiba, L.I. (2009) Animal Nutrition Handbook, Section 15: Dairy cattle nutrition and feeding. Comstock Publishing Associates, Ithaca, New York, pp. 392–421. Available at: umkcarnivores3.files.wordpress.com (accessed 3 December 2020).

Choi, N.J., Enser, M., Wood, J.D. and Scollan, N.D. (2000) Effect of breed on the deposition in beef muscle and adipose tissue of dietary n-3 polyunsaturated fatty acids. Animal Science 71, 509–519.

Cintra, R.M.G., Malheiros, J.M., Ferraz, A.P.R. and Chardulo, L.A.L. (2018) A review of nutritional characteristics of organic animal foods: eggs, milk, and meat. Nutrition and Food Technology Open Access 4.1. doi: 10.16966/2470-6086.148.

Coffey, L. (2001) Multispecies grazing. Appropriate Technology Transfer for Rural Areas (ATTRA). Available at: http://whatcom.wsu.edu/ag/documents/other_animals/MultispeciesGrazing.pdf (accessed 3 December 2020).

Corcoran, K., Bernués, A., Manrique, E., Pacchioli, T., Baines, R. and Boutonnet, J.P. (2001) Current consumer attitudes towards lamb and beef in Europe. Options Méditerranéennes A46, 75–79.

Coulter, G.H. and Kozub, G.C. (1984) Testicular development, epididymal sperm reserves and seminal quality in two-year-old Hereford and Angus bulls: effects of two levels of dietary energy. Journal of Animal Science 59, 432–440.

Coulter, G.H. and Kozub, G.C. (1989) Efficacy of methods used to test fertility of beef bulls used for multiple-sire breeding under range conditions. Journal of Animal Science 67, 1757–1766.

Croissant, A.E., Washburn, S.P., Dean, L.L. and Drake, M.A. (2007) Chemical properties and consumer perception of fluid milk from conventional and pasture-based production systems. Journal of Dairy Science 90, 4942–4953.

Dewhurst, R.J., Fisher, W.J., Tweed, J.K.S. and Wilkins, J.R. (2003) Comparison of grass and legume silages for milk production. 1. Production responses with different levels of concentrate. Journal of Dairy Science

86, 2598-2611.

Dhar, T. and Foltz, J.D. (2005) Milk by any other name: consumer benefits from labeled milk. American Journal of Agricultural Economics 87, 214-228.

Dillon, P. (2010) Practical aspects of feeding grass to dairy cows. Proceedings 43rd Nottingham Nutrition Conference, Sutton Bonington, UK, pp. 77-98.

Dinh, T.T., Blanton, J.R. Jr, Riley, D.G., Chase, C.C. Jr, Coleman, S.W. et al. (2010) Intramuscular fat and fatty acid composition of longissimus muscle from divergent pure breeds of cattle. Journal of Animal Science 88, 756-766.

Duckett, S.K., Neel, J.P.S., Lewis, R.M., Fontenot, J.P. and Clapham, W.M. (2013) Effects of forage species or concentrate finishing on animal performance, carcass and meat quality. Journal of Animal Science 91, 1454-1467.

Ellis, K.A., Innocent, G., Grove-White, D., Cripps, P., McLean, W.G., Howard, C.V. and Mihm, M. (2006) Comparing the fatty acid composition of organic and conventional milk. Journal of Dairy Science 89, 1938-1950.

French, P., Stanton, C., Lawless, F., O'Riordan, E.G., Monahan, F.J., Caffrey, P.J. and Moloney, A.P. (2000) Fatty acid composition, including conjugated linoleic acid, of intramuscular fat from steers offered grazed grass, grass silage, or concentrate-based diets. Journal of Animal Science 78, 2849-2855.

French, P., O'Riordan, E.G., Monahan, F.J., Caffrey, P.J., Mooney, M.T., Troy, D.J. and Moloney, A.P. (2001) The eating quality of meat of steers fed grass and/or concentrates. Meat Science 57, 379-386.

Ghidini, S., Zanardi, E., Battaglia, A., Varisco, G., Ferretti, E., Campanini, G. and Chizzolini, R. (2005) Comparison of contaminant and residue levels in organic and conventional milk and meat products from Northern Italy. Food Additives and Contaminants 22, 9-14.

Givens, D.I. and Lovegrove, J.A. (2016) Invited Commentary. Higher PUFA and n-3 PUFA, conjugated linoleic acid, α-tocopherol and iron, but lower iodine and selenium concentrations in organic milk: a systematic literature review and meta- and redundancy analyses. British Journal of Nutrition 116, 1-2.

Grunert, K.G. (2006) Future trends and consumer lifestyles with regard to meat consumption. Meat Science 74, 149-160.

Haas, G., Deittert, C. and Köpke, U. (2007) Farm-gate nutrient balance assessment of organic dairy farms at different intensity levels in Germany. Renewable Agriculture and Food Systems 22, 223-232.

Hart, K.J., Martin, P.G., Foley, P.A., Kenny, D.A. and Boland, T.M. (2009) Effect of sward dry matter digestability on methane production, ruminal ferment action, and microbial populations of zero-grazed beef cattle. Journal of Animal Science 87, 3342-3350.

Hermansen, J.E., Badsberg, J.H., Kristensen, T. and Gundersen, V. (2005) Major and trace elements in organically or conventionally produced milk. Journal of Dairy Research 72, 362-368.

Hill, H. and Lynchehaun, F. (2002) Organic milk: attitudes and consumption patterns. British Food Journal 104, 526-542.

Johnson, D.E., Phetteplace, H.W. and Seidl, A.F. (2002) Methane, nitrous oxide and carbon dioxide emissions from ruminant livestock production systems. In: Takahashi, J. and Young, B.A. (eds) Greenhouse Gases and Animal Agriculture. Proceedings of the 1st International Conference on Greenhouse Gases and Animal Agriculture, Obihiro, Japan, November 2001, pp. 77–85.

Johnson, K.A. and Johnson, D.E. (1995) Methane emissions from cattle. Journal of Animal Science 73, 2483–2492.

Kersbergen, R. (2010) Maximizing Organic Milk Production and Profitability with Quality Forages. Univer city of Maine Cooperative Extension, Orono, Maine. Available at: eorganic.org/node/4206 (accessed 3 December 2020).

Kolver, E.S. and Muller, L.D. (1998) Performance and nutrient intake of high producing Holstein cows consuming pasture or a total mixed ration. Journal of Dairy Science 81, 1403–1411.

Levison, L.J., Miller-Cushon, E.K., Tucker, A.L., Bergeron, R., Leslie, K.E., Barkema, H.W. and DeVries, T.J. (2016) Incidence rate of pathogen-specific clinical mastitis on conventional and organic Canadian dairy farms. Journal of Dairy Science 99, 1341–1350.

Managi, S., Yamamoto, Y., Iwamoto, H. and Masuda, K. (2008) Valuing the influence of underlying attitudes and the demand for organic milk in Japan. Agricultural Economics 39, 339–348.

Mayen, C.D., Balagtas, J.V. and Alexander, C.E. (2010) Technology adoption and technical efficiency: organic and conventional dairy farms in the United States. American Journal of Agricultural Economics 92, 181–195.

McEachern, M.G. and Schröder, M.J.A. (2002) The role of livestock production ethics in consumer values towards meat. Journal of Agricultural and Environmental Ethics 15, 221–237.

Millock, K., Hansen, L.G., Wier, M. and Andersen, L.M. (2002) Willingness to pay for organic foods: a comparison between survey data and panel data from Denmark. Available at: econweb.ucsd.edu/~carsonvs/papers/5065.pdf (accessed 3 December 2020).

Moe, P.W. and Tyrrell, H.F. (1979) Methane production in dairy cows. Journal of Dairy Science 62, 1583–1586.

Mogensen, L., Steensig, J., Vestergaard, J., Fretté, X., Lund, P., Weisbjerg, M.R. and Kristensen, T. (2010) Effect of toasting field beans and of grass-clover:maize silage ratio on milk production, milk composition and sensory quality of milk. Livestock Science 128, 123–132.

Napolitano, F., Braghieri, A., Piasentier, E., Favotto, S., Naspetti, S. and Zanoli, R. (2010) Effect of information about organic production on beef liking and consumer willingness to pay. Food Quality and Preference 21, 207–212.

NRC (2001) Nutrient Requirements of Dairy Cattle, 7th rev. edn. National Research Council, National Academy of Sciences, Washington, DC.

O'Mara, F.P., Fitzgerald, J.J., Murphy, J.J. and Rath, M. (1998) The effect on milk production of replacing grass silage with maize silage in the diet of dairy cows. Livestock Production Science 55, 79–87.

O'Mara, F.P., Beauchemin, K.A., Kreuzer, M. and McAllister, T.A. (2008) Reduction of greenhouse gas emissions of ruminants through nutritional strategies. In: Rowlinson, P., Steele, M. and Nefzaoui, A. (eds) Livestock and Global Climate Change. Proceedings of the International Conference, Hammamet, Tunisia, 17–20 May 2008. Cambridge University Press, Cambridge, pp. 40–43.

Pattono, D., Battaglini, L.M., Barberio, A., De Castelli, L., Valiani, A. et al. (2009) Presence of synthetic antioxidants in organic and conventional milk. Food Chemistry 115, 285-289.

Pennington, J. (2019) Multi-species Grazing Can Improve Utilization of Pastures. Ohio State University, Columbus. Available at: https://u.osu.edu/sheep/2019/09/10/multi-species-grazing-can-improve-utilizationof-pastures/ (accessed 21 July 2020).

Pruitt, R.J., Corah, L.R., Stevenson, J.S. and Kiracofe, G.H. (1986) Effect of energy intake after weaning on the sexual development of beef bulls. ii. Age at first mating, age at puberty, testosterone and scrotal circumference. Journal of Animal Science 63, 579-585.

Razminowicz, R.H., Kreuzer, M. and Scheeder, M.R.L. (2006) Quality of retail beef from two grass-based production systems in comparison with conventional beef. Meat Science 73, 351-361.

Reinstein, S., Fox, J.T., Shi, X., Alam, M.J., Renter, D.G. and Nagaraja, T.G. (2009) Prevalence of Escherichia coli O157:H7 in organically and naturally raised beef cattle. Applied and Environmental Microbiology75, 5421-5423.

Ribas-Agustí, A., Díaz, I., Sárraga, C., García-Regueiro, J.A. and Massimo Castellari, M. (2019) Nutritional properties of organic and conventional beef meat at retail. Journal of the Science of Food and Agriculture99, 4218-4225.

Richert, R.M., Cicconi, K.M., Gamroth, M.J., Schukken, Y.H., Stiglbauer, K.E. and Ruegg, P.L. (2013) Risk factors for clinical mastitis, ketosis, and pneumonia in dairy cattle on organic and small conventional farms in the United States. Journal of Dairy Science 96, 4269-4285.

Russo, C. and Preziuso, G. (2005) Carcass and meat quality of organic beef: a brief review. Animal Breeding Abstracts 73, 11N-14N.

Santos-Silva, J., Bessa, R.J.B. and Mendes, I.A. (2003) The effect of supplementation with expanded sunflower seed on carcass and meat quality of lambs raised on pasture. Meat Science 65, 1301-1308.

Schmid, A., Collomb, M., Sieber, R. and Bee, G. (2006) Conjugated linoleic acid in meat and meat products: a review. Meat Science 73, 29-41.

Scholderer, J., Nielsen, N.A., Bredahl, L., Claudi-Magnussen, C. and Lindahl, G. (2004) Organic Pork: Consumer Quality Perceptions. Report No. 02/04. Aarhus School of Business, Aarhus, Denmark, 24 pp.

Schwendel, B.H., Webster, T.J., Morel, P.C.H., Tavendale, M.H., Deadman, C., Shadbolt, N.M. and Otter, D.E. (2015) Invited review: organic and conventionally produced milk – an evaluation of factors influencing milk composition. Journal of Dairy Science 98, 721-746.

Średnicka-Tober, D., Barański, M., Seal, C.J., Sanderson, R., Benbrook, C. et al. (2016) Higher PUFA and n-3 PUFA, conjugated linoleic acid, α-tocopherol and iron, but lower iodine and selenium concentrations in organic milk: a systematic literature review and meta- and redundancy analyses. British Journal of Nutrition 115, 1043-1060.

Stampa, E., Schipmann-Schwarze, C. and Hamm, U. (2020) Consumer perceptions, preferences, and behavior regarding pasture-raised livestock products: a review. Food Quality and Preference 83, 103872.

Stiglbauer, K.E., Cicconi-Hogan, K.M., Richert, R.M., Schukken, Y.H., Ruegg, P.L. and Gamroth, M.J. (2013) Assessment of herd management on organic and conventional dairy farms in the United States. Journal of Dairy Science 96, 1290-1300.

Stockdale, C.R. (1999) Effects of cereal grain, lupins–cereal grain or hay supplements on the intake and performance of grazing dairy cows. Australian Journal of Experimental Agriculture 39, 811–817.

Sundrum, A. (2010) Assessing impacts of organic production on pork and beef quality. CAB Reviews: Perspectives in Agriculture, Veterinary Science, Nutrition and Natural Resources 5, 1–13.

Sutherland, M.A., Webster, J. and Sutherland, I. (2013) Animal health and welfare issues facing organic production systems. Animals (Basel) 3, 1021–1035.

Toledo, P., Andren, A. and Bjorck, L. (2002) Composition of raw milk from sustainable production systems. International Dairy Journal 12, 75–80.

Turner, T.D., Jensen, J., Pilfold, J.L., Prema, D., Donkor, K.K. et al. (2015) Comparison of fatty acids in beef tissues from conventional, organic and natural feeding systems in western Canada. Canadian Journal of Animal Science 95, 49–58.

Valle, P.S., Lien, G., Flaten, O., Koesling, M. and Ebbesvik, M. (2007) Herd health and health management in organic versus conventional dairy herds in Norway. Livestock Science 112, 123–132.

Valverde, L.P. (2007) Comparison of sensory characteristics, and instrumental flavor compounds analysis of milk produced by three production methods. MS thesis, Faculty of the Graduate School, University of Missouri–Columbia, USA.

Van Elswyk, M.E. and McNeill, S.H. (2014) Impact of grass/forage feeding versus grain finishing on beef nutrients and sensory quality: the US experience. Meat Science 96, 535–540.

Verkerk, G. and Tervit, R. (2003) Pasture–based dairying: challenges and rewards for New Zealand producers. Theriogenology 59, 553–561.

Vicini, J., Etherton, T.D., Kris–Etherton, P., Ballam, J., Denham, S. et al. (2008) Survey of retail milk composition as affected by label claims regarding farm–management practices. Journal of the American Dietetic Association 108, 1198–1203.

Wang, Q. and Sun, J. (2003) Consumer preference and demand for organic food: evidence from a Vermont survey. Proceedings of the Annual Meeting of the American Agricultural Economics Association, July 2003, 1–12.

Weary, D.M. (2001) Calf management: improving calf welfare and production. Advances in Dairy Technology 13, 107–118.

Weller, R.F. (2002) A comparison of two systems of organic milk production. In: Kyriazakis, I. and Zervas, G. (eds) Proceedings Organic Meat and Milk from Ruminants, Athens, 4–6 October 2002. EAAP Publication 106, pp. 111–116.

Weller, R.F. and Bowling, P.J. (2007) The importance of nutrient balance, cropping strategy and quality of dairy cow diets in sustainable organic systems. Journal of the Science of Food and Agriculture 87, 2768–2773.

Weller, R.F. and Cooper, A. (2001) Seasonal changes in crude protein concentration of white clover/perennial ryegrass swards grown without fertiliser N in an organic farming system. Grass and Forage Science 56, 92–95.

Wood, J.D., Richardson, R.I., Nute, G.R., Fisher, A.V., Campo, M.M. et al. (2003) Effects of fatty acids on meat quality: a review. Meat Science 66, 21–32.

Yiridoe, E.K., Bonti-Ankomah, S. and Martin, R.C. (2005) Comparison of consumer perceptions and preference toward organic versus conventionally produced foods: a review and update of the literature. Renewable Agriculture and Food Systems 20, 193–205.

Younie, D. (2001) Organic and conventional beef production – a European perspective. In: Proceedings of the 22nd Western Nutrition Conference, Saskatoon, Canada.

Younie, D. and Mackie, C.K. (1996) Factors affecting profitability of organic, low-input and high-input beef systems. In: Parente, G., Frame, J. and Orsi, S. (eds) Grassland and Land Use Systems, 16th Meeting of European Grassland Federation, Grado, Italy, September 1996, pp. 879–882.

Zembayashi, M., Nishimura, K., Lunt, D.K. and Smith, S.B. (1995) Effect of breed type and sex on the fatty acid composition of subcutaneous and intramuscular lipids of finishing steers and heifers. Journal of Animal Science 73, 3325–3332.

第7章
结论及展望

在各类家畜生产中，反刍动物领域由于牛类高度依赖农场种植的粗饲料，最容易转型为有机生产体系。相比之下，猪和家禽对饲料中精料的需求较高，这使得它们更难融入可持续的有机生产体系。

随着消费者对有机牛奶和牛肉产品需求的增长，有机牛奶和牛肉的产量也随之持续上升。尽管不同国家市场上的有机肉品质存在显著差异（Sundrum，2010）。

已有充分证据表明，有机牛奶和牛肉产品，特别是草饲牛的脂肪酸组成特征，对人类健康更为有利，这使得草饲牛肉对健康意识较强的消费者更具吸引力。尽管口味和成本仍是消费者购买食品的重要因素，但显而易见的是，消费者对健康食品选择的偏好正在明显转变。例如，根据2020年食品与健康调查（International Food Information Council，2020），54%的美国消费者和63%的50岁以上人群比十年前更加关注食品的健康属性。健康属性已成为食品购买决策中的首要因素。此外，2010年仅有23%的消费者表示对美国膳食指南有相当程度的了解，而到2020年这一比例上升至41%。

草饲牛产品中多不饱和脂肪酸（PUFA）和其他生物活性物质含量较高，理论上可能使有机牛奶和肉更易发生氧化变质，缩短保质期。然而，迄今为止尚未有相关问题被发现。

环境意识和对动物福利的道德关注也是推动消费者选择牧场饲养动物产品的重要因素（Stampa等，2020）。在全球范围内，这些关注通过各类研究项目得到了解决。例如，Capper等（2009）的分析显示，2007年改进的乳业实践相比1944年显著减少了资源消耗，仅需21%的动物、23%的饲料、35%的水资源和10%的土地即可生产相同数量的牛奶。同时，废物排放量也大幅下降，现代乳业系统每生产10亿kg牛奶产生的粪便、甲烷和氧化亚氮排放量分别为1944年的24%、43%和56%。此外，2007年牛奶生产的碳足迹仅为1944年同等产量的37%。

由于饲养方式的不同，有机牛奶生产可能伴随更高的甲烷排放，除非饲喂优质粗饲料，这凸显了粗饲料质量在温室气体减排中的核心作用。持续研究粗饲料种类及快速确定最佳收获时机，将有助于加快实现优质粗饲料生产的目标。

消费者调查显示，理想乳业系统的主要特征与动物福利密切相关，包括：(i)基于伦理论证的动物生活品质因素；(ii)动物护理对牛奶品质的影响（Cardosa等，2016）。研究显示，消费者更倾向于支持有机系统和较小规模的家庭农场。优化动物福利、推

第 7 章 结论及展望

广牧场放牧，以及确保生产过程中不依赖抗生素和激素，将显著增强乳业的社会可持续性。

有机牛奶和肉的零售成本高于传统产品，主要原因是有机动物的生命周期更长，且可接受的补充饲料供应受限。例如，Thomassen 等（2008）发现，荷兰有机乳业农场的奶牛饲料包含来自马来西亚、澳大利亚、法国、德国和巴西等多个国家饲料原料的成分，并非所有成分都是有机的。由于有机饲料供应不足，一些国家允许使用的有机生产标准有一定的折扣，这可能导致一些消费者购买的有机食品并非完全有机。因此，建议鼓励生产有机饲料作物，尤其是那些可以在农场上生产的作物。本书第 4 章提供了相关的例子供参考。然而，农场规模及其种植足够饲料作物的能力可能限制这一建议的实施。随着有机饲料供应的增加，建立有机饲料营养成分数据库将是一个有益的举措。

更多优质饲料的供应将有利于满足有机农场所需营养的需求，使牛奶和肉类的生产更加经济，并提高农场运营的可持续性。因此，是否有足够的优质牧草供应是高效生产有机牛奶和肉类的关键。

其次，优化饲料生产与利用，充分应用最新农业技术，是提升有机农场效益的核心策略。许多有机农场主已经具备以下能力，包括：

- 种植最合适的混合粗饲料。
- 使用现场仪器预测放牧或收获的最佳时机。
- 使用轮作和其他先进的放牧管理系统。
- 在饲料计划中使用新鲜和保存的饲料进行实验室测试。

准确了解现有饲料的营养成分，有助于更精确地配制满足畜群需要的饲料混合物，防止过量使用可能导致的营养流失和环境污染。有机牛奶生产的标准要求在补充饲料之前，必须评估矿物和微量元素的需要，这至少需要对粗饲料进行实验室分析。多种软件程序可帮助有机农场主优化饲料配给系统，旨在生产最佳的配给饲料。显然，有机牛的营养需求与常规牛无异。因此，这些程序也同样适用于有机农场。无法自行制定配给方案的农场主应该能够从饲料供应商或合作社获得必要的帮助。

最后，选择适应当地环境的双用途品种，是提高有机牛奶和牛肉产量的关键。无疑需要在不同地区进行研究，以确定最适合的品种。

当前的争议围绕有机牛在温室气体排放方面贡献更多或更少的问题。正如第 3 章概述，传统的基于牧场的、低投入的乳业系统通常被认为比现代乳业生产系统更环保，但这种看法并不完全正确。问题的关键在于，一些评论家认为未来可能会限制一些国家或地区的家畜生产，届时必须决定有机生产是否应该比传统生产承受更多或更少的削减。这是一个非常重要的问题，这方面已超出了本书的讨论范围。一些研究人员已经尝试分析此问题，然而他们的结果受到假设和解释方式的显著影响。Boadi 等（2004）的研究表明，采用高谷物/粗饲料日粮比率的牛在干物质摄入校正后与接受较低谷物/粗饲料比率的牛，其甲烷排放相似，但按日增重校正后，高谷物/粗饲料比率的牛甲烷排放量显著减少。

无可争议的是，家畜是全球甲烷排放的主要来源，其中大部分来自胃肠道发酵和嗳气，少部分源于粪便。最近估计显示，全球牛肉生产占家畜甲烷排放总量的 62%，奶牛占19%，绵羊占12%，猪占5%，家禽占1%。因此，正在积极研究减少甲烷排放的方法，目的是降低家畜的温室气体排放。一种方法是在饲料中添加脂肪源补充剂，如第4章中提到的压榨油籽。减少牛的甲烷排放不仅对环境有益，还有经济意义。甲烷代表了日粮能量的显著损失，因此，减少胃肠道甲烷的产生也可能提高饲料转化为牛奶或肉类的效率。

如前文所述，有机农场应避免低品质牧草和饲料，并优化牧场管理，以提高饲料质量。使用优质饲料不仅有助于减少甲烷排放，还能促进牛的生长和提高牛奶产量，从而增加利润。尽管延迟收获可能会带来更高的产量，但这通常会降低作物的营养价值，导致排放更多的甲烷以及降低动物的生产力，这是强调有机农场使用高品质饲料的一个重要原因。

参考文献

Boadi, D.A., Benchaar, C., Chiquette, J. and Masse, D. (2004) Mitigation strategies to reduce methane emissions from dairy cows: a review. Canadian Journal of Animal Science 84, 319–335.

Capper, J.L., Cady, R.A. and Bauman, D.E. (2009) The environmental impact of dairy production: 1944 compared with 2007. Journal of Animal Science 87, 2160–2167.

Cardosa, C.S., Weary, D.M., Robbins, J.A. and von Keyserlingk, M.A.G. (2016) Imagining the ideal dairy farm. Journal of Dairy Science 99, 1663–1671.

International Food Information Council (2020) 2020 Food and Health Survey. International Food Information Council, Washington, DC.